2023

최신출제경향에 맞춘
최고의 수험서

INDUSTRIAL ENGINEER
INDUSTRIAL SAFETY

산업안전
산업기사 실기

필답형+작업형

신우균 · 임경범 · 박남규 · 김동섭 지음

예문에듀
EDU

전체차례

Industrial Engineer Industrial Safety

차례

작업형

Industrial Engineer Industrial Safety

Subject 01 기계 및 운반안전

Contents

차례 작업형
Industrial Engineer Industrial Safety

Subject 02 전기안전

Subject 03 화공안전

Subject 04 건설안전

차례 작업형
Industrial Engineer Industrial Safety

Subject 05 보호장구 및 안전표지

Subject 06 부록

기계 및 운반안전

Contents

예상문제풀이

출제분야	기계안전
작업명	프레스 작업

동영상 설명 프레스 작업을 하고 있다.

문제 급정지장치가 설치되지 않은 프레스기에서 손 협착사고가 발생했다. 유효한 방호장치 2가지를 쓰시오.

➡해답 손쳐내기식, 수인식, 양수기동식, 게이트가드식

문제 크랭크 프레스로 철판에 구멍을 뚫는 작업을 하고 있다. 이 프레스가 작동 후 작업점까지의 도달시간이 0.6초 걸렸다면 양수기동식 방호장치의 설치거리는 최소 얼마가 되어야 하는가?

➡해답 $D_m = 1,600 \times T_m = 1,600 \times 0.6 = 960\text{mm} = 96\text{cm}$

문제 프레스 작업 중 작업자가 실수로 페달을 밟아 슬라이드가 하강하여 금형 사이에 손이 낀 사례이다. 이러한 재해의 재발을 방지하기 위하여 (1) 페달에는 무엇을 설치하고 (2) 상형과 하형 사이의 간격을 얼마 이하로 하는 것이 바람직한가?

해답 (1) 설치장치 : (U자형)덮개
　　　(2) 설치간격 : 8[mm]

문제 프레스기계에 광전자식 안전장치를 설치할 때 이 안전장치의 급정지 시간이 5[ms]였다면 광축의 설치거리를 계산하시오.

해답 $D = 1,600(T_l + T_s) = 1,600 \times 0.05 = 8\,\mathrm{mm}$

문제 화면의 동영상을 보면 작업자가 몸을 기울인 채 손으로 이물질을 제거하는 작업을 하다가 실수로 페달을 밟아 손이 다치는 재해가 발생한 사례이다. 이러한 사고의 예방을 위해 조치하여야 할 사항을 2가지만 쓰시오.

해답 1. 이물질을 제거할 때에는 손으로 제거하는 것보다는 플라이어 등의 수공구를 이용한다.
　　　2. 프레스를 일시정지할 때에는 페달에 U자형 덮개를 씌운다.
　　　3. 이물질 제거시 프레스 전원을 차단하고 작업한다.

문제 작업자는 장갑을 끼고 있고 손으로 이물질을 제거하고 있고, 작업바닥은 철판 쓰레기가 있다. 크랭크 프레스로 철판 구멍 작업 중 위험요인 3가지 쓰시오.

해답 1. 프레스 페달을 발로 밟아 프레스의 슬라이드가 작동해 손을 다친다.(U자형 덮개를 설치하여야 함)
　　　2. 금형에 붙어 있는 이물질을 제거하려다 손을 다친다.(이물질 제거 시 전용기구 사용해야 함)
　　　3. 금형에 붙어 있는 이물질을 제거하려다 눈에 이물질이 들어가 눈을 다친다.
　　　4. 작업장의 청소 및 정리상태가 불량하여 작업자가 넘어져 프레스 기계에 부딪친다.

출제분야	기계안전
작업명	둥근톱작업

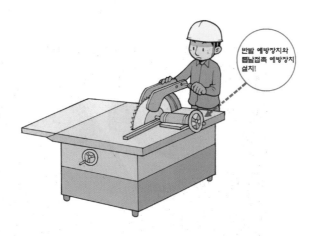

반발 예방장치와
톱날접촉 예방장치
설치!

동영상 설명 둥근톱기계 작업을 하고 있다.

문제 둥근톱기계를 정면에서 작업자가 나무를 자르고 있다. 둥근톱기계에 나무 파편이 튀어 눈을 찌푸리고 있다. 또 다른 곳을 보다가 손가락이 잘린다. 목재가공작업시 안전을 위해 필요한 사항을 쓰시오.

➡**해답** 1. 작업시 파편 등이 튀는 경우 보호구(보안경)를 착용하고, 작업시 다른 곳을 보는 등의 부주의한 행동을 하지 않는다.
2. 둥근톱 작업시 손이 말려들어갈 위험이 있는 장갑을 사용해서는 않된다.
3. 안전작업에 필요한 날접촉예방장치, 분할날, 반발방지기구, 반발방지롤, 보조안내판 등을 설치한다.
4. 톱날접촉예방장치는 가공재 상면과 덮개하단은 최대 8mm 이하, 테이블과 덮개하단 사이 최대 25mm 이하로 설치한다.

문제 전동톱을 작동하기 전에 작업발판용 나무토막을 가져다 놓고 한발로 나무를 고정하고 톱질하다 작업발판의 흔들림으로 인해 작업자가 넘어짐. 재해형태와 기인물, 가해물은?

➡**해답** 1. 재해형태 : 전도
2. 기인물 : 작업발판
3. 가해물 : 바닥

출제분야	기계안전
작업명	선반작업

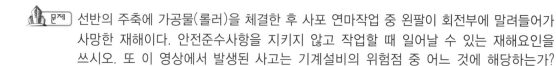
작업자가 선반에서 작업을 하고 있다.

문제 선반의 주축에 가공물(롤러)을 체결한 후 사포 연마작업 중 왼팔이 회전부에 말려들어가 사망한 재해이다. 안전준수사항을 지키지 않고 작업할 때 일어날 수 있는 재해요인을 쓰시오. 또 이 영상에서 발생된 사고는 기계설비의 위험점 중 어느 것에 해당하는가?

해답 1. 재해요인
　　① 회전물에 샌드페이퍼를 감아 손으로 지지하고 있기 때문에 작업복과 손이 감겨들어 간다.
　　② 작업에 집중하지 못하여(옆눈질) 실수로 작업복과 손이 말려들어 간다.
　　③ 손을 기계 위에 올려놓고 작업을 하고 있어 손이 미끄러져 회전물에 말려들어 간다.
　　2. 기계설비의 위험점 : 회전말림점

출제분야	기계안전
작업명	드릴작업

 작업자가 드릴작업을 하고 있다.

문제 드릴작업시 위험요인 2가지를 쓰시오.

해답 1. 일감은 견고하게 고정시켜야 하며 손으로 잡고 구멍을 뚫는 것은 위험하다.
2. 드릴을 끼운 후에 척렌치(Chuck Wrench)를 반드시 뺀다.
3. 손이 말려 들어갈 수 있는 장갑을 끼고 작업하지 말 것
4. 구멍을 뚫을 때 관통된 것을 확인하기 위하여 손을 집어넣지 말 것
5. 드릴작업에서 칩의 제거방법은 회전을 중지시킨 후 솔로 제거하여야 한다.

출제분야	기계안전
작업명	연삭작업

 동영상설명 연마작업을 하고 있다.

문제 봉강 연마작업 중 발생한 사고사례이다. 기인물은 무엇이며, 연마작업시 파편이나 칩의 비래에 의한 위험에 대비하기 위해 설치해야 하는 장치명을 쓰시오. 또 작업시 숫돌과 가공면과의 각도는 어느 범위가 적당한가?

➡**해답** 1. 기인물 : 탁상공구 연삭기
2. 장치명 : 칩비산방지투명판
3. 각도 : 15~30도

출제분야	기계안전
작업명	롤러작업

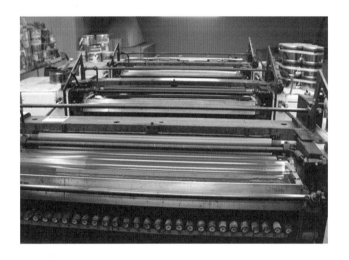

동영상 설명 │ 롤러작업을 하고 있다.

문제 │ 인쇄용 롤러를 청소하는 중 재해가 발생하였다. 작업 중에 발생한 재해에서 핵심위험요인 2가지를 쓰시오.

해답 1. 전원을 차단하여 롤러기를 정지시키지 않은 상태에서 청소를 하고 있어 롤러에 말려들어 간다.
   2. 방호장치가 없어 회전하는 롤러에 걸레의 윗부분이 넣어져서 손이 말려들어 간다.
   3. 회전 중인 롤러에 물려 들어가는 쪽을 직접 손으로 눌러서 닦고 있어 걸레와 함께 손이 물려 들어가게 된다.
   4. 체중을 걸쳐 닦고 있어서 말려들어가게 됨(서서 청소하여야 함)

문제 │ 화면에서 인쇄윤전기에 설치한 방호장치의 성능을 확인하기 위하여 윤전기 롤러의 표면 원주속도를 구하려고 한다. 표면원주속도(m/min)를 구하는 공식을 쓰시오.

해답 표면원주속도 : $V = \dfrac{\pi DN}{1,000}$ (m/min)

여기서, D : 롤러의 직경(mm), N : 회전수(rpm)

롤러작업에서 위험점은 무엇이며, 발생되는 조건은 무엇인지 쓰시오.

➡해답 1. 위험점 : 물림점
2. 발생조건 : 회전체가 서로 반대 방향으로 맞물려 회전되어야 한다.

 롤러작업에서 표현된 기계에서 발생한 사고유형을 쓰고, 답한 용어의 정의를 쓰시오.

➡해답 1. 유형 : 협착
2. 발생조건 : 물건에 끼워진 상태 또는 말려든 상태

<table>
<tr><td>출제분야</td><td>기계안전</td></tr>
<tr><td>작업명</td><td>용접작업</td></tr>
</table>

 작업자가 용접작업을 하고 있다.

 배관플랜지 용접작업 중 위험요인 2가지를 쓰시오.

→해답 1. 고열 및 불티에 의한 화재 및 폭발의 위험(소화기, 물통, 건조사, 불티받이포 등을 준비)
2. 충전부 접촉에 의한 감전의 위험
3. 용접 흄, 유해가스, 유해광선, 소음, 고열에 의한 건강장해
4. 용접작업에 의한 화상

 용접작업 도중에 무리하게 먼거리에서 용접작업을 하려고 호스를 당기다가 호스가 가스통에서 분리되어서 용접스파크와 접촉하면서 폭발이 발생하였다.(작업자는 보안경도 안전장치도 착용하지 않음) 위험요인 2가지를 적으시오.

→해답 1. 무리하게 호스를 당겨서 분리된 호스로 인해 누설된 가스와 스파크와의 접촉으로 인한 폭발
2. 보안경 미착용으로 인한 재해위험

출제분야	운반안전
작업명	지게차 작업

동영상 설명 지게차 작업을 보여주고 있다.

문제 지게차의 작업시작 전 점검사항 3가지를 쓰시오.

해답 1. 제동장치 및 조종장치 기능의 이상유무
2. 하역장치 및 유압장치 기능의 이상유무
3. 바퀴의 이상유무
4. 전조등·후미등·방향지시기 및 경보장치 기능의 이상유무

문제 납품시간이 촉박한 지게차 운전자가 급히 물건을 적재하여 운반도중 통로의 작업자와 충돌하는 장면이다. 재해발생원인 2가지를 쓰시오.

해답 1. 물건의 적재불량으로 인한 운전자의 시계 불충분으로 지게차에 의해 다른 작업자가 다친다.
2. 작업자가 지게차의 운행경로상에 나와서 작업하고 있어 다친다.

문제 보기의 (   )에 알맞은 숫자를 쓰시오.

(1) 강도는 지게차의 최대하중의 (   )배의 값(그 값이 4톤이 넘는 것에 대하여서는 4톤으로 한다.)의 등분포정하중에 견딜 수 있는 것일 것
(2) 상부틀의 각 개구의 폭 또는 길이가 (   )[cm] 미만일 것
(3) 운전자가 앉아서 조작하거나 서서 조작하는 지게차의 헤드가드는 한국산업표준에서 정하는 높이 기준 이상일 것(좌승식 : (   )m 이상, 입승식 : (   )m 이상)

해답 (1) 2, (2) 16, (3) 0.903, 1.88

문제 지게차 수리 중 포크가 하강하여 재해가 발생한 사례이다. 다음 물음에 답하시오.

1. 영상에서와 같이 지게차의 포크가 올라가 있을 때 지게차를 점검할 때는 어떠한 조치를 해야 하는가?
2. 이 장비의 고장원인은 작업시작 전 점검사항 중 어떤 내용을 확인하면 예방할 수 있는가?
3. 가해물은?

해답 1. 안전지주(안전블록)를 포크에 받쳐놓고 작업한다.
2. 하역장치 및 유압장치 기능의 이상유무
3. 포크

문제 화면을 보고 지게차 주행안전작업 사항 중 잘못된 내용을 4가지 쓰시오.(위험예지포인트)

해답 1. 전방의 시야 불충분으로 지게차에 의해 다른 작업자가 다칠 수 있다.
2. 물건을 과적하여 운전자의 시야를 가려 다른 작업자가 다칠 수 있다.
3. 물건을 불안정하게 적재하여 화물이 떨어져 다른 작업자가 다칠 수 있다.
4. 다른 작업자가 작업통로에 나와서 작업을 하고 있어 지게차에 다칠 수 있다.
5. 난폭한 운전·과속으로 운전자 본인이 다치거나 다른 작업자가 다칠 수 있다.

문제 화물의 낙하가 운전자에게 위험을 미칠 염려가 있을 경우, 이러한 위험을 방지하기 위하여 머리 위에 덮개를 설치하여야 한다. 이것을 무엇이라 하는가?

해답 낙하물 보호구조

문제 지게차에 적재된 화물이 현저하게 시계를 방해할 경우 운전자의 조치를 3가지만 쓰시오.

➡**해답** 1. 하차하여 주변의 안전을 확인한다.
2. 유도자를 지정하여 지게차를 유도하든가 후진으로 서행한다.
3. 경적과 경광등을 사용한다.

문제 동영상은 지게차로 운반작업을 하고 있다. 지게차의 각각 안정도를 쓰시오.

1. 하역작업시 전후 안정도
2. 주행시 전후 안정도
3. 하역작업시 좌우 안정도
4. 지게차가 5[km]의 속도로 주행시 좌우 안정도

➡**해답** 1. 4%
2. 18%
3. 6%
4. $(15+1.1\text{V})\% = 15+1.1 \times 5 = 20.5\%$

출제분야	기계안전
작업명	컨베이어 작업

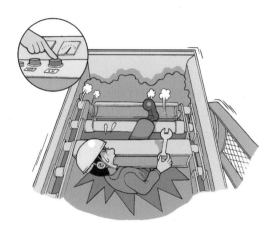

 컨베이어 작업을 하고 있다.

 컨베이어의 작업시작 전 점검사항 4가지를 쓰시오.

➡해답 1. 원동기 및 풀리기능의 이상유무
2. 이탈 등의 방지장치기능의 이상유무
3. 비상정지장치 기능의 이상유무
4. 원동기·회전축·기어 및 풀리 등의 덮개 또는 울 등의 이상유무

문제 컨베이어 작업시 화물의 낙하로 인해 근로자에게 위험이 미칠 때 낙하위험방지 2가지를 쓰시오.

➡해답 덮개, 울

문제 경사용 컨베이어 벨트에서 하역작업 중 위험을(동영상은 컨베이어 위에 올라가 있는 작업자의 발이 아슬아슬한 모습을 잡아줌) 방지하기 위한 방호장치 3가지를 쓰시오.

➡해답 1. 비상정지장치 설치
2. 덮개 또는 울 설치
3. 건널다리 설치
4. 역전방지장치 설치

문제 한 작업자가 야간에 후레쉬를 들고 컨베이어 벨트를 점검하다가 부주의하여 한눈판 사이 손을 컨베이어 위에 두고 손이 롤러 사이에 끼어 말려들어감. 작업자가 컨베이어 벨트 안전조치사항 2가지 쓰시오.

➡해답 1. 작업 시작 전 전원을 차단한다.
2. 장갑을 끼고 있어 손이 말려들어가기 때문에 장갑을 벗는다.
3. 야간에 점검을 하지 않는다.
4. 비상정지 장치 기능을 설치한다.
5. 원동기 회전축 기어 및 풀리 등의 덮개 또는 울을 설치한다.

출제분야	기계안전
작업명	회전체 작업

동영상설명 V벨트 수리작업을 보여주고 있다.

문제 작동되는 양수기를 수리하는 모습으로, 잡담을 하며 수공구를 던져주고 하다가 손이 벨트에 물림. 위험요인 3가지는?

해답 1. 작업에 집중하지 않고 있어, 실수로 작업복이 기계에 말려들어 간다.
2. 기계에 손을 올려놓고 오른쪽 작업자가 작업하고 있어, 손이나 작업복이 말려들어 갈 우려가 있다.
3. 회전하는 벨트에 왼쪽작업자의 팔꿈치쪽이 걸려, 접선물림점에 작업복이 말려들어 갈 수 있다.
4. 운전 중 점검작업을 하고 있어 위험하다.
5. 회전기계에서 장갑을 착용하고 있어 접선물림점에 손이 다칠 수 있다.
6. 회전체 부분에 방호장치가 없어서 작업자가 다친다.

문제 V벨트 교체작업시 작업안전수칙에 대하여 3가지를 기술하시오. 이 영상에서 발생된 사고는 기계설비의 위험점 중 어느 것에 해당하는가?

해답 1. 작업안전수칙 3가지
　　　① 작업시작 전(V벨트 교체 작업 전) 전원을 차단한다.
　　　② V벨트 교체작업은 천대 장치를 사용한다.
　　　③ 보수작업 중이라는 작업 중의 안내 표지를 부착하고 실시한다.
　2. 위험점 : 접선 물림점

문제 장갑을 착용하고 작동 중인 회전기계를 점검하다 협착사고가 발생하였다. 재해원인과 대책 두 가지를 쓰시오.

해답 1. 문제점 : 점검작업시 전원을 차단하여 기계의 작동을 정지시키지 않았다.
　　　대책 : 점검작업시에는 전원을 차단하여 기계의 작동을 정지시킨 후 작업을 실시한다.
　2. 문제점 : 회전기계 취급시 손이 말려 들어갈 위험이 있는 장갑을 착용하였다.
　　　대책 : 회전기계 취급시에는 장갑 착용을 금지한다.

출제분야	운반안전
작업명	크레인 작업

동영상 설명 크레인 작업을 하고 있다.

문제 크레인 배관 권상하중시 위험요인을 쓰시오.

➡해답 1. 위험반경 내에서 크레인 수신호를 실시하고 있다.
2. 보조(유도)로프를 설치하지 않았다.

문제 크레인에 배관을 묶어 올리던 중 연결로프가 끊어질 것 같아서 다시 내리다가 배관의 흔들림에 의해 작업자의 머리를 치는 상황이다. 재해형태와 정의를 쓰시오.

➡해답 1. 재해형태 : 비래
2. 정의 : 구조물, 기계 등에 고정되어 있던 물체가 중력, 원심력, 관성력 등에 의하여 고정부에서 이탈하거나 또는 설비 등으로부터 물질이 분출되어 사람을 가해하는 경우

문제 크레인에 매달린 물체가 골조에 부딪혀 위험하고, 신호방법이 맞지 않아 작업자 위로 낙하할 위험이 내재되어 있다. 재해를 방지할 수 있는 대책 3가지는?

해답 1. 보조(유도)로프를 이용해서 흔들림을 방지함
2. 무전기 등을 사용하여 신호하거나, 작업 전 일정한 신호방법을 약속으로 정한다.
3. 슬링와이어로프의 체결상태를 확인한다.
4. 화물을 작업자 위로 통과시키지 않도록 한다.

문제 화면은 크레인(호이스트)을 이용하여 변압기를 트럭에 하역작업 중 재해가 발생한 사례이다. 재해유형 및 화면상 재해원인 두 가지를 쓰시오.

해답 1. 재해유형 : 낙하
2. 재해원인
① 와이어로프를 호이스트 훅 끝에 불안하게 걸쳐 놓았다.
② 보조로프를 사용하지 않았다.
③ 위험반경 내에서 크레인 수신호를 실시하고 있다.

문제 이동식 크레인 화물(파이프) 운반 작업인데 권상 중에 철골과도 부딪치고 신호수가 철골 위에 올라서서 신호하고 있음. 이 설비의 방호장치 3가지 쓰시오. 이 장치 운전 시 운전자가 조치해야 할 사항을 3가지 쓰시오.

해답 1. 방호장치 3가지
① 권과방지장치
② 과부하방지장치
③ 브레이크장치
2. 운전자가 조치해야 할 사항 3가지
① 와이어로프의 안전상태 점검
② 훅의 해지장치 및 안전상태 점검
③ 인양 도중 화물이 빠질 우려가 있는지의 여부
④ 작업반경 내 관계근로자 이외의 자는 출입금지

출제분야	운반안전
작업명	리프트 작업

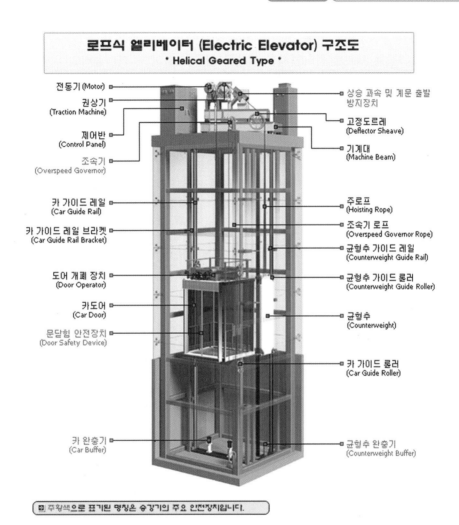

로프식 엘리베이터 (Electric Elevator) 구조도
* Helical Geared Type *

- 전동기 (Motor)
- 권상기 (Traction Machine)
- 제어반 (Control Panel)
- 조속기 (Overspeed Governor)
- 카 가이드 레일 (Car Guide Rail)
- 카 가이드 레일 브라켓 (Car Guide Rail Bracket)
- 도어 개폐 장치 (Door Operator)
- 카 도어 (Car Door)
- 문닫힘 안전장치 (Door Safety Device)
- 카 완충기 (Car Buffer)

- 상승 과속 및 계문 출발 방지장치
- 고정도르레 (Deflector Sheave)
- 기계대 (Machine Beam)
- 주로프 (Hoisting Rope)
- 조속기 로프 (Overspeed Governor Rope)
- 균형추 가이드 레일 (Counterweight Guide Rail)
- 균형추 가이드 롤러 (Counterweight Guide Roller)
- 균형추 (Counterweight)
- 카 가이드 롤러 (Car Guide Roller)
- 균형추 완충기 (Counterweight Buffer)

※ 주황색으로 표기된 명칭은 승강기의 주요 안전장치입니다.

동영상 설명 리프트를 보여주고 있다.

문제 리프트 점검사항 2가지를 쓰시오.

해답 1. 방호장치·브레이크 및 클러치의 기능
2. 와이어로프가 통하고 있는 곳의 상태

문제 시내버스를 정비하기 위하여 차량용 리프트로 차량을 들어올린 상태에서 한 작업자가 버스 밑에 들어가 샤프트 계통을 점검하고 있다. 그런데 다른 한 사람이 주변상황을 전혀 살피지 않고 버스에 올라 엔진을 시동하였다. 그 순간 밑에 있던 작업자의 팔이 버스의 회전하는 샤프트에 말려들어 협착사고를 일으킨다.(이때 주변에는 작업감시자가 없는 상황) 버스정비작업 중 안전을 위해 취해야 할 사전안전조치 사항 3가지를 쓰시오. 또 이 영상은 샤프트에 작업자가 재해를 입은 사고이다. 기계설비의 위험점 중 어느 것에 해당하는가?

해답 1. 안전조치 3가지
  ① 정비작업 중임을 나타내는 표지판을 설치할 것
  ② 작업과정을 지휘할 작업자를 배치할 것
  ③ 기동(시동)장치에 잠금장치를 할 것
  ④ 작업시 운전금지를 위하여 열쇠를 별도 관리할 것
2. 위험점 : 회전말림점

출제분야	운반안전
작업명	승강기 작업

 승강기 작업을 하고 있다.

 설치 전 피트내부 청소작업 중 추락하였다. 추락재해 발생원인 3가지를 쓰시오.

➡해답 1. 작업발판이 고정되어 있지 않았다.
2. 작업자가 안전난간 및 안전대를 걸지 않고 작업하였다.
3. 추락방지망을 설치하지 않았다.

 승강기 내부 피트에 안전핀을 망치로 제거하는 상황이다. 재해원인을 쓰시오.(발판이 나무 패널로 되어 있음)

➡해답 1. 안전대 및 안전대 부착설비가 되어 있지 않다.
2. 추락방지망을 설치되어 있지 않다.
3. 안전한 작업발판이 설치되어 있지 않다.

문제 작업자가 피트를 점검하고 있다. 피트 점검작업시 안전수칙을 쓰시오.

해답 1. 작업장소에 표지판을 설치하고 작업한다.
2. 작업을 지휘할 작업자를 배치하고 작업한다.
3. 작업에 필요한 보호구를 착용한다.

문제 승강기 와이어로프에 끼인 기름 및 먼지제거작업을 하고 있다. 작업 중 위험점, 재해발생 형태, 재해의 정의를 쓰시오.

해답 1. 위험점 : 접선물림점
2. 재해발생형태 : 협착
3. 재해의 정의 : 회전하는 부분이 접선방향으로 물려들어갈 위험이 만들어지는 위험점(회전운동 + 접선부)

동영상 설명 사출성형기 작업을 하고 있다.

문제 사출성형기 작업시 재해방지대책을 쓰시오.

해답 1. 작업자가 사출성형기의 내부 금형 사이에 출입할 때에는 사출성형기의 전원을 차단한 후 출입하여야 한다.
2. 작업시 절연용보호구를 착용할 것
3. 이물질의 제거는 전용공구를 사용할 것
4. 사출성형기 충전부 방호조치(덮개) 실시

문제 동영상에서 작업자는 사출성형기를 점검하다 재해가 발생하였다. 재해형태와 재해를 방지하기 위한 방호장치를 쓰시오.

해답 1. 재해형태 : 협착.
2. 방호장치 : 게이트가드 또는 양수조작식〈안전보건규칙 제121조〉

출제분야 | 기계안전
작업명 | 슬라이스 기계 작업

 슬라이스 기계를 보여주고 있다.

문제 무채를 썰어내는 슬라이스 기계 위험점의 정의를 쓰시오.

➡해답 1. 위험점 : 절단점
2. 정의 : 회전하는 운동부 자체의 위험이나 운동하는 기계부분 자체의 위험에서 초래되는 위험점이다.

문제 슬라이스 작업의 안전예방대책을 3가지만 쓰시오.

➡해답 1. 슬라이스 부분에 덮개 설치
2. 울 설치
3. 잠금장치 실치

출제분야	기계안전
작업명	배관작업

동영상 설명 증기가 흐르는 고소 배관 점검을 위해 이동식 사다리에 올라가 작업 중 사다리의 흔들림에 의해 떨어져 바닥에 부딪히는 상황(보안경 미착용에 양손 모두 맨손으로 작업 중)이다.

문제 위험요인 3가지를 쓰시오.

해답 1. 방열복 및 방열장갑 등 보호구를 착용하지 않았다.
2. 이동식 사다리가 고정되어 있지 않다.
3. 보안경 미착용으로 고압증기에 의한 눈 손상의 위험이 있다.
4. 양손을 동시에 사용하고 있어 작업자세가 불안전하다.

출제분야	운반안전
작업명	덤프트럭 수리

동영상 설명 덤프트럭을 수리하고 있다.

문제 덤프트럭의 유압실린더 작동 후 적재함 상승 후에 그 사이에 들어가 점검하는 도중 적재함이 내려와서 재해가 발생한다. 차량용 운반 하역기계 작업 시 위험방지조치 3가지를 쓰시오.

해답 1. 안전지주 또는 안전블록 등의 사용상황 등을 점검할 것
2. 작업순서를 결정하고 작업을 지휘할 것
3. 작업계획서를 작성한다.
4. 원동기를 정지시키고 브레이크를 확실히 거는 등 갑작스러운 주행을 방지하기 위한 조치를 할 것

기출문제풀이

■ Industrial Engineer Industrial Safety

※ 아래 그림들은 실제 출제되는 동영상문제와 다를 수 있습니다.

출제연도   2008년 1회(4월)

04.

작업자는 전기 드릴을 이용하며 구멍을 넓히고 있는 작업을 하고 있다. 작업자는 안전모, 보안경을 미착용하였고, 방호 장치도 설치되지 않은 상태에서 맨손으로 작업을 하고 있다. 이 작업에서의 재해방지법을 쓰시오.

해답 1. 작은 물건은 바이스나 클램프를 사용하여 장착하고 직접 손으로 지지 하는 것을 피한다.
2. 보안경 착용하거나 안전덮개를 설치한다.
3. 작업모를 착용하고 장갑은 착용하지 않는다.
4. 판에 큰 구멍을 뚫고자 할 때에는 먼저 작은 드릴로 뚫은 후에 큰 드릴로 뚫도록 한다.

01.
증기가 흐르는 고소 배관 점검을 위해 이동식 사다리에 올라가 작업 중 사다리의 흔들림에 의해 떨어져 바닥에 부딪히는 상황(보안경 미착용에 양손 모두 맨손으로 작업 중)이다. 위험요인 3가지 쓰시오.

➡해답 1. 방열복 및 방열장갑 등 보호구를 착용하지 않았다.
2. 이동식 사다리가 고정되어 있지 않다.
3. 보안경 미착용으로 고압증기에 의한 눈 손상의 위험이 있다.
4. 양손을 동시에 사용하고 있어 작업자세가 불안전하다.

02.
동영상은 정리정돈이 되지 않은 작업장에서 가스용접을 하는 도중 작업자가 고무호스를 잡아당겨 호스가 빠져 폭발이 일어났다. 작업자들은 보호구를 일체 착용하지 않고 있었다. 사고에서 위험요인 2가지를 쓰시오.

➡해답 1. 보호구(보안경, 안전모, 안전화)등을 착용하지 않았다.
2. 작업장 주변이 정리정돈이 되어 있지 않다.

04.
컨베이어 작업 시 화물의 낙하로 인해 근로자에게 위험이 미칠 때 낙하위험방지 2가지를 쓰시오.

➡**해답** 덮개, 울

출제연도 2008년 3회(7월)

05.
급정지장치가 설치되지 않은 프레스기에서 손 협착사고가 발생했다. 유효한 방호장치 2가지를 쓰시오.

➡**해답** 손쳐내기식, 수인식, 양수기동식, 게이트가드식

08.

사업주는 유해·위험 예방조치를 하여야한다. 산업안전보건법상 1. 안전조치 2. 보건조치를 쓰시오.

➡해답 1. 안전조치
  ① 기계·기구, 그 밖의 설비에 의한 위험
  ② 폭발성, 발화성 및 인화성 물질 등에 의한 위험
  ③ 전기, 열, 그 밖의 에너지에 의한 위험
2. 보건조치
  ① 원재료·가스·증기·분진·흄(fume)·미스트(mist)·산소결핍·병원체 등에 의한 건강장해
  ② 방사선·유해광선·고온·저온·초음파·소음·진동·이상기압 등에 의한 건강장해
  ③ 사업장에서 배출되는 기체·액체 또는 찌꺼기 등에 의한 건강장해
  ④ 계측감시(計測監視), 컴퓨터 단말기 조작, 정밀공작 등의 작업에 의한 건강장해
  ⑤ 단순반복작업 또는 인체에 과도한 부담을 주는 작업에 의한 건강장해
  ⑥ 환기·채광·조명·보온·방습·청결 등의 적정기준

05.

트럭의 적재함을 내리다가 적재함이 멈추어 섰다. 이때 작업자가 스패너 하나만 가지고 적재함 밑으로 내려가서 나사를 조이는데 적재함이 내려와 작업자가 깔리는 동영상이다. 차량계 하역장치의 수리나 조립, 해체를 할 때 안전조치사항을 3가지 쓰시오.

➡해답 1. 안전지주 또는 안전블록 등의 사용상황 등을 점검할 것
2. 작업순서를 결정하고 작업을 지휘할 것
3. 작업계획서를 작성한다.
4. 원동기를 정지시키고 브레이크를 확실히 거는 등 갑작스러운 주행을 방지하기 위한 조치를 할 것

01.
작업자가 장갑을 착용한 상태에서 인쇄 윤전기 작업을 하고 있다. 동영상에서 알 수 있는 위험점과 정의, 형성 조건을 쓰시오.

➡해답 1. 위험점 : 물림점
2. 위험점의 정의 : 두 개의 회전체 사이에 신체가 물리는 위험점 형성
3. 발생조건 : 회전체가 서로 반대 방향으로 맞물려 회전되어야 한다.

05.
트럭의 적재함을 내리다가 적재함이 멈추어 섰다. 이때 작업자가 스패너 하나만 가지고 적재함 밑으로 내려가서 나사를 조이는데 적재함이 내려와 작업자가 깔리는 동영상이다. 차량계 하역장치의 수리나 조립, 해체를 할 때 안전조치사항을 3가지 쓰시오.

➡해답 1. 안전지주 또는 안전블록 등의 사용상황 등을 점검할 것
2. 작업순서를 결정하고 작업을 지휘할 것
3. 작업계획서를 작성한다.
4. 원동기를 정지시키고 브레이크를 확실히 거는 등 갑작스러운 주행을 방지하기 위한 조치를 할 것

출제연도 | 2009년 1회(4월 B형)

01.
작업자가 배관플랜지 용접작업 중 위험요인 2가지를 쓰시오.

➡️**해답** 1. 고열 및 불티에 의한 화재 및 폭발의 위험(소화기, 물통, 건조사, 불티받이포 등을 준비)
2. 충전부 접촉에 의한 감전의 위험
3. 용접 흄, 유해가스, 유해광선, 소음, 고열에 의한 건강장해
4. 용접작업에 의한 화상

03.
승강기 설치 전 피트내부 청소작업 중 추락하였다. 추락재해 발생원인 3가지를 쓰시오.

➡️**해답** 1. 작업발판이 고정되어 있지 않았다.
2. 작업자가 안전난간 및 안전대를 걸지 않고 작업하였다.
3. 추락방지망을 설치하지 않았다.

O7.

승강기 와이어로프에 끼인 기름 및 먼지 제거 작업중 이물질이 발생하여 손으로 이물질을 제거하고 있다. 위험점, 재해발생형태, 재해의 정의를 쓰시오.

➡해답 1. 위험점 : 접선물림점
2. 재해발생형태 : 협착
3. 재해의 정의 : 회전하는 부분이 접선방향으로 물려들어갈 위험이 만들어지는 위험점(회전운동 +접선부)

O8.

작업자가 장갑을 착용한 상태에서 드릴 작업을 하던 중 이물질이 발생하여 손으로 이물질을 제거하고 있다. 위험요인 두 가지를 쓰시오. 드릴 작업시 위험요인 2가지를 쓰시오.

➡해답 1. 손이 말려 들어갈 위험이 있는 장갑을 끼고 작업을 하지 말 것
2. 드릴작업에서 칩의 제거방법은 회전을 중지시킨 후 솔로 제거하여야 함
3. 일감은 견고하게 고정시켜야 하며 손으로 쥐고 구멍을 뚫는 것은 위험하다.
4. 구멍을 뚫을 때 관통된 것을 확인하기 위하여 손을 집어넣지 말 것
5. 드릴을 끼운 후에 척렌치(Chuck Wrench)를 반드시 뺀다.

출제연도　2009년 1회(4월 C형)

03.
안전장치가 없는 둥근톱기계에 고정식 접촉예방장치 설치시 가공재 상면에서 덮개 하단까지 최대간격과 테이블면 상단에서 덮개 하단까지 최대간격은?

➡해답 1. 가공재 상면에서 덮개 하단 : 최대 8mm
2. 테이블면 상단에서 덮개 하단 : 최대 25mm

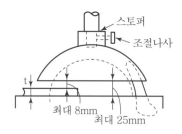

04.
사출싱형기 작업을 하고 있다. 사출성형기 작업시 새 해방지 대책을 쓰시오.

➡해답 1. 작업자가 사출성형기의 내부 금형사이에 출입할 때에는 사출성형기의 전원을 차단한 후 출입하여야 한다.
2. 작업시 절연용보호구를 착용할 것
3. 이물질의 제거는 전용공구를 사용할 것
4. 사출성형기 충전부 방호조치(덮개) 실시

06.
크레인으로 배관 권상하중시 위험요인을 쓰시오.

➡해답 1. 위험반경 내에서 크레인 수신호를 실시하고 있다.
2. 보조(유도)로프를 설치하지 않았다.
3. 배관을 인양중인 로프가 심하게 훼손되어있어 배관이 낙하할 위험이 있다.

출제연도 | 2009년 2회(7월 A형)

02.
이동식 크레인에 매달린 물체가 골조에 부딪혀 위험하고, 신호방법이 맞지 않아 작업자 위로 낙하할 위험이 내재되어 있다. 재해를 방지할 수 있는 대책 3가지는?

➡해답 1. 보조(유도)로프를 이용해서 흔들림을 방지함
2. 무전기 등을 사용하여 신호하거나, 작업 전 일정한 신호방법을 약속으로 정한다.
3. 슬링와이어로프의 체결상태를 확인한다.
4. 화물을 작업자 위로 통과시키지 않도록 한다.

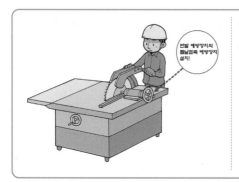

O3.
목재가공작업시 안전을 위해 필요한 사항을 쓰시오.

→해답 1. 안전작업에 필요한 날접촉예방장치, 분할날, 반발방지기구, 반발방지롤, 보조안내판 등을 설치한다..
2. 톱날접촉예방장치는 가공재 상면과 덮개하단은 최대 8mm 이하, 테이블과 덮개하단 사이 최대 25mm 이하로 설치한다.

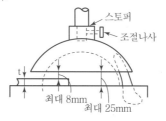

O4.
탁상드릴 작업시 위험요인 2가지를 쓰시오.

→해답 1. 일감은 견고하게 고정시켜야 하며 손으로 잡고 구멍을 뚫는 것은 위험하다.
2. 드릴을 끼운 후에 척렌치(Chuck Wrench)를 반드시 뺀다.
3. 손이 말려 들어갈 수 있는 장갑을 끼고 작업하지 말 것
4. 구멍을 뚫을 때 관통된 것을 확인하기 위하여 손을 집어넣지 말 것
5. 드릴작업에서 칩의 제거방법은 회전을 중지시킨 후 솔로 제거하여야 한다.

O2.
동영상은 작업자가 사출성형기의 노즐부분을 만지지다가 감전으로 쓰러지는 장면을 보여주고 있다. 기인물과 가해물을 쓰시오.

➡**해답** ① 기인물 : 사출성형기
② 가해물 : 전기

O7.
동영상은 정리정돈이 되지 않은 작업장에서 가스용접을 하는 도중 작업자가 고무호스를 잡아당겨 호스가 빠져 폭발이 일어났다. 작업자들은 보호구를 일체 착용하지 않고 있었다. 사고에서 위험요인 2가지를 쓰시오.

➡**해답** 1. 보호구(보안경, 안전모, 안전화)등을 착용하지 않았다.
2. 작업장 주변이 정리정돈이 되어 있지 않다.

○9.
작업자가 회전물을 샌드페이퍼로 청소하다가 회전물에 손이 말려들어가는 영상이다. 위험점과 정의를 쓰시오.

➡해답 1. 위험점 : 회전말림점(Trapping Point)
2. 정의 : 회전하는 물체의 길이, 굵기, 속도 등이 불규칙한 부위와 돌기 회전부위에 장갑 및 작업복 등이 말려드는 위험점 형성(돌기회전부)

출제연도 | 2009년 3회(9월 A형)

○3.
크레인에 배관을 묶어 올리던 중 연결로프가 끊어질 것 같아서 다시 내리다가 배관의 흔들림에 의해 작업자의 머리를 치는 상황이다. 재해형태와 정의를 쓰시오.

➡해답 1. 재해형태 : 비래
2. 정의 : 구조물, 기계 등에 고정되어 있던 물체가 중력, 원심력, 관성력 등에 의하여 고정부에서 이탈하거나 또는 설비 등으로부터 물질이 분출되어 사람을 가해하는 경우

06.
둥근톱기계를 정면에서 작업자가 나무를 자르고 있다. 둥근톱기계에 나무 파편이 튀어 눈을 찌푸리고 있다. 또 다른 곳을 보다가 손가락이 잘린다. 목재가공작업 시 안전을 위해 필요한 사항을 쓰시오.

→해답 1. 작업시 파편 등이 튀는 경우 보호구(보안경)를 착용하고, 작업시 다른 곳을 보는 등의 부주의한 행동을 하지 않는다.
2. 둥근톱 작업시 손이 말려들어갈 위험이 있는 장갑을 사용해서는 않된다.
3. 안전작업에 필요한 날접촉예방장치, 분할날, 반발방지기구, 반발방지롤, 보조안내판 등을 설치한다.
4. 톱날접촉예방장치는 가공재 상면과 덮개하단은 최대 8mm 이하, 테이블과 덮개하단 사이 최대 25mm 이하로 설치한다.

09.
프레스가 나오고 급정지기구가 설치되지 않았다. 이때 방호조치 4가지를 쓰시오.

→해답 손쳐내기식, 수인식, 양수기동식, 게이트가드식

01.

동영상은 정리정돈이 되지 않은 작업장에서 가스용접을 하는 도중 작업자가 고무호스를 잡아당겨 호스가 빠져 폭발이 일어났다. 작업자들은 보호구를 일체 착용하지 않고 있었다. 사고에서 위험요인 2가지를 쓰시오.

➡해답 1. 보호구(보안경, 안전모, 안전화)등을 착용하지 않았다.
　　　 2. 작업장 주변이 정리정돈이 되어 있지 않다.

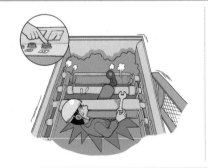

06.

경사용 컨베이어 벨트에서 하역작업 중 위험을(동영상은 컨베이어 위에 올라가 있는 작업자의 발이 아슬아슬한 모습을 잡아줌) 방지하기 위한 방호장치 3가지를 쓰시오.

➡해답 1. 비상정지장치 설치
　　　 2. 덮개 또는 울 설치
　　　 3. 역전방지장치 설치

05.
브레이크라이닝 연마작업 도중 회전체에 장갑이 말려 들어가 손을 다치는 장면을 보여주고 있다. 안전대책 2가지를 쓰시오.

➡해답 1. 작업시 장갑 착용하고 있어서 손이 끼일 염려가 있다.
2. 비상정지장치, 덮개 등의 방호장치 미설치
3. 이물질이 눈에 튀어 들어와서 눈을 다칠 위험이 있으므로 보안경을 착용

06.
전동톱을 작동하기 전에 작업발판용 나무토막을 가져다 놓고 한발로 나무를 고정하고 톱질을 하다 작업발판의 흔들림으로 인해 작업자가 넘어짐. 재해형태와 기인물, 가해물은?

➡해답 1. 재해형태 : 추락
2. 기인물 : 작업발판
3. 가해물 : 바닥

출제연도 2010년 1회(4월 A형)

01.
동영상은 건설용 리프트를 보여주고 있다. 건설용 리프트의 방호장치를 쓰시오.

➡해답 권과방지장치, 과부하방지장치, 비상정지장치〈안전보건규칙 제151조〉

형체기구 전기제어부 사출기구 유압구동부

프레임

06.
동영상에서 작업자는 사출성형기를 점검하다 재해가 발생하였다. 재해형태와 재해를 방지하기 위한 방호장치를 쓰시오.

➡해답 1. 재해형태 : 협착.
2. 방호장치 : 게이트가드 또는 양수조작식〈안전보건규칙 제121조〉

출제연도 | 2010년 1회(4월 B형)

01.
동영상은 크레인 작업을 보여주고 있다. 크레인 방호장치와 안전검사 주기를 쓰시오.

➡해답 1. 방호장치 : 과부하방지장치·권과방지(卷過防止)장치·비상정지장치 및 제동장치〈안전보건규칙 제134조〉
　　 2. 안전검사 주기 : 최초 설치후 3년, 그 이후부터는 매 2년마다 안전검사 실시

06.
프레스가 나오고 급정지기구가 설치되지 않았다. 이때 방호조치 4가지를 쓰시오.

➡해답 손쳐내기식, 수인식, 양수기동식, 게이트가드식

출제연도 │ 2010년 1회(4월 C형)

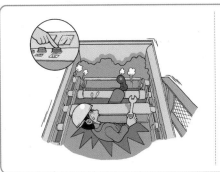

01.

경사용 컨베이어 벨트에서 하역작업 중 위험을(동영상은 컨베이어 위에 올라가 있는 작업자의 발이 아슬아슬한 모습을 잡아줌) 방지하기 위한 방호장치 3가지를 쓰시오.

→해답 1. 비상정지장치 설치
2. 덮개 또는 울 설치
3. 건널다리 설치
4. 역전방지장치 설치

03.

동영상은 작업자가 목재가공용 둥근톱기계를 이용하여 작업하고 있다. 이 때 필요한 방호장치 2가지를 쓰시오.

→해답 반발예방장치, 톱날접촉예방장치

출제연도 2010년 2회(7월 A형)

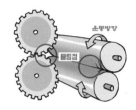

O3.
작동중인 컨베이어 작업 중 작업자가 손을 올려놓음과 동시에 기계에 손이 말려들어가는 장면을 보여주고 있다. 위험점과 정의를 쓰시오.

▶해답 1. 위험점 : 물림점(Nip Point)
2. 위험점의 정의 : 두 개의 회전체 사이에 신체가 물리는 위험점 형성

출제연도 2010년 2회(7월 B형)

O4.
동영상은 시멘트 포대를 컨베이어 이송작업중에 작업자가 시멘트 포대에 걸려 넘어지는 장면을 보여주고 있다. 불안전한 작업방법을 2가지 쓰시오.

▶해답 1. 컨베이어 풀리 위에서 작업하고 있다.
2. 보호구를 착용하지 않았다.
3. 비상정지장치를 설치하지 않았다.
4. 덮개 또는 울 등을 설치하지 않았다.

09.

V벨트 교체작업시 작업안전수칙에 대하여 3가지를 기술하시오. 이 영상에서 발생된 사고는 기계설비의 위험점 중 어느 것에 해당하는가?

➡️해답 1. 작업안전수칙 3가지
  ① 작업시작 전(V벨트 교체 작업 전) 전원을 차단한다.
  ② V벨트 교체작업은 천대 장치를 사용한다.
  ③ 보수작업 중이라는 작업 중의 안내 표지를 부착하고 실시한다.
  2. 위험점 : 접선 물림점

출제연도 | 2010년 2회(7월 C형)

01.

동영상은 물건을 줄로 매달아 올리다 물건이 떨어져서 작업하고 있는 사람이 다친 장면을 보여주고 있다. 이 사고의 종류를 쓰고 간단히 정의하여 쓰시오.

➡️해답 1. 발생형태 : 낙하·비래
  2. 정의 : 물체가 위에서 떨어지거나, 다른 곳으로부터 날아와 작업자가 맞음으로써 발생하는 재해

04.
동영상은 작업자가 가동 중인 컨베이어 상부의 모서리 부위를 딛고 전등을 교체하다 바닥 아래로 떨어지는 장면을 보여주고 있다. 이 사고에서 위험점을 적으시오.

[해답] 1. 작업자가 딛고 선 발판이 불안정하여 추락위험이 있다.
　　　2. 전등을 교체하기 전 전원을 차단하지 않아서 감전위험이 있다.
　　　3. 컨베이어 전원을 차단하지 않아서 전도 위험이 있다.

05.
동영상은 페인트 통이 있는 곳에서 용접자가 큰 배관을 회전되는 장치에 올려놓고 용접자가 용접을 하면서 스스로 스위치를 동작시켜 배관을 용접량 길이만큼 돌려가면서 용접하는 장면이다. 이 동영상에서 위험점을 쓰시오.

[해답] 1. 단독 작업으로 양손을 사용하고 있어 위험이 내포되어 있다.
　　　2. 용접 작업장 주위에 인화성 물질이 방치되어 있어 폭발의 위험이 있다.

07.
작업자가 연삭작업중에 사고가 발생하였다. 이 사고에서 기인물과 설치해야 하는 판을 쓰시오.

➡해답 1. 기인물 : 연삭기
　　　2. 장치명 : 투명한 비산 방지판

08.
동영상은 작업자(안전모를 착용하지 않음)가 금형을 크레인에 줄걸이로 매달고 오른손으로는 줄걸이, 왼손으로는 리모컨을 잡고 크레인을 움직여 이동시키다 작업자가 스스로 넘어진 상황을 보여주고 있다. 이 사고에서의 위험점 3가지를 쓰시오.

➡해답 1. 안전모를 착용하지 않았다.
　　　2. 양손을 동시에 사용하고 있어 위험이 내포되어 있다.
　　　3. 권상중인 하물이 작업자 위로 지나가서는 안된다.
　　　4. 작업자와 금형이 충돌 위험이 있다.

○4.
인쇄용 롤러를 청소하는 중 재해가 발생하였다. 작업 중에 발생한 재해에서 핵심위험요인 2가지를 쓰시오.

➡️해답 1. 전원을 차단하여 롤러기를 정지시키지 않은 상태에서 청소를 하고 있어 롤러에 말려들어 간다.
2. 방호장치가 없어 회전하는 롤러에 걸레의 윗부분이 넣어져서 손이 말려들어 간다.
3. 회전 중인 롤러에 물려 들어가는 쪽을 직접 손으로 눌러서 닦고 있어 걸레와 함께 손이 물려 들어가게 된다.
4. 체중을 걸쳐 닦고 있어서 말려들어가게 됨(서서 청소하여야 함)

○6.
동영상은 작업자가 사출성형기의 노즐부분을 만지다가 감전으로 쓰러지는 장면을 보여주고 있다. 기인물과 가해물을 쓰시오.

➡️해답 ① 기인물 : 사출성형기
② 가해물 : 전기

07.

이동식 크레인에 매달린 물체가 골조에 부딪혀 위험하고, 신호방법이 맞지 않아 작업자 위로 낙하할 위험이 내재되어 있다. 재해를 방지할 수 있는 대책 3가지는?

➡️해답 1. 보조(유도)로프를 이용해서 흔들림을 방지함
2. 무전기 등을 사용하여 신호하거나, 작업 전 일정한 신호방법을 약속으로 정한다.
3. 슬링와이어로프의 체결상태를 확인한다.
4. 화물을 작업자 위로 통과시키지 않도록 한다.

08.

드릴 작업시 공구를 사용하지 않고 맨손으로 고정하여 드릴을 사용하고 있다. 위험포인트와 대책을 쓰시오.

➡️해답 1. 위험포인트 : 작은 공작물을 손으로 잡고 드릴 작업을 하고 있다.
2. 대책 : 전용공구인 바이스로 고정시킨 후 작업을 하여야 한다.

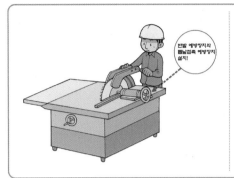

04.

둥근톱기계를 정면에서 작업자가 나무를 자르고 있다. 둥근톱기계에 나무 파편이 튀어 눈을 찌푸리고 있다. 또 다른 곳을 보다가 손가락이 잘린다. 목재가공작업 시 안전을 위해 필요한 사항을 쓰시오.

⇒해답 1. 작업시 파편 등이 튀는 경우 보호구(보안경)를 착용하고, 작업시 다른 곳을 보는 등의 부주의한 행동을 하지 않는다.
2. 둥근톱 작업시 손이 말려들어갈 위험이 있는 장갑을 사용해서는 않된다.
3. 안전작업에 필요한 날접촉예방장치, 분할날, 반발방지기구, 반발방지롤, 보조안내판 등을 설치한다.
4. 톱날접촉예방장치는 가공재 상면과 덮개하단은 최대 8mm 이하, 테이블과 덮개하단 사이 최대 25mm 이하로 설치한다.

06.

가스용접 작업시 산소가스통이 뉘어져 있고 보호구(보안경, 안전모, 안전화) 없이 용접작업중 고무호스를 잡아당기는 장면이며, 이때 호스가 빠져 폭발로 이어지는 동영상이다. 용접작업의 문제점과 안전대책 한가지씩을 쓰시오.

⇒해답 1. 문제점 : 용기를 눕혀서 보관하고 있다. 보호구(보안경, 안전모, 안전화)를 착용하지 않았다.
2. 대책 : 용기를 세워놓고 작업하여야 한다. 보호구를 착용하여야 한다.

09.
크레인에 매달린 물체가 골조에 부딪혀 위험하고, 신호방법이 맞지 않아 작업자 위로 낙하할 위험이 내재되어 있다. 재해를 방지할 수 있는 대책 3가지는?

→해답 1. 보조(유도)로프를 이용해서 흔들림을 방지함
2. 무전기 등을 사용하여 신호하거나, 작업 전 일정한 신호방법을 약속으로 정한다.
3. 슬링와이어로프의 체결상태를 확인한다.
4. 화물을 작업자 위로 통과시키지 않도록 한다.

전기안전

Contents

예상문제풀이

출제분야	전기안전
작업명	습윤한 장소에서의 전기작업

 화면은 습윤한 장소(물기가 있는 장소)에서의 전기작업 및 관련 재해에 대한 동영상이다.

 동영상은 작업자가 수중펌프 접속부위에 감전되어 발생한 사고이다. 작업자가 감전사고를 당한 원인을 인체의 피부저항과 관련하여 설명하시오.

➡해답 ① 감전피해의 위험도에 가장 큰 영향을 미치는 통전전류의 크기는 인체의 전기저항 즉, 임피던스의 값에 의해 결정(반비례)되며 인체의 임피던스는 내부저항과 피부저항으로 구성
② 내부저항은 교류, 직류에 따라 거의 일정(통전시간이 길어지면 인체의 온도상승에 의해 저항치 감소) 피부저항은 물에 젖어 있을 경우 1/25로 저항이 감소하므로 그만큼 통전전류가 커져 전격의 위험이 높아진다.

문제 화면을 보고 작업자가 감전사고를 당한 원인을 인체 피부저항과 관련하여 설명하시오.

해답 피부저항은 물에 젖어 있을 경우 1/25로 저항이 감소하므로 그만큼 통전전류가 커져 전격의 위험이 높아진다.

문제 화면을 보고 전원 접속부에 감전사고를 방지하기 위해 설치해야 할 방호조치는 무엇인지 쓰시오.

해답 감전방지용 누전차단기 설치

문제 화면은 단무지가 있고 무릎정도 물이 차있는 상태에서 펌프를 작동과 동시에 감전재해가 발생하는 동영상이다. 재해방지대책 3가지를 쓰시오.

해답 ① 사용 전 수중 펌프와 전선 등의 절연상태 점검(절연저항 측정 등)
② 감전방지용 누전차단기 설치
③ 수중 모터 외함 접지상태 확인

출제분야	전기안전
작업명	습윤상태에서의 전기작업

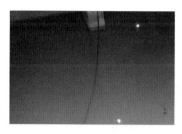  

 동영상은 습윤한 장소에서 작업자가 이동전선을 작업하고 있다.

문제 동영상을 참고하여 작업전 점검해야 할 사항을 쓰시오.

➡해답 ① 접속부위의 절연상태 점검
② 전선 피복이 손상유무 점검
③ 전선의 절연저항 측정
④ 감전방지용 누전차단기 설치

출제분야 　전기안전

작업명 　기계·기구 수리작업

동영상
설명　동영상은 모터 수리작업 도중에 발생한 재해사례이다.

문제　동영상을 참고하여 재해발생 원인을 쓰시오.

해답　1. 재해발생원인 : 감전
　　　2. 감전사고의 원인
　　　　　① 정전작업 미실시(전원을 차단하지 않고 작업 실시)
　　　　　② 감전방지용 누전차단기 미실시
　　　　　③ 전문 수리업체에 미의뢰

동영상 설명 동영상은 원심기 수리작업 도중에 발생한 재해사례이다.

문제 동영상을 참고하여 원심기 점검 중 재해발생 원인 및 안전대책을 쓰시오.

해답 1. 재해발생원인 : 감전
2. 안전대책
① 정전작업 실시
② 감전방지용 누전차단기 설치
③ 전문 수리업체에 수리 의뢰

동영상 설명 동영상은 환기팬 수리작업 도중에 작업자가 감전되면서 넘어져 냉동고에 부딪치는 화면이다.

문제 동영상을 참고하여 기인물과 재해형태를 쓰시오.

해답 1. 기인물 : 환기팬
2. 재해형태 : 충돌(또는 감전)
※ 재해형태를 충돌이나 감전으로 구분하는 것은 재해(사망)원인이 감전이냐 충돌이냐에 따라 결정된다. 즉 사망원인이 감전이면 재해형태가 감전이고, 사망원인이 충돌이면 재해형태가 충돌이다. 그래서 중대재해 조사 시 부검결과를 보고 최종 재해형태를 결정한다.

출제분야	전기안전
작업명	배전반(분전반) 작업

동영상 설명 화면은 배전반(분전반) 내부 전기작업 및 관련 재해 동영상이다.

문제 동영상은 작업자가 승강기 컨트롤 패널의 덮개를 열고 내부를 점검하는 작업장면을 보여주고 있다. 다음 물음에 답하시오.

1. 이 영상에서 재해방지대책을 3가지 쓰시오.

해답 ① 정전작업 실시
② 개인 보호구(감전방지용 보호구) 착용
③ 유자격자 이외는 전기기계 및 기구에 전기적인 접촉 금지
④ 관리감독자는 작업에 대한 안전교육 시행
⑤ 사고발생시의 처리순서를 미리 작성하여 둘 것

2. 이 영상에서 작업자가 감전당한 원인은 무엇인가?

해답 정전작업 안전 조치사항 미준수(충전여부 미확인)에 의한 감전

문제 동영상은 MCCB패널 차단기 전원을 투입하여 재해가 발생한 장면이다. 안전대책을 쓰시오.

➡**해답** ① 전로의 개로개폐기에 시건장치 및 통전금지 표지판 부착
② 작업 전 신호체계 확립 및 작업지휘자에 의한 작업지휘
③ 차단기에 회로구분 표찰 부착에 의한 오조작 방지 등

문제 동영상은 MCCB패널 점검 중 사고사례이다. 개폐기에는 통전중이라는 표지가 붙여 있고 작업자가 개폐기 문을 열어 전원을 차단하고 문을 닫은 후 다른 곳 패널에서 면장갑을 착용하고 작업하려 쓰러진 상황이다. 재해예방대책을 쓰시오.

➡**해답** ① 전로의 개로개폐기에 시건장치 및 통전금지 표지판 부착
② 작업 전 신호체계 확립 및 작업지휘자에 의한 작업지휘
③ 차단기에 회로구분 표찰 부착에 의한 오조작 방지 등

문제 화면은 2만볼트가 인가된 배전반 작업 중 발생한 사고 사례이다. 다음 물음에 답하시오.

1. 이 작업시 안전관리자 지정 작업인지 판단하고 사고유형 및 그 용어에 대하여 설명하시오.

➡**해답** ① 안전관리자 : 지정
② 사고유형 : 감전
③ 용어정의
　-감전(感電, Electric Shock) : 인체의 일부 또는 전체에 전류가 흐르는 현상을 말하며 이에 의해 인체가 받게 되는 충격을 전격(電擊, Electric Shock)이라고 한다.
　-감전(전격)에 의한 재해 : 인체의 일부 또는 전체에 전류가 흘렀을 때 인체 내에서 일어나는 생리적인 현상으로 근육의 수축, 호흡곤란, 심실세동 등으로 부상·사망하거나 추락·전도 등의 2차적 재해가 일어나는 것을 말한다.

2. 화면을 참고하여 작업자가 착용해야 할 보호장구의 명칭 3가지를 쓰시오.

➡**해답** 절연장갑, 절연화, 절연(안전)모

3. 이 작업시 사고유형, 기인물, 가해물은 무엇인가?

➡**해답** ① 사고유형 : 감전
② 기인물 : 배전반
③ 가해물 : 전류

4. 안전수칙 3가지를 쓰시오.

➡해답 ① 정전작업 실시
② 개인 보호구 착용
③ 유자격자 이외는 전기기계 및 기구에 전기적인 접촉 금지
④ 관리감독자는 작업에 대한 안전교육 시행
⑤ 사고발생 시의 처리순서를 미리 작성하여 둘 것

출제분야	전기안전
작업명	임시 배전반(분전반) 작업

동영상 설명 │ 화면은 임시 배전반의 작업 중에 발생한 재해이다.

문제) 이 화면에서 위험요인 2가지를 쓰시오.

➡해답 ① 정전작업 미실시에 의한 감전위험
② 개인 보호구(감전방지용 보호구) 미착용에 의한 감전위험

문제) 이 화면은 임시 배전반 점검 중 옆 근로자가 와서 문을 닫아 다른 작업자의 손이 배전반 문에 끼는 사고를 보여주고 있다. 위험요인 2가지를 쓰시오.

➡해답 ① '보수 중' 표지판 미부착에 의한 협착 및 감전위험
② 개인 보호구(감전방지용 보호구) 미착용에 의한 감전위험

출제분야	전기안전
작업명	가설전선 점검작업

 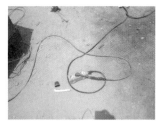 

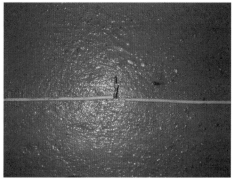 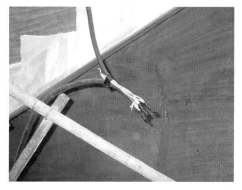

 화면은 도로상 가설전선 점검작업 중 발생한 재해사례이다.(작업자 절연장갑 미착용 및 활선상태 동영상)

🏢 문제 이 영상을 참고하여 감전사고 예방대책 3가지를 쓰시오.

➡️해답 ① 개인보호구(절연장갑) 착용
② 정전작업 실시
③ 감전방지용 누전차단기 설치
④ 해당 전선의 절연성능 이상으로 전선접속부 절연조치

이 재해유형의 정의를 쓰시오.

➡해답 ① 감전(感電, Electric Shock) : 인체의 일부 또는 전체에 전류가 흐르는 현상을 말하며 이에 의해 인체가 받게 되는 충격을 전격(電擊, Electric Shock)이라고 한다.
② 감전(전격)에 의한 재해 : 인체의 일부 또는 전체에 전류가 흘렀을 때 인체 내에서 일어나는 생리적인 현상으로 근육의 수축, 호흡곤란, 심실세동 등으로 부상·사망하거나 추락·전도 등의 2차적 재해가 일어나는 것을 말한다.

 화면은 작업자가 터널 내에서 전선을 점검하다가 감전당하는 장면을 보여주고 있다.

 이 영상을 참고하여 재해의 명칭과 정의를 쓰시오.

➡해답 ① 재해의 명칭 : 감전
② 감전(感電, Electric Shock) : 인체의 일부 또는 전체에 전류가 흐르는 현상을 말하며 이에 의해 인체가 받게 되는 충격을 전격(電擊, Electric Shock)이라고 한다.

출제분야	전기안전
작업명	사출성형기 금형작업

 화면은 사출성형기 작업 및 관련 재해 동영상이다.

문제 사출성형기 V형 금형 작업 중 감전 재해가 발생한 사례이다. 다음 물음에 답하시오.

1. 이 동영상에서 발생한 감전재해 대책을 쓰시오.

해답

간접접촉(누전)에 의한 감전인 경우	충전부 직접접촉에 의한 감전인 경우
① 전기기계 · 기구 접지 실시	① 정전작업실시(작업 전 전원 차단)
② 누전차단기 접속 · 사용	② 노출 충전부 방호조치
③ 주기적인 절연저항 측정	③ 절연 보호구 착용

▶ 여러 경우가 출제될 수 있으므로 화면을 보고 두 가지 중 한 가지를 쓰면 된다.

2. 이 영상에 나타난 재해원인 중 기인물 및 가해물을 무엇인가?

해답 기인물 : 사출성형기, 가해물 : 전류

문제 동영상 화면은 사출성형기의 금형을 손으로 청소하다가 감전사고가 발생한 장면을 보여 주고 있다. 재해발생원인을 3가지만 쓰시오.

→해답

간접접촉(누전)에 의한 감전인 경우	충전부 직접접촉에 의한 감전인 경우
① 전기기계·기구 접지 미실시	① 정전작업 미실시(작업 전 전원 차단 미실시)
② 누전차단기 미설치	② 노출 충전부 방호조치 미실시
③ 주기적인 절연저항 측정관리 미실시	③ 절연 보호구 미착용

▶여러 경우가 출제될 수 있으므로 화면을 보고 두 가지 중 한 가지를 쓰면 된다.

문제 화면은 정지된 기계 점검 중 작업자가 감전당하는 동영상이다. 이 동영상에서 재해 발생 형태 및 원인을 쓰시오.

→해답 ① 재해 발생 형태 : 감전
② 재해 발생 원인 : 정전작업 미실시, 개인 보호구(절연장갑 등) 미착용 등

출제분야	전기안전
작업명	전기형강작업

동영상 설명 화면은 전신주의 형강을 교체하고 있는 동영상이다.

문제 화면의 전기형강작업 중 위험요인(결여사항) 3가지를 기술하시오.

→해답 ① 안전수칙 미준수(작업자세 및 상태불량 등) : 작업자 흡연 등
② 감전 위험
③ 추락 위험 : 작업발판
④ 낙하·비래 위험 : COS 고정상태 불량

문제 화면에서 결여사항을 조치할 내용(안전대책) 3가지를 쓰시오.

➡**해답**

정전선로에서의 전기작업(안전보건규칙 제319조)

① 사업주는 근로자가 노출된 충전부 또는 그 부근에서 작업함으로써 감전될 우려가 있는 경우에는 작업에 들어가기 전에 해당 전로를 차단하여야 한다. 다만, 다음 각 호의 경우에는 그러하지 아니하다.
  1. 생명유지장치, 비상경보설비, 폭발위험장소의 환기설비, 비상조명설비 등의 장치・설비의 가동이 중지되어 사고의 위험이 증가되는 경우
  2. 기기의 설계상 또는 작동상 제한으로 전로차단이 불가능한 경우
  3. 감전, 아크 등으로 인한 화상, 화재・폭발의 위험이 없는 것으로 확인된 경우
  4. 개로된 전로에서 유도전압 또는 전기에너지가 축적되어 근로자에게 전기위험을 끼칠 수 있는 전기기기 등은 접촉하기 전에 잔류전하를 완전히 방전시킬 것
  5. 검전기를 이용하여 작업 대상 기기가 충전되었는지를 확인할 것
  6. 전기기기 등이 다른 노출 충전부와의 접촉, 유도 또는 예비동력원의 역송전 등으로 전압이 발생할 우려가 있는 경우에는 충분한 용량을 가진 단락 접지기구를 이용하여 접지할 것

 문제 이 작업(정전작업)이 완료한 후 조치사항 3가지를 쓰시오.

➡**해답**

전전전로에서의 전기작업(안전보건규칙 제319조)

③ 사업주는 제1항 각 호 외의 부분 본문에 다른 작업 중 또는 작업을 마친 후 선원을 공급하는 경우에는 작업에 종사하는 근로자 또는 그 인근에서 작업하거나 정전된 전기기기 등(고정 설치된 것으로 한정한다)과 접촉할 우려가 있는 근로자에게 감전의 위험이 없도록 다음 각 호의 사항을 준수하여야 한다.
  1. 작업기구, 단락 접지기구 등을 제거하고 전기기기 등이 안전하게 통전될 수 있는지를 확인할 것
  2. 모든 작업자가 작업이 완료된 전기기기 등에서 떨어져 있는 지를 확인할 것
  3. 잠금장치와 꼬리표는 설치한 근로자가 직접 철거할 것
  4. 모든 이상 유무를 확인한 후 전기기기 등의 전원을 투입할 것

문제 화면을 보고 작업자가 착용해야 할 보호장구 2가지 명칭을 쓰시오.

➡**해답** 안전(절연)모, 안전대, 안전화, 절연장갑, 활선접근경보기 등

[문제] 작업자가 전신주에 이동식 사다리를 설치하고 작업하는 도중 작업자가 넘어지는 장면이다. 이런 사고를 예방하기 위한 대책을 쓰시오

[해답] 1. 이동식 사다리 구조
　　① 견고한 구조로 할 것
　　② 재료는 심한 손상·부식 등이 없는 것으로 할 것
　　③ 폭은 30cm 이상으로 할 것
　　④ 다리부분에는 미끄럼방지장치를 설치하는 등 미끄러지거나 넘어지는 것을 방지하기 위한 필요한 조치를 할 것
　　⑤ 발판의 간격은 동일하게 할 것
　2. 기타
　　① 보호구 착용(안전모 및 안전대 착용)
　　② 사다리 작업을 2인 1조로 작업할 것

[문제] 화면은 전신주에서 정전작업(봉각 교체작업)을 실시하고 있는 동영상이다. 이 작업시 위험요인을 쓰시오.

[해답] 1. 감전위험
　　① 근접 활선에 대한 감전 위험
　　② 개폐기 오조작에 의한 감전 위험
　　③ 근접 활선으로부터 정전유도에 의해 정전선로가 충전되어 감전위험
　2. 기타 위험
　　① 추락 위험
　　② 낙하·비래물에 의한 하부 작업자의 접촉·충돌 재해 등

출제분야	전기안전
작업명	변압기 관련 작업

 화면은 변압기 작업 및 재해 관련 동영상이다.

문제 화면은 1만볼트의 고압이 인가된 기계에 변압기를 연결하여 내전압 검사 중 재해가 발생한 상황의 동영상이다. 다음 물음에 답하시오

1. 화면의 동영상을 참고하여 사고원인을 3가지로 분류하여 쓰시오.

➡해답 ① 개인 보호구(절연장갑 능) 미작용
② 신호전달체계 불량
③ 작업자 안전수칙 미준수(활선 및 정전상태 미확인 후 작업)

2. 화면에서 작업자가 착용해야 하는 보호장구 2가지를 쓰시오

➡해답 ① 절연장갑
② 절연화

3. 변압기 활선작업시 감전사고 예방을 위한 활선유무 확인방법 3가지를 쓰시오.

➡해답 ① 검전기(활선접근경보기)로 확인
② 테스터기 활용(지시치 확인)
③ 변압기 전로의 전원투입 개폐기 투입상태 확인

[문제] 화면의 동영상에서 제어실(Test Room)과 작업장이 막혀 있어 원활한 의사소통이 되지 못하고 있다. 이에 대한 대책을 쓰시오.

[해답] 대화창을 설치한다.

[문제] 동영상은 고압변전설비 부근에서 공놀이를 하다가 공이 울타리 안쪽에 위치한 변압기 상단의 충전부에 떨어져 공을 주우러 가려 하고 있다. 다음 물음에 답하시오.

1. 이 동영상에서 예상되는 재해의 종류를 쓰시오.

[해답] 감전재해

2. 동영상에서의 재해방지대책 4가지를 쓰시오.

[해답] ① 전기시설물(고압변전설비) 주위 공놀이 금지
② 변전설비에 관계근로자 외의 자의 출입이 금지되도록 잠금장치를 하고 위험표시 등의 방법으로 방호를 강화할 것
③ 전기의 위험성에 대한 안전교육 실시
④ 유자격자에 의한 변압기 상단의 공 제거(전원 차단 후)

[문제] 변전실 같은 곳에서 맨손으로 드라이버 등 공구를 사용하여 작업 중 감전되는 동영상이다. 간접원인은 무엇인가?

[해답] 잔류전하에 의한 방전

출제분야	전기안전
작업명	정전작업

 동영상은 작업자가 정전작업을 하고 있는 장면을 보여주고 있다.

 정전작업시 안전조치사항에 대하여 쓰시오.

➡해답

정전전로에서의 전기작업(안전보건규칙 제319조)

① 사업주는 근로자가 노출된 충전부 또는 그 부근에서 작업함으로써 감전될 우려가 있는 경우에는 작업에 들어가기 전에 해당 전로를 차단하여야 한다. 다만, 다음 각 호의 경우에는 그러하지 아니하다.
  1. 생명유지장치, 비상경보설비, 폭발위험장소의 환기설비, 비상조명설비 등의 장치ㆍ설비의 가동이 중지되어 사고의 위험이 증가되는 경우
  2. 기기의 설계상 또는 작동상 제한으로 전로차단이 불가능한 경우
  3. 감전, 아크 등으로 인한 화상, 화재ㆍ폭발의 위험이 없는 것으로 확인된 경우
② 제1항의 전로 차단은 다음 각 호의 절차에 따라 시행하여야 한다.
  1. 전기기기등에 공급되는 모든 전원을 관련 도면, 배선도 등으로 확인할 것
  2. 전원을 차단한 후 각 단로기 등을 개방하고 확인할 것
  3. 차단장치나 단로기 등에 잠금장치 및 꼬리표를 부착할 것
  4. 개로된 전로에서 유도전압 또는 전기에너지가 축적되어 근로자에게 전기위험을 끼칠 수 있는 전기기기등은 접촉하기 전에 잔류전하를 완전히 방전시킬 것
  5. 검전기를 이용하여 작업 대상 기기가 충전되었는지를 확인할 것
  6. 전기기기등이 다른 노출 충전부와의 접촉, 유도 또는 예비동력원의 역송전 등으로 전압이 발생할 우려가 있는 경우에는 충분한 용량을 가진 단락 접지기구를 이용하여 접지할 것

③ 사업주는 제1항 각 호 외의 부분 본문에 따른 작업 중 또는 작업을 마친 후 전원을 공급하는
경우에는 작업에 종사하는 근로자 또는 그 인근에서 작업하거나 정전된 전기기기등(고정 설
치된 것으로 한정한다)과 접촉할 우려가 있는 근로자에게 감전의 위험이 없도록 다음 각 호
의 사항을 준수하여야 한다.
1. 작업기구, 단락 접지기구 등을 제거하고 전기기기등이 안전하게 통전될 수 있는지를 확인
할 것
2. 모든 작업자가 작업이 완료된 전기기기등에서 떨어져 있는지를 확인할 것
3. 잠금장치와 꼬리표는 설치한 근로자가 직접 철거할 것
4. 모든 이상 유무를 확인한 후 전기기기등의 전원을 투입할 것

문제 화면에서 작업자가 정전상태를 확인하면서 작업할 수 있도록 하기 위한 경보장치는 무엇인가?

해답 활선접근경보기

문제 MCCB 전원을 투입하여 발생한 재해사례이다. 안전대책을 쓰시오.

해답 ① 전로의 개로개폐기에 시건장치 및 통전금지 표지판 부착
② 작업 전 신호체계 확립 및 작업지휘자에 의한 작업지휘
③ 차단기에 회로구분 표찰 부착에 의한 오조작 방지 등

문제 동영상은 작업자가 전동권선기에 동선을 감는 작업 중에 기계가 정지하여 기계 내부를
손으로 점검하다가 사고가 발생한 장면을 보여주고 있다. 동영상에 나타난 ① 재해형태
와 ② 재해발생원인을 1가지만 쓰시오.

해답 ① 재해형태 : 감전
② 재해발생원인 : 정전작업 미실시, 절연보호구(절연장갑) 미착용 등

출제분야	전기안전
작업명	활선작업

동영상 설명 화면은 활선작업에 대한 동영상이다.

문제 이와 같이 활선작업시 내재되어 있는 핵심 위험요인을 3가지만 쓰시오.

➡해답 ① 근접활선(절연용 방호구 미설치)에 대한 감전위험
② 절연용 보호구 착용상태 불량에 따른 감전위험
③ 활선작업거리 미준수에 따른 감전위험
④ 작업장소의 관계근로자 외의 자의 출입에 따른 감전위험

출제분야	전기안전
작업명	교류아크용접작업

동영상 설명 화면은 교류아크용접작업 및 관련 재해가 발생한 동영상이다.

문제 화면은 작업자가 보호구를 착용하지 않은 채 교류아크용접기를 사용하다가 감전을 당하는 장면을 보여주고 있다. 기인물과 필요한 보호구를 쓰시오

➡ 해답 1. 기인물 : 교류아크용접기
2. 보호구

재해의 구분		보호구
눈	아크에 의한 장애 (가시광선, 적외선, 자외선)	차광보호구(보호안경과 보호면)
피부	감전 및 화상	가죽제품의 장갑, 앞치마, 각반, 안전화
용접 흄 및 가스(CO_2, H_2O)		방진마스크, 방독마스크, 송기마스크

문제 교류아크용접기를 사용하여 작업을 하기전 점검해야 할 사항을 쓰시오.

➡ 해답 ① 자동전격방지기 설치 상태 및 정상작동 유무 확인
② 차광보호구, 절연장갑, 안전화, 방독마스크 등 보호구 착용

출제분야	전기안전
작업명	VDT 작업

 화면은 VDT(영상표시단말기)를 취급하는 작업이다.

문제 화면에서 VDT(영상표시단말기) 작업시 위험요인 3가지를 쓰시오.

해답 ① 불편한 자세 : 책상 및 컴퓨터의 위치 또는 구조로 인한 불편한 자세 유발
② 반복성 : 키보드, 마우스 작업시 높은 반복작업 발생
③ 정적 자세 : 작업시 정적 자세 발생
④ 접촉 스트레스 : 책상 모서리 및 키보드, 마우스 사용시 접촉 스트레스 발생

문제 화면에서와 같이 VDT(영상표시단말기)를 취급하는 작업장 주변환경의 밝기는 어느 정도의 조도가 적당한지 쓰시오.

해답 ① 화면의 바탕색이 검정 계통일 경우 : 300~500[Lux]
② 화면의 바탕색이 흰색 계통일 경우 : 500~700[Lux]

문제 VDT 작업시 올바른 작업자세를 3가지만 쓰시오.

➡️**해답** ① 영상표시단말기 취급 근로자의 시선은 화면상단과 눈높이가 일치할 정도로 하고 작업 화면상의 시야범위는 수평선상으로부터 10~15° 밑에 오도록 하며 화면과 근로자의 눈과의 거리(시거리 : Eye-screen Distance)는 적어도 40cm 이상이 확보될 수 있도록 할 것

② 위팔(Upper Arm)은 자연스럽게 늘어뜨려, 작업자의 어깨가 들리지 않아야 하며, 팔꿈치의 내각은 90° 이상이 되어야 하고, 아래팔(Forearm)은 손등과 수평을 유지하여 키보드를 조작하도록 할 것

③ 연속적인 자료의 입력작업 시에는 서류받침대(Document Holder)를 사용하도록 하고, 서류받침대는 높이·거리·각도 등을 조절하여 화면과 동일한 높이 및 거리에 두어 작업하도록 할 것(그림 4)

④ 의자에 앉을 때는 의자 깊숙이 앉아 의자등받이에 작업자의 등이 충분히 지지되도록 할 것

⑤ 영상표시단말기 취급근로자의 발바닥 전면이 바닥면에 닿는 자세를 기본으로 하되, 그러하지 못할 때에는 발 받침대(Foot Rest)를 조건에 맞는 높이와 각도로 설치할 것

⑥ 무릎의 내각(Knee Angle)은 90° 전후가 되도록 하되, 의자의 앉는 면의 앞부분과 영상표시단말기 취급근로자의 종아리 사이에는 손가락을 밀어 넣을 정도의 틈새가 있도록 하여 종아리와 대퇴부에 무리한 압력이 가해지지 않도록 할 것(그림 6)

⑦ 키보드를 조작하여 자료를 입력할 때 양 손목을 바깥으로 꺾은 자세가 오래 지속되지 않도록 주의할 것

 문제 동영상은 VDT(영상표시단말기) 작업을 하고 있는 작업자가 의자에 엉덩이를 반 정도 걸친 자세로 앉아서 팔이 들린 채로 작업을 실시하고 있다. 이 동영상에서와 같은 작업자세로 VDT작업을 장시간 실시할 경우에 올 수 있는 신체이상증상(장애)을 3가지 쓰시오.

➡️**해답** 그림 참조

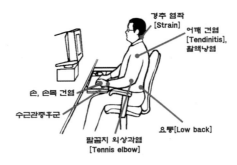

① 장시간 불편한 자세에 의한 요통장애
② 반복작업에 의한 어깨 및 손목 통증
③ 장시간 화면 보기에 의한 시력 저하 및 장애

영상표시단말기(VDT) 취급 근로자 작업관리지침

제1장   총칙

제1조(목적)

이 고시는 「산업안전보건법」 제13조에 따라 영상표시단말기(Visual Display Terminal, VDT)작업에 종사하는 근로자의 건강장해를 예방하기 위하여 사업주 또는 근로자가 지켜야 하는 지침을 정하는 것을 목적으로 한다.

제2조(정의)

① 이 고시에서 사용하는 용어의 뜻은 다음과 같다.
 1. "영상표시단말기"란 음극선관(Cathode, CRT)화면, 액정 표시(Liquid Crystal Display, LCD)화면, 가스플라즈마(Gasplasma)화면 등의 영상표시단말기를 말한다.
 2. "영상표시단말기등"이란 영상표시단말기 및 영상표시단말기와 연결하여 자료의 입력·출력·검색 등에 사용하는 키보드·마우스·프린터 등 영상표시단말기의 주변기기를 말한다.
 3. "영상표시단말기 취급근로자"란 영상표시단말기의 화면을 감시·조정하거나 영상표시단말기 등을 사용하여 입력·출력·검색·편집·수정·프로그래밍·컴퓨터설계(CAD) 등의 작업을 하는 사람을 말한다.
 4. "영상표시단말기 연속작업"이란 자료입력·문서작성·자료검색·대화형 작업·컴퓨터설계(CAD) 등 근무시간동안 연속하여 영상표시단말기 화면을 보거나 키보드·마우스 등을 조작하는 작업을 말한다.
 5. "영상표시단말기 작업으로 인한 관련 증상(VDT 증후군)"이란 영상 표시단말기를 취급하는 작업으로 인하여 발생되는 경견완증후군 및 기타 근골격계 증상·눈의 피로·피부증상·정신신경계증상 등을 말한다.
② 그 밖에 이 고시에서 사용하는 용어의 뜻은 이 고시에 특별한 규정이 없으면 「산업안전보건법」, 같은 법 시행령 및 시행규칙, 「산업안전보건기준에 관한 규칙」에서 정하는 바에 따른다.

제3조(적용대상)

이 고시는 영상표시단말기 취급 작업을 보유한 사업주 및 해당 업무에 종사하는 근로자에 대하여 적용한다.

제2장 작업관리

제4조(작업시간 및 휴식시간)

① 사업주는 영상표시단말기 연속작업을 수행하는 근로자에 대해서는 영상표시단말기 작업 외의 작업을 중간에 넣거나 또는 다른 근로자와 교대로 실시하는 등 계속해서 영상표시단말기 작업을 수행하지 않도록 하여야 한다.

② 사업주는 영상표시단말기 연속작업을 수행하는 근로자에 대하여 작업시간중에 적정한 휴식시간을 주어야 한다. 다만, 연속작업 직후 「근로기준법」 제54조에 따른 휴게시간 또는 점심시간이 있을 경우에는 그러하지 아니하다.

③ 사업주는 영상표시단말기 연속작업을 수행하는 근로자가 휴식시간을 적절히 활용할 수 있도록 휴식장소를 제공하여야 한다.

제5조(작업기기의 조건)

① 사업주는 다음 각 호의 성능을 갖춘 영상표시단말기 화면을 제공하여야 한다.
   1. 영상표시단말기 화면은 회전 및 경사조절이 가능할 것
   2. 화면의 깜박거림은 영상표시단말기 취급근로자가 느낄 수 없을 정도이어야 하고 화질은 항상 선명할 것
   3. 화면에 나타나는 문자·도형과 배경의 휘도비(Contrast)는 작업자가 용이하게 조절할 수 있을 것
   4. 화면상의 문자나 도형 등은 영상표시단말기 취급근로자가 읽기 쉽도록 크기·간격 및 형상 등을 고려할 것
   5. 단색화면일 경우 색상은 일반적으로 어두운 배경에 밝은 황·녹색 또는 백색문자를 사용하고 적색 또는 청색의 문자는 가급적 사용하지 않을 것

② 사업주는 다음 각 호의 성능 및 구조를 갖춘 키보드와 마우스를 제공하여야 한다.
   1. 키보드는 특수목적으로 고정된 경우를 제외하고는 영상표시단말기 취급 근로자가 조작위치를 조정할 수 있도록 이동이 가능할 것
   2. 키의 성능은 입력 시 영상표시단말기 취급 근로자가 키의 작동을 자연스럽게 느낄 수 있도록 촉각·청각 및 작동압력 등을 고려할 것
   3. 키의 윗부분에 새겨진 문자나 기호는 명확하고, 작업자가 쉽게 판별할 수 있을 것
   4. 키보드의 경사는 5도 이상 15도 이하, 두께는 3센티미터 이하로 할 것
   5. 키보드와 키 윗부분의 표면은 무광택으로 할 것
   6. 키의 배열은 입력 작업 시 작업자의 팔 자세가 자연스럽게 유지되고 조작이 원활하도록 배치할 것
   7. 작업자의 손목을 지지해 줄 수 있도록 작업대 끝면과 키보드의 사이는 15센티미터 이상을 확보하고 손목의 부담을 경감할 수 있도록 적절한 받침대(패드)를 이용할 수 있을 것
   8. 마우스는 쥐었을 때 작업자의 손이 자연스러운 상태를 유지할 수 있을 것

③ 사업주는 다음 각 호의 사항을 갖춘 작업대를 제공하여야 한다.
   1. 작업대는 모니터·키보드 및 마우스·서류받침대 및 그 밖에 작업에 필요한 기구를 적절하게 배치할 수 있도록 충분한 넓이를 갖출 것

2. 작업대는 가운데 서랍이 없는 것을 사용하도록 하며, 근로자가 영상표시단말기 작업 중에 다리를 편안하게 놓을 수 있도록 다리 주변에 충분한 공간을 확보할 것

3. 작업대의 높이(키보드 지지대가 별도 설치된 경우에는 키보드 지지대 높이)는 조정되지 않는 작업대를 사용하는 경우에는 바닥면에서 작업대 높이가 60센티미터 이상 70센티미터 이하 범위의 것을 선택하고, 높이 조정이 가능한 작업대를 사용하는 경우에는 바닥면에서 작업대 표면까지의 높이가 65센티미터 전후에서 작업자의 체형에 알맞도록 조정하여 고정할 수 있을 것

4. 작업대의 앞쪽 가장자리는 둥글게 처리하여 작업자의 신체를 보호할 수 있을 것

④ 사업주는 다음 각 호의 사항을 갖춘 의자를 제공하여야 한다.

1. 의자는 안정감이 있어야 하며 이동 회전이 자유로운 것으로 하되 미끄러지지 않는 구조일 것

2. 바닥 면에서 앉는 면까지의 높이는 눈과 손가락의 위치를 적절하게 조절할 수 있도록 적어도 35센티미터 이상 45센티미터 이하의 범위에서 조정이 가능할 것

3. 의자는 충분한 넓이의 등받이가 있어야 하고 영상표시단말기 취급 근로자의 체형에 따라 요추(Lumbar)부위부터 어깨부위까지 편안하게 지지할 수 있어야 하며 높이 및 각도의 조절이 가능할 것

4. 영상표시단말기 취급근로자가 필요에 따라 팔걸이(Elbow Rest)를 사용할 수 있을 것

5. 작업 시 영상표시단말기 취급근로자의 등이 등받이에 닿을 수 있도록 의자 끝부분에서 등받이까지의 깊이가 38센티미터 이상 42센티미터 이하일 것

6. 의자의 앉는 면은 영상표시단말기 취급근로자의 엉덩이가 앞으로 미끄러지지 않는 재질과 구조로 되어야 하며 그 폭은 40센티미터 이상 45센티미터 이하일 것

제6조(작업자세)

영상표시단말기 취급근로자는 다음 각 호의 요령에 따라 의자의 높이를 조절하고 화면·키보드·서류받침대 등의 위치를 조정하도록 한다.

1. 영상표시단말기 취급근로자의 시선은 화면상단과 눈높이가 일치할 정도로 하고 작업 화면상의 시야는 수평선상으로부터 아래로 10도 이상 15도 이하에 오도록 하며 화면과 근로자의 눈과의 거리(시거리 : Eye-Screen Distance)는 40센티미터 이상을 확보할 것

   작업자의 시선은 수평선상으로부터 아래로 10~15° 이내일 것

   눈으로부터 화면까지의 시거리는 40cm 이상을 유지할 것

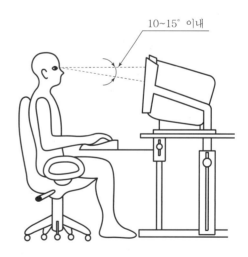

10~15˚ 이내

[그림 1] 작업자의 시선범위

2. 윗팔(Upper Arm)은 자연스럽게 늘어뜨리고, 작업자의 어깨가 들리지 않아야 하며, 팔꿈치의 내각은 90도 이상이 되어야 하고, 아래팔(Forearm)은 손등과 수평을 유지하여 키보드를 조작할 것(그림 2, 3)
아래팔은 손등과 일직선을 유지하여 손목이 꺾이지 않도록 한다.

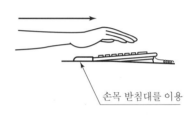

[그림 2] 팔꿈치 내각 및 키보드 높이　　　　　[그림 3] 아래팔과 손등은 수평을 유지

3. 연속적인 자료의 입력 작업 시에는 서류받침대(Document Holder)를 사용하도록 하고, 서류받침대는 높이·거리·각도 등을 조절하여 화면과 동일한 높이 및 거리에 두어 작업할 것(그림 4)

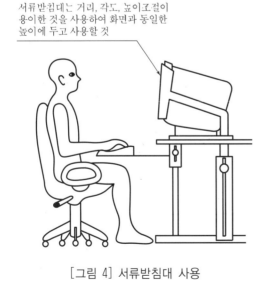

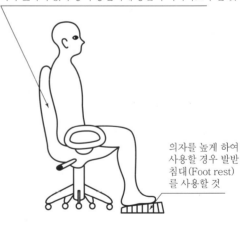

[그림 4] 서류받침대 사용　　　　　[그림 5] 발받침대

4. 의자에 앉을 때는 의자 깊숙히 앉아 의자등받이에 등이 충분히 지지되도록 할 것(그림 5)

5. 영상표시단말기 취급근로자의 발바닥 전면이 바닥면에 닿는 자세를 기본으로 하되, 그러하지 못할 때에는 발 받침대(Foot Rest)를 조건에 맞는 높이와 각도로 설치할 것(그림 5)

6. 무릎의 내각(Knee Angle)은 90도 전후가 되도록 하되, 의자의 앉는 면의 앞부분과 영상표시단말기 취급근로자의 종아리 사이에는 손가락을 밀어 넣을 정도의 틈새가 있도록 하여 종아리와 대퇴부에 무리한 압력이 가해지지 않도록 할 것(그림 6)

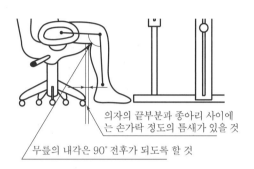

의자의 끝부분과 종아리 사이에는 손가락 정도의 틈새가 있을 것

무릎의 내각은 90° 전후가 되도록 할 것

[그림 6] 무릎내각

7. 키보드를 조작하여 자료를 입력할 때 양 손목을 바깥으로 꺾은 자세가 오래 지속되지 않도록 주의할 것

제3장   작업환경관리

제7조(조명과 채광)

① 사업주는 작업실내의 창·벽면 등을 반사되지 않는 재질로 하여야 하며, 조명은 화면과 명암의 대조가 심하지 않도록 하여야 한다.

② 사업주는 영상표시단말기를 취급하는 작업장 주변환경의 조도를 화면의 바탕 색상이 검정색 계통일 때 300럭스(Lux) 이상 500럭스 이하, 화면의 바탕색상이 흰색 계통일 때 500럭스 이상 700럭스 이하를 유지하도록 하여야 한다.

③ 사업주는 화면을 바라보는 시간이 많은 작업일수록 화면 밝기와 작업대 주변 밝기의 차이를 줄이도록 하고, 작업 중 시야에 들어오는 화면·키보드·서류 등의 주요 표면 밝기를 가능한 한 같도록 유지하여야 한다.

④ 사업주는 창문에는 차광망 또는 커텐 등을 설치하여 직사광선이 화면·서류 등에 비치는 것을 방지하고 필요에 따라 언제든지 그 밝기를 조절할 수 있도록 하여야 한다.

⑤ 사업주는 작업대 주변에 영상표시단말기작업 전용의 조명등을 설치할 경우에는 영상표시단말기 취급근로자의 한쪽 또는 양쪽 면에서 화면·서류면·키보드 등에 균등한 밝기가 되도록 설치하여야 한다.

제8조(눈부심 방지)

① 사업주는 지나치게 밝은 조명·채광 또는 깜박이는 광원 등이 직접 영상표시단말기 취급근로자의 시야에 들어오지 않도록 하여야 한다.

② 사업주는 눈부심 방지를 위하여 화면에 보안경 등을 부착하여 빛의 반사가 증가하지 않도록 하여야 한다.

③ 사업주는 작업면에 도달하는 빛의 각도를 화면으로부터 45도 이내가 되도록 조명 및 채광을 제한하여 화면과 작업대 표면반사에 의한 눈부심이 발생하지 않도록 하여야 한다(그림 7). 다만, 조건상 빛의 반사방지가 불가능할 경우에는 다음 각 호의 방법으로 눈부심을 방지하도록 하여야 한다.

1. 화면의 경사를 조정할 것
2. 저휘도형 조명기구를 사용할 것
3. 화면상의 문자와 배경과의 휘도비(Contrast)를 낮출 것
4. 화면에 후드를 설치하거나 조명기구에 간이 차양막 등을 설치할 것
5. 그 밖의 눈부심을 방지하기 위한 조치를 강구할 것

빛이 작업화면에 도달하는 각도는 화면으로부터 45° 이내일 것

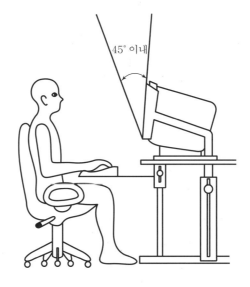

[그림 7] 조명의 각도

제9조(소음 및 정전기 방지)

사업주는 영상표시단말기 등에서 소음·정전기 등의 발생이 심하여 작업자에게 건강장해를 일으킬 우려가 있을 때에는 다음 각 호의 소음·정전기 방지조치를 취하거나 방지장치를 설치하도록 하여야 한다.

1. 프린터에서 소음이 심할 때에는 후드·칸막이·덮개의 설치 및 프린터의 배치 변경 등의 조치를 취할 것
2. 정전기의 방지는 접지를 이용하거나 알콜 등으로 화면을 깨끗이 닦아 방지할 것

제10조(온도 및 습도)

사업주는 영상표시단말기 작업을 주목적으로 하는 작업실 안의 온도를 18도 이상 24도 이하, 습도는 40퍼센트 이상 70퍼센트 이하를 유지하여야 한다.

제11조(점검 및 청소)

① 영상표시단말기 취급근로자는 작업개시 전 또는 휴식시간에 조명기구·화면·키보드·의자 및 작업대 등을 점검하여 조정하여야 한다.

② 영상표시단말기 취급근로자는 수시 또는 정기적으로 작업장소·영상표시단말기 등을 청소함으로써 항상 청결을 유지하여야 한다.

기출문제풀이

■ Industrial Engineer Industrial Safety

※ 아래 그림들은 실제 출제되는 동영상문제와 다를 수 있습니다.

출제연도   2008년 1회(4월)

02.

동영상에서 작업자가 사출작업중 점검작업을 하다가 감전되는 장면이다. 이 사고의 기인물, 가해물을 쓰시오.

➡해답   기인물 : 사출성형기, 가해물 : 전류

01.

영상은 고압변전설비 부근에서 공놀이를 하다가 공이 울타리 안쪽에 위치한 변압기 상단의 충전부에 떨어져 공을 꺼내려던 중 감전당하는 장면이다. 이 재해를 방지하기 위한 방법을 쓰시오.

➡해답 ① 전기시설물(고압변전설비) 주위 공놀이 금지
② 변전설비에 관계근로자 외의 자의 출입이 금지되도록 잠금장치를 하고 위험표시 등의 방법으로 방호를 강화할 것
③ 전기의 위험성에 대한 안전교육 실시
④ 유자격자에 의한 변압기 상단의 공 제거(전원 차단 후)

출제연도 2008년 2회(7월)

O5.
영상은 임시 배전반 점검 중 옆 근로자가 와서 문을 닫아 다른 작업자의 손이 배전반 문에 끼는 사고를 보여주고 있다. 위험요인 2가지를 쓰시오.

➡해답 ① '보수 중' 표지판 미부착에 의한 협착 및 감전위험
② 개인 보호구(감전방지용 보호구) 미착용에 의한 감전위험

O6.

화면은 1만볼트의 고압이 인가된 기계에 변압기를 연결하여 내전압 검사 중 재해가 발생한 상황의 동영상이다. 변압기 활선작업시 감전사고 예방을 위한 활선유무 확인방법 3가지를 쓰시오.

➡해답 ① 전기기계·기구 접지 미실시
② 누전차단기 미설치
③ 주기적인 절연저항 측정관리 미실시

출제연도 2008년 3회(10월)

O1.

영상은 2만볼트가 인가된 배전반 작업 중 발생한 사고 사례이다. 재해발생 형태 및 가해물을 쓰시오.

➡해답 ① 재해 발생 형태 : 감전
② 가해물 : 전류

O2.
동영상은 영상표시단말기 작업 화면이다. 동영상을 참고하여 VDT 작업시 개선해야할 사항 3가지만 쓰시오.

➡해답 ① 키보드 조작위치 불량
② 의자 등받이에 작업자의 등이 충분히 지지되지 않음
③ 모니터 설치상태 불량(보기 편한 위치에 조정되어 있지 않음)

출제연도 | 2009년 1회(4월 A형)

O3.
화면은 작업자가 보호구를 착용하지 않은 채 교류아크용접기를 사용하다가 감전을 당하는 장면을 보여주고 있다. 기인물과 필요한 보호구를 쓰시오

➡해답 1. 기인물 : 교류아크용접기
2. 보호구

재해의 구분		보호구
눈	아크에 의한 장애 (가시광선, 적외선, 자외선)	차광보호구(보호안경과 보호면)
피부	감전 및 화상	가죽제품의 장갑, 앞치마, 각반, 안전화
용접 흄 및 가스(CO_2, H_2O)		방진마스크, 방독마스크, 송기마스크

04.

동영상은 작업자가 정전작업을 하고 있는 장면을 보여주고 있다. 정전작업시 필요한 조치사항을 쓰시오.

해답

정전전로에서의 전기작업(안전보건규칙 제319조)

① 사업주는 근로자가 노출된 충전부 또는 그 부근에서 작업함으로써 감전될 우려가 있는 경우에는 작업에 들어가기 전에 해당 전로를 차단하여야 한다. 다만, 다음 각 호의 경우에는 그러하지 아니하다.

　1. 생명유지장치, 비상경보설비, 폭발위험장소의 환기설비, 비상조명설비 등의 장치·설비의 가동이 중지되어 사고의 위험이 증가되는 경우

　2. 기기의 설계상 또는 작동상 제한으로 전로차단이 불가능한 경우

　3. 감전, 아크 등으로 인한 화상, 화재·폭발의 위험이 없는 것으로 확인된 경우

② 제1항의 전로 차단은 다음 각 호의 절차에 따라 시행하여야 한다.

　1. 전기기기등에 공급되는 모든 전원을 관련 도면, 배선도 등으로 확인할 것

　2. 전원을 차단한 후 각 단로기 등을 개방하고 확인할 것

　3. 차단장치나 단로기 등에 잠금장치 및 꼬리표를 부착할 것

　4. 개로된 전로에서 유도전압 또는 전기에너지가 축적되어 근로자에게 전기위험을 끼칠 수 있는 전기기기등은 접촉하기 전에 잔류전하를 완전히 방전시킬 것

　5. 검전기를 이용하여 작업 대상 기기가 충전되었는지를 확인할 것

　6. 전기기기등이 다른 노출 충전부와의 접촉, 유도 또는 예비동력원의 역송전 등으로 전압이 발생할 우려가 있는 경우에는 충분한 용량을 가진 단락 접지기구를 이용하여 접지할 것

③ 사업주는 제1항 각 호 외의 부분 본문에 따른 작업 중 또는 작업을 마친 후 전원을 공급하는 경우에는 작업에 종사하는 근로자 또는 그 인근에서 작업하거나 정전된 전기기기등(고정 설치된 것으로 한정한다)과 접촉할 우려가 있는 근로자에게 감전의 위험이 없도록 다음 각 호의 사항을 준수하여야 한다.

　1. 작업기구, 단락 접지기구 등을 제거하고 전기기기등이 안전하게 통전될 수 있는지를 확인할 것

　2. 모든 작업자가 작업이 완료된 전기기기등에서 떨어져 있는지를 확인할 것

　3. 잠금장치와 꼬리표는 설치한 근로자가 직접 철거할 것

　4. 모든 이상 유무를 확인한 후 전기기기등의 전원을 투입할 것

02.
동영상은 작업자가 승강기 컨트롤 패널의 덮개를 열고 내부를 점검하는 작업장면을 보여주고
있다. 감전방지대책 3가지를 쓰시오.

➡해답 ① 정전작업 실시
② 개인 보호구(감전방지용 보호구) 착용
③ 유자격자 이외는 전기기계 및 기구에 전기적인 접촉 금지
④ 관리감독자는 작업에 대한 안전교육 시행
⑤ 사고발생시의 처리순서를 미리 작성하여 둘 것

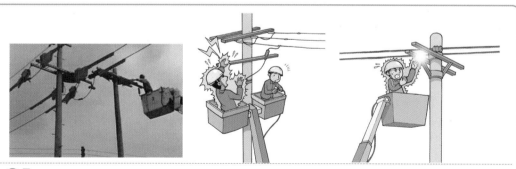

05.
화면은 전신주의 형강을 교체하고 있는 동영상이다. 화면의 전기형강작업 중 위험요인(결여사
항) 3가지를 기술하시오.(작업자가 흡연하고 있으며 불안전한 상태를 보여줌)

➡해답 ① 안전수칙 미준수(작업자세 및 상태불량 등) : 작업자 흡연 등
② 감전위험
③ 추락위험 : 작업발판
④ 낙하·비래위험 : COS 고정상태 불량

출제연도 2009년 1회(4월 C형)

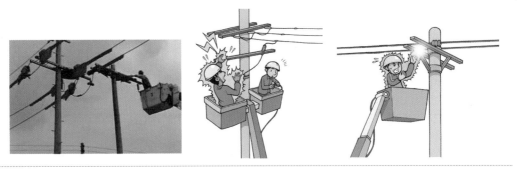

O1.
화면은 활선작업에 대한 동영상이다. 이와 같이 활선작업시 내재되어 있는 핵심 위험요인을 3가지만 쓰시오.

➡해답 ① 근접활선(절연용 방호구 미설치)에 대한 감전위험
② 절연용 보호구 착용상태 불량에 따른 감전위험
③ 활선작업거리 미준수에 따른 감전위험
④ 작업장소의 관계근로자 외의 자의 출입에 따른 감전위험

○8.
퍼지의 종류 2가지를 쓰시오

→해답 ① 진공 퍼지
② 스위프 퍼지
※ 퍼지
배관이나 플랜트 설비 등을 이상상태나 유지보수 등의 이유로 인하여 운전을 정지하고 내부에 함유하고 있는 가연성 또는 독성가스를 다른 설비에 이송·방출하고 남은 잔류 함유물이 산화 또는 반응 폭주를 일으키지 않도록 안전된 기체로 중화처리를 할 필요가 있다. 이처럼 설비나 용기 내부의 함유물을 화학적 또는 물리적 반응을 일으키지 않는 기체로 중화 처리하는 것을 퍼지라고 함

출제연도 ┃ 2009년 2회(7월 A형)

○5.
동영상은 고압변전설비 부근에서 공놀이를 하다가 공이 울타리 안쪽에 위치한 변압기 상단의 충전부에 떨어져 공을 꺼내려던 중 감전당하는 장면이다. 이 재해를 방지하기 위한 방법을 쓰시오.

→해답 ① 전기시설물(고압변전설비) 주위 공놀이 금지
② 변전설비에 관계근로자 외의 자의 출입이 금지되도록 잠금장치를 하고 위험표시 등의 방법으로 방호를 강화할 것
③ 전기의 위험성에 대한 안전교육 실시
④ 유자격자에 의한 변압기 상단의 공 제거(전원 차단 후)

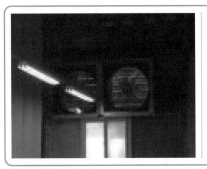

O6.

동영상은 환기팬 수리작업 도중에 작업자가 감전되면서 넘어져 냉동고에 부딪치는 화면이다. 동영상을 참고하여 기인물과 재해형태를 쓰시오

➡해답 1. 기인물 : 환기팬
2. 재해형태 : 감전

출제연도 2009년 2회(7월 B형)

O8.

동영상은 VDT(영상표시단말기)를 취급하는 작업이다. 동영상을 참고(의자 끝에서 VDT 작업)하여 VDT 작업시 개선해야할 사항 3가지만 쓰시오.

➡해답 ① 키보드 조작위치 불량
② 의자 등받이에 작업자의 등이 충분히 지지되지 않음
③ 모니터 설치상태 불량(보기 편한 위치에 조정되어 있지 않음)

05.
변전실 같은 곳에서 맨손으로 드라이버 등 공구를 사용하여 작업 중 감전되는 동영상이다. 간접원인은 무엇인가?

➡해답 잔류전하에 의한 방전

08.
MCCB 전원을 투입하여 발생한 재해사례이다. 안전대책을 쓰시오.

➡해답 ① 전로의 개로개폐기에 시건장치 및 통전금지 표지판 부착
② 작업 전 신호체계 확립 및 작업지휘자에 의한 작업지휘
③ 차단기에 회로구분 표찰 부착에 의한 오조작 방지 등

출제연도 2009년 3회(9월 B형)

○3.
배전반 작업시 위험요인 2가지만 적으시오.(배전반의 차단 스위치는 ON상태이며 작업자는
맨손으로 작업을 하였고 오른손이 배전반 도어 틈에 들어가는 상황에서 다른 작업자가 그 도어
를 닫는 바람에 손가락이 끼는 동영상임)

해답 1. 감전위험
   ① 정전작업 미실시에 의한 감전위험
   ② 개인 보호구(감전방지용 보호구) 미착용에 의함 감전위험
2. 기타 재해위험
   ① 신호전달체계 미확립에 의한 협착 재해

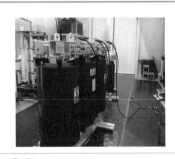  

○9.
변압기 활선작업시 감전사고 예방을 위한 활선유무 확인방법 3가지를 쓰시오.

해답 ① 검전기(활선접근경보기)로 확인
   ② 테스터기 활용(지시치 확인)
   ③ 변압기 전로의 전원투입 개폐기 투입상태 확인

출제연도 | 2009년 3회(9월 C형)

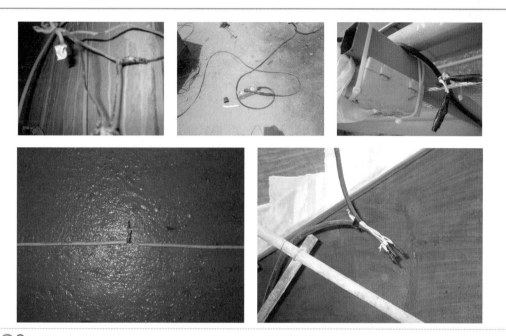

○3.
동영상은 작업자가 터널 내에서 전선을 점검하다가 감전당하는 장면을 보여주고 있다. 이 영상을 참고하여 재해의 명칭과 정의를 쓰시오.

→해답 ① 재해의 명칭 : 감전

② 감전(感電, Electric Shock) : 인체의 일부 또는 전체에 전류가 흐르는 현상을 말하며 이에 의해 인체가 받게 되는 충격을 전격(電擊, Electric Shock)이라고 한다.

04.

동영상은 습윤한 장소에서 작업자가 이동전선을 작업하고 있다. 동영상을 참고하여 작업전 점검해야 할 사항을 쓰시오.

해답 ① 접속부위의 절연상태 점검　　② 전선 피복의 손상유무 점검
　　　　③ 전선의 절연저항 측정　　　　④ 감전방지용 누전차단기 설치

출제연도　2010년 1회(4월 A형)

03.

동영상은 원심기 수리작업 도중에 발생한 재해사례이다. 동영상을 참고하여 원심기 점검 중 재해발생 원인 및 안전대책을 쓰시오.

해답 1. 재해발생원인 : 감전
　　　　2. 안전대책
　　　　　　① 정전작업 실시
　　　　　　② 감전방지용 누전차단기 설치
　　　　　　③ 전문 수리업체에 수리 의뢰

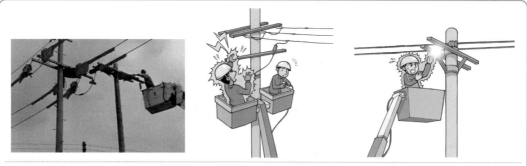

O7.

작업자가 전신주에 이동식 사다리를 설치하고 작업하는 도중 작업자가 넘어지는 장면이다. 이런 사고를 예방하기 위한 대책을 쓰시오.

➡️**해답** ① 안전수칙 미준수(작업자세 및 상태불량 등) : 작업자 흡연 등
② 감전 위험
③ 추락 위험 : 작업발판
④ 낙하·비래 위험 : COS 고정상태 불량

O8.

화면은 교류아크용접작업 및 관련 재해가 발생한 동영상이다. 교류아크용접기를 사용하여 작업을 하기전 점검해야 할 사항을 쓰시오.

➡️**해답** ① 자동전격방지기 설치 상태 및 정상작동 유무 확인
② 차광보호구, 절연장갑, 안전화, 방독마스크 등 보호구 착용

08.
동영상은 모터 수리작업 도중에 발생한 재해사례이다. 동영상을 참고하여 재해발생 원인을 쓰시오.

➡해답 1. 재해발생원인 : 감전
　　　 2. 감전사고의 원인
　　　　　① 정전작업 미실시(전원을 차단하지 않고 작업 실시)
　　　　　② 감전방지용 누전차단기 미실시
　　　　　③ 전문 수리업체에 미의뢰

 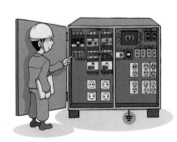

09.
동영상은 MCCB패널 점검 중 사고사례이다. 개폐기에는 통전중이라는 표지가 붙여 있고 작업자가 개폐기 문을 열어 전원을 차단하고 문을 닫은 후 다른 곳 패널에서 면장갑을 착용하고 작업하려다 쓰러진 상황이다. 재해예방대책을 쓰시오.

➡해답 ① 전로의 개로개폐기에 시건장치 및 통전금지 표지판 부착
　　　 ② 작업 전 신호체계 확립 및 작업지휘자에 의한 작업지휘
　　　 ③ 차단기에 회로구분 표찰 부착에 의한 오조작 방지 등

출제연도 2010년 2회(7월 C형)

02.

동영상은 MCCB패널 점검 중 사고사례이다. 개폐기에는 통전중이라는 표지가 붙어 있고 작업자가 개폐기 문을 열어 전원을 차단하고 문을 닫은 후 다른 곳 패널에서 면장갑을 착용하고 작업하려다 쓰러진 상황이다. 재해예방대책을 쓰시오.

➡해답 ① 전로의 개로개폐기에 시건장치 및 통전금지 표지판 부착
② 작업 전 신호체계 확립 및 작업지휘자에 의한 작업지휘
③ 차단기에 회로구분 표찰 부착에 의한 오조작 방지 등

출제연도 2010년 1회(4월 C형)

09.

화면은 배전반(분전반) 내부 전기작업 및 관련 재해 동영상이다. 동영상은 MCCB패널 차단기 전원을 투입하여 재해가 발생한 장면이다. 안전대책을 쓰시오.

➡해답 ① 전로의 개로개폐기에 시건장치 및 통전금지 표지판 부착
② 작업 전 신호체계 확립 및 작업지휘자에 의한 작업지휘
③ 차단기에 회로구분 표찰 부착에 의한 오조작 방지 등

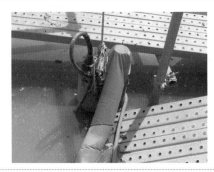

02.
화면은 단무지가 있고 무릎정도 물이 차있는 상태에서 펌프를 작동과 동시에 감전재해가 발생하는 동영상이다. 재해방지대책 3가지를 쓰시오.

→해답 ① 사용 전 수중 펌프와 전선 등의 절연 상태 점검(절연저항 측정 등)
② 감전방지용 누전차단기 설치
③ 수중 모터 외함 접지상태 확인

05.
화면은 전신주의 형강을 교체하고 있는 동영상이다. 화면의 전기형강작업 중 위험요인(결여사항) 3가지를 기술하시오.

→해답 ① 안전수칙 미준수(작업자세 및 상태불량 등) : 작업자 흡연 등
② 감전 위험
③ 추락 위험 : 작업발판
④ 낙하・비래 위험 : COS 고정상태 불량

○9.
동영상은 작업자가 정전작업을 하고 있는 장면을 보여주고 있다. 정전작업시 안전조치사항에 대하여 쓰시오.

⇒해답

정전전로에서의 전기작업(안전보건규칙 제319조)

① 사업주는 근로자가 노출된 충전부 또는 그 부근에서 작업함으로써 감전될 우려가 있는 경우에는 작업에 들어가기 전에 해당 전로를 차단하여야 한다. 다만, 다음 각 호의 경우에는 그러하지 아니하다.

1. 생명유지장치, 비상경보설비, 폭발위험장소의 환기설비, 비상조명설비 등의 장치·설비의 가동이 중지되어 사고의 위험이 증가되는 경우
2. 기기의 설계상 또는 작동상 제한으로 전로차단이 불가능한 경우
3. 감전, 아크 등으로 인한 화상, 화재·폭발의 위험이 없는 것으로 확인된 경우

② 제1항의 전로 차단은 다음 각 호의 절차에 따라 시행하여야 한다.

1. 전기기기등에 공급되는 모든 전원을 관련 도면, 배선도 등으로 확인할 것
2. 전원을 차단한 후 각 단로기 등을 개방하고 확인할 것
3. 차단장치나 단로기 등에 잠금장치 및 꼬리표를 부착할 것
4. 개로된 전로에서 유도전압 또는 전기에너지가 축적되어 근로자에게 전기위험을 끼칠 수 있는 전기기기등은 접촉하기 전에 잔류전하를 완전히 방전시킬 것
5. 검전기를 이용하여 작업 대상 기기가 충전되었는지를 확인할 것
6. 전기기기등이 다른 노출 충전부와의 접촉, 유도 또는 예비동력원의 역송전 등으로 전압이 발생할 우려가 있는 경우에는 충분한 용량을 가진 단락 접지기구를 이용하여 접지할 것

③ 사업주는 제1항 각 호 외의 부분 본문에 따른 작업 중 또는 작업을 마친 후 전원을 공급하는 경우에는 작업에 종사하는 근로자 또는 그 인근에서 작업하거나 정전된 전기기기등(고정 설치된 것으로 한정한다)과 접촉할 우려가 있는 근로자에게 감전의 위험이 없도록 다음 각 호의 사항을 준수하여야 한다.

1. 작업기구, 단락 접지기구 등을 제거하고 전기기기등이 안전하게 통전될 수 있는지를 확인할 것
2. 모든 작업자가 작업이 완료된 전기기기등에서 떨어져 있는지를 확인할 것
3. 잠금장치와 꼬리표는 설치한 근로자가 직접 철거할 것
4. 모든 이상 유무를 확인한 후 전기기기등의 전원을 투입할 것

출제연도 2010년 2회(7월 B형)

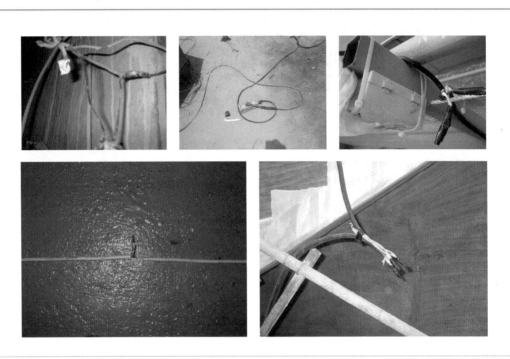

O5.
화면은 도로상 가설전선 점검작업 중 발생한 재해사례이다.(작업자 절연장갑 미착용 및 활선 상태 동영상) 이 영상을 참고하여 감전사고 예방대책 3가지를 쓰시오.

➡해답 ① 개인보호구(절연장갑) 착용
② 정전작업 실시
③ 감전방지용 누전차단기 설치
④ 해당 전선의 절연성능 이상으로 전선접속부 절연조치

○8.

화면은 작업자가 보호구를 착용하지 않은 채 교류아크용접기를 사용하다가 감전을 당하는 장면을 보여주고 있다. 기인물과 필요한 보호구를 쓰시오.

➡**해답** 1. 기인물 : 교류아크용접기

2. 보호구

재해의 구분		보호구
눈	아크에 의한 장애 (가시광선, 적외선, 자외선)	차광보호구(보호안경과 보호면)
피부	감전 및 화상	가죽제품의 장갑, 앞치마, 각반, 안전화
용접 흄 및 가스(CO_2, H_2O)		방진마스크, 방독마스크, 송기마스크

출제연도 2010년 2회(7월 C형)

○2.
동영상은 MCCB패널 점검 중 사고사례이다. 개폐기에는 통전중이라는 표지가 붙여 있고 작업자가 개폐기 문을 열어 전원을 차단하고 문을 닫은 후 다른 곳 패널에서 면장갑을 착용하고 작업하려다 쓰러진 상황이다. 재해예방대책을 쓰시오.

➡해답 ① 전로의 개로개폐기에 시건장치 및 통전금지 표지판 부착
② 작업 전 신호체계 확립 및 작업지휘자에 의한 작업지휘
③ 차단기에 회로구분 표찰 부착에 의한 오조작 방지 등

○3.

동영상은 고압변전설비 부근에서 공놀이를 하다가 공이 울타리 안쪽에 위치한 변압기 상단의 충전부에 떨어져 공을 꺼내려던 중 감전당하는 장면이다. 이 재해를 방지하기 위한 방법을 쓰시오.

➡해답 ① 전기시설물(고압변전설비) 주위 공놀이 금지
② 변전설비에 관계근로자 외의 자의 출입이 금지되도록 잠금장치를 하고 위험표시 등의 방법으로 방호를 강화할 것
③ 전기의 위험성에 대한 안전교육 실시
④ 유자격자에 의한 변압기 상단의 공 제거(전원 차단 후)

○1.

동영상은 환기팬 수리작업 도중에 작업자가 감전되면서 넘어져 냉동고에 부딪치는 화면이다. 동영상을 참고하여 기인물과 재해형태를 쓰시오.

➡해답 1. 기인물 : 환기팬
2. 재해형태 : 감전

O2.
동영상은 VDT(영상표시단말기) 작업을 하고 있는 작업자가 의자에 엉덩이를 반 정도 걸친 자세로 앉아서 팔이 들린 채로 작업을 실시하고 있다. 이 동영상에서와 같은 작업자세로 VDT작업을 장시간 실시할 경우에 올 수 있는 신체이상증상(장애)을 3가지 쓰시오.

[방전코일 사진]

➡해답 그림 참조

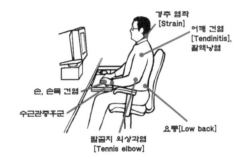

① 장시간 불편한 자세에 의한 요통장애
② 반복작업에 의한 어깨 및 손목 통증
③ 장시간 화면 보기에 의한 시력 저하 및 장애

화공안전

Contents

출제분야	화공안전
작업명	유해·위험물 취급작업

**동영상
설명** 작업장 바닥에 유해물질이 있다.

문제 작업장에서 유해물질을 취급할 경우 작업장 바닥에 해야 할 조치를 쓰시오.

해답 1. 작업장 바닥을 불침투성 재료로 마감한다.
2. 점화원이 될 수 있는 정전기를 방지할 수 있도록 한다.

동영상 설명 유해한 화학물질을 아무런 보호구 없이 맨손으로 취급하고 있다.

문제 실험실에서 화학약품을 맨손으로 만지고 있습니다. 이때 작업자에게 신체로 유입되는 경로를 2가지 쓰시오.

해답 1. 피부 및 점막 접촉에 의한 피부로의 흡수
2. 흡입을 통한 호흡기로의 흡수
3. 구강을 통한 소화기로의 흡수

문제 유해물질이 흡수되는 경로를 모두 쓰시오.

해답 1. 피부(점막)
2. 호흡기
3. 소화기

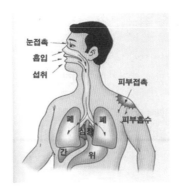

문제 위험물 제조·취급시 화재 및 폭발을 예방하기 위한 일반적인 주의사항을 3가지 쓰시오.

해답 1. 폭발성 물질, 유기과산화물을 화기나 그 밖에 점화원이 될 우려가 있는 것에 접근시키거나 가열하거나 마찰시키거나 충격을 가하는 행위
2. 물반응성 물질, 인화성 고체를 각각 그 특성에 따라 화기나 그 밖에 점화원이 될 우려가 있는 것에 접근시키거나 발화를 촉진하는 물질 또는 물에 접촉시키거나 가열하거나 마찰시키거나 충격을 가하는 행위
3. 산화성 액체·산화성 고체를 분해가 촉진될 우려가 있는 물질에 접촉시키거나 가열하거나 마찰시키거나 충격을 가하는 행위
4. 인화성 액체를 화기나 그 밖에 점화원이 될 우려가 있는 것에 접근시키거나 주입 또는 가열하거나 증발시키는 행위
5. 인화성 가스를 화기나 그 밖에 점화원이 될 우려가 있는 것에 접근시키거나 압축·가열 또는 주입하는 행위
6. 부식성 물질 또는 급성 독성물질을 누출시키는 등으로 인체에 접촉시키는 행위
7. 위험물을 제조하거나 취급하는 설비가 있는 장소에 인화성 가스 또는 산화성 액체 및 산화성 고체를 방치하는 행위

 작업자가 화학물질을 취급하고 있는 동영상이다.

문제 유해물질의 제조·수입·운반·저장·취급 시 근로자가 볼 수 있는 장소에 게시 또는 비치하여야 할 사항을 3가지 쓰시오.

해답 MSDS 작성 내용
① 제품명
② 물질안전보건자료대상물질을 구성하는 화학물질 중 제104조에 따른 분류기준에 해당하는 화학물질의 명칭 및 함유량
③ 안전 및 보건상의 취급 주의사항
④ 건강 및 환경에 대한 유해성, 물리적 위험성
⑤ 물리·화학적 특성 등 고용노동부령으로 정하는 사항(시행규칙 제156조의2)

| 출제분야 | 화공안전 일반 |
| 작업명 | 화재 예방 |

동영상 설명 지게차가 주유 중이다. 지게차 운전자는 담배를 피우며 주유원과 이야기하고 있고, 지게차는 시동이 걸려 있는 상태이다.

문제 동영상에서 지게차 운전자의 흡연(담뱃불)에 해당하는 발화원의 형태(유형)을 무엇이라 하는지 쓰시오

➡해답 나화

문제 위험요소를 2가지 쓰시오.

➡해답 1. 지게차 운전자가 주유 중 담배를 피우고 있어 화재발생 위험이 있다.
2. 주유 중인 지게차에 시동이 걸려 있어 임의동작 또는 오동작으로 인한 사고발생 위험이 있다.
3. 주유원이 작업 중 잡담을 하고 있어 정량 이상을 주유하여 바닥에 유류가 흘러넘쳐 그로 인한 화재발생 위험이 있다.

출제분야	화공안전 일반
작업명	폭발 예방

동영상 설명

인화성 물질 저장창고에서 한 작업자가 인화성 물질이 든 운반용 용기를 몇 개 이동시키고 나서 잠시 쉬려고 인화성 물질이 든 드럼통 옆에서 윗옷을 벗는 순간 "펑"하고 폭발사고가 발생하는 장면이다.

문제 핵심 위험요인은 무엇인지 쓰시오.

➡해답 인화성 물질에 발화원이 접촉할 경우 화재 또는 폭발위험이 있다.

문제 폭발을 일으킨 가연물질과 점화원을 쓰시오.

➡해답 1. 가연물질 : 인화성 물질의 증기
2. 점화원 : 정전기

동영상 설명 어둡고 밀폐된 LPG 저장소에 가스 누설감지 경보기가 미설치 되어 있고, 작업자가 전등의 전원을 투입하는 순간 "펑"하고 폭발사고가 발생하는 장면이다.

문제 사고유형과 기인물을 쓰시오.

해답 1. 사고유형 : 가스누출에 의한 폭발
2. 기인물 : LPG 저장용기에서 누출된 가스(가연물), 전원 스위치에서 발생한 전기 스파크(점화원)

문제 위 장면에서 가스누설감지경보기를 설치할 때 적절한 설치위치와 설정값을 쓰시오.

해답 1. 설치위치 : 바닥에 인접한 낮은 곳에 설치한다.(LPG는 공기보다 무거우므로 가라앉음)
2. 설정값 : 폭발하한계의 25% 이하

문제 가압상태의 저장용기 내부의 가연성 액체가 대기 중에 유출되어 순간적으로 기화가 일어나 점화원에 의해 일어나는 폭발은 무엇인가?

해답 증기운 폭발(UVCE)

동영상 설명 공기 중에 LPG 가스가 누출되고 있다.

문제 공기와 혼합된 기체의 조성은 공기 55%, 프로판 40%, 부탄 5%라 가정하면 이때의 혼합기체의 폭발하한계를 구하라.(단, 공기 중 프로판 및 부탄의 폭발하한계는 2.1%, 1.8%이다.)

해답 1. 프로판 가스의 조성 : $\dfrac{40}{45} ≒ 88.9$

2. 부탄 가스의 조성 : $\dfrac{5}{45} ≒ 11.1$

3. 혼합가스의 폭발하한계 $L = \dfrac{100}{\dfrac{88.9}{2.1} + \dfrac{11.1}{1.8}} = 2.07(\%)$

문제 위와 같은 프로판 가스 용기의 저장장소로 부적절한 곳 3가지를 쓰시오.

해답 1. 통풍 또는 환기가 불충분한 장소
2. 화기를 사용하는 장소 및 그 부근
3. 위험물, 화약류 또는 가연성 물질을 취급하는 장소 및 그 부근

문제 LPG의 주성분인 프로판(C_3H_8) 가스의 최소산소농도(MOC)를 계산하시오.(단, 프로판의 연소범위는 2.1~9.5%이고, $MOC = \dfrac{연료몰수}{연료몰수 \times 공기몰수} \times \dfrac{산소몰수}{연료몰수}$ 이며, $C_3H_8 + 5O_2 \rightarrow 3CO_2 + 4H_2O$이다.)

해답 $MOC = 폭발하한(\%) \times \dfrac{산소 mol수}{연소가스 mol수} = 2.1 \times \dfrac{5}{1} = 10.5 vol\%$

출제분야	화공안전 일반
작업명	밀폐공간 작업

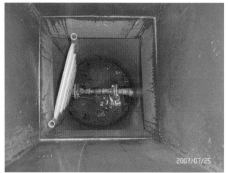

동영상 설명 작업자가 밀폐공간에서 작업을 하고 있다.

문제 작업자가 미착용한 개인보호구 3가지를 쓰시오.

해답 1. 송기마스크, 공기마스크
2. 안전대 또는 구명밧줄
3. 안전화
4. 안전모

문제 산소결핍장소란 산소 몇 % 미만인가를 쓰고, 밀폐공간에서 질식된 작업자를 구조할 때 구조자가 착용해야 될 보호구를 쓰시오.

해답 1. 산소결핍장소 : 산소 18% 미만
2. 구조자가 착용해야 할 보호구 : 송기마스크, 공기마스크

문제 밀폐공간 작업의 핵심 위험요인 3가지를 쓰시오.

해답 1. 밀폐공간에서의 산소결핍 위험이 있다.
2. 유독성 가스가 있는 경우 작업자가 질식, 중독의 위험이 있다.
3. 가연성 가스, 증기 또는 가연성 분진이 존재하는 경우 점화원에 의한 폭발위험이 있다.

문제 밀폐공간 작업시 안전관리자의 직무 3가지를 쓰시오.

해답 1. 산소가 결핍된 공기나 유해가스에 노출되지 아니하도록 작업시작 전에 작업방법을 결정하고 이에 따라 해당 근로자의 작업을 지휘하는 일
2. 작업을 행하는 장소의 공기가 적정한지 여부를 작업시작 전에 확인하는 일
3. 측정장비·환기장치 또는 송기마스크, 공기마스크 등을 작업시작 전에 점검하는 일
4. 근로자에게 송기마스크, 공기마스크 등의 착용을 지도하고 착용상황을 점검하는 일

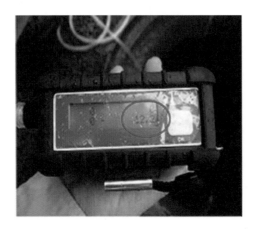

동영상설명 밀폐공간 작업 전 산소농도를 측정하고 있다.

문제 다음의 ( ) 안에 알맞은 숫자를 쓰시오.

"적정한 공기"라 함은 산소농도의 범위가 (①)% 이상, (②)% 미만, 탄산가스의 농도가 (③)% 미만, 황화수소의 농도가 (④)ppm 미만인 수준의 공기를 말한다.

➡해답 ① 18 ② 23.5 ③ 1.5 ④ 10

문제 산소결핍장소의 안전수칙을 쓰시오.

➡해답 1. 작업 전 산소 및 유해가스 농도 측정 후 작업
2. 산소농도가 18% 미만일 때는 환기를 시키고, 작업 중에도 계속 환기
3. 가능한 급배기를 동시에 실시하고, 환기를 실시할 수 없거나 산소결핍장소에서 작업할 때에는 공기공급식 호흡용 보호구를 착용한다.

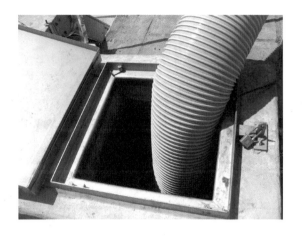

[동영상설명] 밀폐공간을 퍼지하고 있다.

[문제] 퍼지작업의 종류 3가지를 쓰시오.

[해답] 1. 진공퍼지
    2. 압력퍼지
    3. 스위프 퍼지
    4. 사이펀 퍼지

[문제] 퍼지의 목적을 쓰시오.

[해답] 1. 가연성 및 지연성 가스 : 화재 및 폭발사고와 산소결핍사고 예방
    2. 독성가스 : 중독사고 예방
    3. 불활성가스 : 산소결핍 예방

 폐수처리조에서 슬러지 제거작업을 하고 있다.

문제 위와 같은 장소에 작업자가 들어갈 때 필요한 호흡용 보호구의 종류 2가지를 쓰시오.

➡️해답 1. 송기마스크
      2. 공기호흡기

문제 밀폐공간보건작업프로그램 수립내용을 3가지 쓰시오.

➡️해답 1. 작업시작 전 적정한 공기 상태여부의 확인을 위한 측정·평가
      2. 응급조치 등 안전보건 교육 및 훈련
      3. 공기호흡기 또는 송기(送氣)마스크 등의 착용 및 관리
      4. 그밖에 밀폐공간 작업근로자의 건강장해예방에 관한 사항

출제분야	화공안전 일반
작업명	도금작업

 도금작업장에 국소배기장치가 설치되어 있다.

문제 국소배기장치 후드의 설치기준을 설명하시오.

해답 1. 유해물질이 발생하는 곳마다 설치
2. 유해인자 발생형태, 비중, 작업방법 등을 고려하여 해당 분진 등의 발산원을 제어할 수 있는 구조일 것
3. 후드 형식은 가능한 포위식 또는 부스식 후드를 설치할 것
4. 외부식 또는 리시버식 후드를 설치할 때에는 유기용제 증기 또는 해당 분진 등의 발산원에 가장 가까운 위치에 설치할 것
5. 후드의 개구면적을 크게 하지 않을 것

동영상 설명
작업자가 크롬 도금작업을 하고 있다. 담배를 피우고 있으며, 젖은 손으로 호이스트 팬던트 스위치를 조작하고 있다. 바닥은 쇠망으로 되어 있고 작업자는 고무 장화를 신고 있다.

문제 위 동영상에서 위험요소 3가지를 쓰시오.

➡**해답** 1. 크롬 또는 크롬 화합물 흡입으로 인한 중독발생위험
2. 젖은 손으로 팬던트 스위치 조작으로 인한 감전위험
3. 인화성 물질이 존재하는 경우 담뱃불로 인한 화재·폭발위험

문제 크롬 또는 크롬 화합물의 퓸, 분진, 미스트를 장기간 흡입하여 발생되는 직업병과 증상은 무엇인가?

➡**해답** 비중격천공, 코에 구멍이 뚫림

문제 크롬 화합물이 체내에 유입될 수 있는 경로는 무엇인가?

해답 호흡기, 소화기, 피부점막

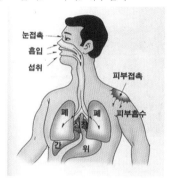

문제 도금작업시 유해물질에 대한 안전수칙을 4가지 쓰시오.

해답 1. 유해물질에 대한 유해성 사전 조사
2. 유해물질 발생원의 봉쇄
3. 작업공정 은폐, 작업장의 격리
4. 유해물의 위치 및 작업공정 변경
5. 전체환기 또는 국소배기
6. 점화원의 제거
7. 환경의 정돈과 청소

 자동차 부품을 도금 후 유기용제를 이용하여 세척하는 장면이다.

 영상을 참고로 하여 위험예지훈련을 하고자 할 때, 연관된 행동목표 두 가지를 쓰시오.

➡해답 1. 점화원을 멀리하여 화재, 폭발을 예방하자.
2. 적절한 보호구를 착용하여 유기용제에 의한 중독 등을 예방하자.
3. 고무장화를 착용하자.

이 영상에서 세척조에 시너를 사용할 경우 발생 가능한 재해유형은 무엇인가?

➡해답 1. 화재 또는 폭발로 인한 화상 및 질식 재해
2. 유기용제 중독에 의한 재해

<table>
<tr><td>출제분야</td><td>화공안전 일반</td></tr>
<tr><td>작업명</td><td>화학설비 관련 작업</td></tr>
</table>

동영상 설명 작업자들이 화학설비를 점검하고 있다.

 이 화면에서 화학설비 내부의 이상상태를 조기에 파악하기 위하여 설치해야 할 장치를 3가지 쓰시오.

→ **해답** 1. 온도계
2. 유량계
3. 압력계

기출문제풀이

■ Industrial Engineer Industrial Safety

※ 아래 그림들은 실제 출제되는 동영상문제와 다를 수 있습니다.

출제연도	2008년 1회(4월)

03.
근로자가 화학물질을 취급하고 있고, 작업장 바닥에 화학물질이 흘러 고여있는 장면을 보여주고 있다. 작업장에서 유해물질을 취급할 경우 작업장 바닥에 해야 할 조치를 쓰시오.

→해답 1. 작업장 바닥을 불침투성 재료로 마감한다.
2. 점화원이 될 수 있는 정전기를 방지할 수 있도록 한다.
3. 유해물질이 바닥이나 피트 등에 확산되지 않도록 경사를 주거나, 높이 15cm 이상의 턱을 설치

05.
동영상은 도금작업장에 설치된 국소배기장치를 보여주고 있다. 국소배기장치 후드의 설치기준을 설명하시오.

➡해답 1. 유해물질이 발생하는 곳마다 설치
2. 유해인자 발생형태, 비중, 작업방법 등을 고려하여 해당 분진 등의 발산원을 제어할 수 있는 구조일 것
3. 후드 형식은 가능한 포위식 또는 부스식 후드를 설치할 것
4. 외부식 또는 리시버식 후드를 설치할 때에는 유기용제 증기 또는 해당 분진 등의 발산원에 가장 가까운 위치에 설치할 것
5. 후드의 개구면적을 크게 하지 않을 것

출제연도 2008년 3회(10월)

07.
어둡고 밀폐된 LPG 저장소에 가스 누설감지 경보기가 미설치 되어 있고, 작업자가 전등의 전원을 투입하는 순간 "펑"하고 폭발사고가 발생하는 장면이다. 이 장면에서 가스누설감지경보기를 설치할 때 적절한 설치위치와 설정값을 쓰시오.

➡해답 1. 설치위치 : 바닥에 인접한 낮은 곳에 설치한다.(LPG는 공기보다 무거우므로 가라앉음)
2. 설정값 : 폭발하한계의 25% 이하

09.
지게차가 주유 중이며 지게차 운전자는 담배를 피우며 주유원과 이야기하고 있고, 지게차는 시동이 걸려 있는 상태이다. 동영상에서 지게차 운전자의 흡연(담뱃불)에 해당하는 발화원의 형태(유형)을 무엇이라 하는지 쓰시오.

➡️해답 나화

출제연도 2009년 1회(4월 A형)

06.
동영상은 작업자가 크롬도금작업을 하고 있는 모습을 보여주고 있다. 크롬 화합물이 체내에 유입될 수 있는 경로는 무엇인가?

➡️해답 호흡기, 소화기, 피부점막

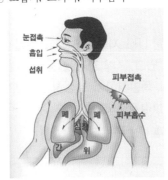

○7.
동영상에서는 가스용기가 저장된 장소를 보여주고 있다. 가스용기 저장소로 부적합한 곳을 쓰시오.

해답 1. 통기 및 환풍이 잘 되지 않는 장소
2. 위험물, 화약류 및 가연성물질을 저장하는 장소 또는 그 부근
3. 화기류를 사용하는 장소나 그 부근

출제연도 | 2009년 1회(4월 B형)

○6.
작업자가 폭발성 화학물질을 취급하는 작업장에 들어가기 전 신발에 물을 묻히고 들어가는 장면이다. 물을 묻히는 이유와 폭발이 일어났을 경우 소화방법에 대해서 쓰시오.

해답 1. 인체에 대전된 정전기는 점화원으로 작용할 수 있으므로, 대전된 정전기를 땅으로 흘려보내기 위해서 신발과 바닥면 사이의 저항을 최소화하기 위함
2. 다량 주수에 의한 냉각소화

출제연도　2009년 2회(7월 A형)

07.

근로자가 화학물질을 취급하고 있고, 작업장 바닥에 화학물질이 흘러 고여있는 장면을 보여주고 있다. 작업장에서 유해물질을 취급할 경우 작업장 바닥에 해야 할 조치를 쓰시오.

해답 1. 작업장 바닥을 불침투성 재료로 마감한다.

2. 점화원이 될 수 있는 정전기를 방지할 수 있도록 한다.

3. 유해물질이 바닥이나 피트 등에 확산되지 않도록 경사를 주거나, 높이 15cm 이상의 턱을 설치

08.

크롬도금 작업장에 설치되어 있는 국소배기장치를 보여주고 있다. 국소배기장치 후드의 설치기준을 설명하시오.

해답 1. 유해물질이 발생하는 곳마다 설치

2. 유해인자 발생형태, 비중, 작업방법 등을 고려하여 해당 분진 등의 발산원을 제어할 수 있는 구조일 것

3. 후드 형식은 가능한 포위식 또는 부스식 후드를 설치할 것

4. 외부식 또는 리시버식 후드를 설치할 때에는 유기용제 증기 또는 해당 분진 등의 발산원에 가장 가까운 위치에 설치할 것

5. 후드의 개구면적을 크게 하지 않을 것

출제연도 2009년 2회(7월 B형)

○3.
인화성 물질 저장창고에서 한 작업자가 인화성 물질이 든 운반용 용기를 몇 개 이동시키고 나서 잠시 쉬려고 인화성 물질이 든 드럼통 옆에서 윗옷을 벗는 순간 "펑"하고 폭발사고가 발생하는 장면이다. 인화성 물질 저장시 관리대책 3가지를 쓰시오.

➡해답 1. 통풍 및 환기가 잘 되는 장소에 인화성 물질을 보관한다.
2. 안전장비를 착용한다.
3. 정리정돈을 잘한다.

○5.
어둡고 밀폐된 LPG 저장소에서 작업자가 전등의 전원을 투입하는 순간 "펑"하고 폭발사고가 발생하는 장면이다 폭발형태는 무엇인가?

➡해답 증기운 폭발

출제연도 2009년 3회(9월 B형)

05.
어둡고 밀폐된 LPG 저장소에 가스 누설감지 경보기가 미설치 되어 있고, 작업자가 전등의 전원을 투입하는 순간 "펑"하고 폭발사고가 발생하는 장면이다. 사고유형과 기인물을 쓰시오.

해답 1. 사고유형 : 가스누출에 의한 폭발
2. 기인물 : LPG 저장용기에서 누출된 가스(가연물), 전원 스위치에서 발생한 전기 스파크(점화원)

출제연도 2009년 3회(9월 C형)

08.
자동차 부품을 도금 후 유기용제를 이용하여 세척하는 장면이다. 영상을 참고로 하여 위험예지훈련을 하고자 할 때, 연관된 행동목표 두 가지를 쓰시오.

해답 1. 점화원을 멀리하여 화재, 폭발을 예방하자.
2. 적절한 보호구를 착용하여 유기용제에 의한 중독 등을 예방하자.
3. 고무장화를 착용하자.

출제연도 2010년 1회(4월 A형)

09.

밀폐된 공간에서 외부에는 배기장치가 보이고 외부의 근로자가 지나가다 발로 쳐서 전원공급이 중단된 후 그라인더 작업자가 의식을 잃고 쓰러지는 장면을 보여주고 있다. 산소결핍장소의 안전수칙을 쓰시오.

해답 1. 작업 전 산소 및 유해가스 농도 측정 후 작업
2. 산소농도가 18% 미만일 때는 환기를 시키고, 작업 중에도 계속 환기
3. 가능한 급배기를 동시에 실시하고, 환기를 실시할 수 없거나 산소결핍장소에서 작업할 때에는 공기공급식 호흡용 보호구를 착용한다.

출제연도 2010년 1회(4월 B형)

04.

작업자가 유해한 화학물질을 아무런 보호구 없이 맨손으로 취급하는 장면을 보여주고 있다. 유해물질이 흡수되는 경로를 모두 쓰시오.

해답 1. 피부(점막) 2. 호흡기 3. 소화기

05.
동영상은 인화성 물질이 담긴 용기가 파열되어 폭발, 화재가 발생하는 장면을 보여주고 있다. 위와같은 폭발 형태의 명칭과 정의를 쓰시오.

➡해답 1. 증기운 폭발(UVCE)
2. 가압상태의 저장용기 내부의 가연성 액체가 대기 중에 유출되어 순간적으로 기화가 일어나 점화원에 의해 일어나는 폭발

출제연도 2010년 1회(4월 C형)

04.
도금작업장에 국소배기장치가 설치된 모습을 보여주고 있다. 국소배기장치 후드의 설치기준을 설명하시오.

➡해답 1. 유해물질이 발생하는 곳마다 설치
2. 유해인자 발생형태, 비중, 작업방법 등을 고려하여 해당 분진 등의 발산원을 제어할 수 있는 구조일 것
3. 후드 형식은 가능한 포위식 또는 부스식 후드를 설치할 것
4. 외부식 또는 리시버식 후드를 설치할 때에는 유기용제 증기 또는 해당 분진 등의 발산원에 가장 가까운 위치에 설치할 것
5. 후드의 개구면적을 크게 하지 않을 것

08.

작업자가 화학물질을 취급하고 있는 동영상이다. 유해물질의 제조·수입·운반·저장·취급시 근로자가 볼 수 있는 장소에 게시 또는 비치하여야 할 사항을 3가지 쓰시오.

➡해답 MSDS 작성 내용
① 제품명
② 물질안전보건자료대상물질을 구성하는 화학물질 중 제104조에 따른 분류기준에 해당하는 화학물질의 명칭 및 함유량
③ 안전 및 보건상의 취급 주의 사항
④ 건강 및 환경에 대한 유해성, 물리적 위험성
⑤ 물리·화학적 특성 등 고용노동부령으로 정하는 사항(시행규칙 156조의 2)

출제연도 2010년 2회(7월 A형)

08.

동영상은 작업자들이 화학설비의 내부를 점검하는 모습을 보여주고 있다. 화학설비 내부의 이상상태를 조기에 파악하기 위하여 설치해야 할 장치를 3가지 쓰시오.

➡해답 온도계·유량계·압력계

출제연도 2010년 2회(7월 B형)

07.
동영상은 LPG가스 용기가 보관되어 있는 장소를 보여주고 있다. 가스용기 저장소로 부적합한 곳을 쓰시오.

➡해답 1. 통기 및 환풍이 잘 되지 않는 장소
2. 위험물, 화약류 및 가연성물질을 저장하는 장소 또는 그 부근
3. 화기류를 사용하는 장소나 그 부근

출제연도 2010년 2회(7월 C형)

06.
동영상에서는 폭발성 물질 취급 장소 입구에서 작업자가 고무장화 바닥에 물을 묻히고 들어가 흰색 가루 성분의 물질을 취급하는 도중 가루를 바닥에 조금씩 떨어뜨린 가루로 인이 폭발이 일어나는 상황을 보여주고 있다. 물을 묻히는 이유와 폭발이 일어났을 경우 소화방법에 대해서 쓰시오.

➡해답 1. 인체에 대전된 정전기는 점화원으로 작용할 수 있으므로, 대전된 정전기를 땅으로 흘려보내기 위해서 신발과 바닥면 사이의 저항을 최소화하기 위함
2. 다량 주수에 의한 냉각소화

출제연도 2010년 3회(9월 A형)

01.
작업자가 크롬 도금 작업장에서 도금작업을 하는 장면을 보여주는 동영상이다. 크롬 화합물이 체내에 유입될 수 있는 경로는 무엇인가?

➡해답 호흡기, 소화기, 피부점막

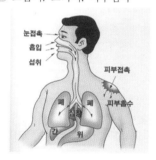

05.
작업자가 화학물질을 취급하는 장면을 보여주고 있는 동영상이다. 유해물질의 제조·수입·운반·저장·취급시 근로자가 볼 수 있는 장소에 게시 또는 비치하여야 할 사항을 3가지 쓰시오.

➡해답 MSDS 작성 내용
　① 대상화학물질의 명칭　　　　　①의2 구성성분의 명칭 및 함유량
　② 안전·보건상의 취급주의 사항　③ 건강 유해성 및 물리적 위험성
　④ 그 밖에 고용노동부령으로 정하는 사항

출제연도 2010년 3회(9월 B형)

07.

인화성 물질 저장창고에서 한 작업자가 인화성 물질이 든 운반용 용기를 몇 개 이동시키고 나서 잠시 쉬려고 인화성 물질이 든 드럼통 옆에서 윗옷을 벗는 순간 "펑"하고 폭발사고가 발생하는 장면이다. 인화성 물질 저장시 관리대책 3가지를 쓰시오.

해답 1. 통풍 및 환기가 잘 되는 장소에 인화성 물질을 보관한다.
2. 안전장비를 착용한다.
3. 정리정돈을 잘한다.

08.

작업장 바닥에 화학물질이 흘러내려 고여있는 모습을 보여주고 있는 동영상이다. 작업장에서 유해물질을 취급할 경우 작업장 바닥에 해야 할 조치를 쓰시오.

해답 1. 작업장 바닥을 불침투성 재료로 마감한다.
2. 점화원이 될 수 있는 정전기를 방지할 수 있도록 한다.
3. 유해물이 바닥이나 피트 등에 확산되지 않도록 경사를 주거나, 높이 15cm 이상의 턱을 설치

건설안전

Contents

예상문제풀이

출제분야	건설안전
작업명	항타기·항발기 작업

 동영상 설명 항타기·항발기가 작업 중이며 작업장 인근에 고압 가공선로가 있다.

문제 고압전선로 인근에서 항타기·항발기 작업 시 안전작업수칙 3가지를 쓰시오.

➡해답 ① (이격거리 확보) 차량 등을 충전부로부터 300[cm] 이상 이격시키되, 대지전압이 50[kV]를 넘는 경우에는 10[kV]가 증가할 때마다 이격거리 를 10[cm]씩 증가시킨다.
② (절연용 방호구 설치) 절연용 방호구 등을 설치한 경우에는 이격거리를 절연용 방호구 앞면까지로 할 수 있다.
③ (울타리 설치 또는 감시인 배치) 울타리를 설치하거나 감시인 배치 등의 조치를 하여야 한다.
④ (접지점 관리 철저) 접지된 차량 등이 충전전로와 접촉할 우려가 있는 경우에는 근로자가 접지점에 접촉되지 않도록 조치하여야 한다.

동영상 설명 항타기·항발기의 조립작업 중이다.

문제 항타기·항발기의 조립작업 시 점검해야 할 사항 3가지를 쓰시오.

해답 ① 본체 연결부의 풀림 또는 손상의 유무
② 권상용 와이어로프·드럼 및 도르래의 부착상태의 이상유무
③ 권상장치의 브레이크 및 쐐기장치 기능의 이상유무
④ 권상기의 설치상태의 이상유무
⑤ 리더(leader)의 버팀 방법 및 고정상태의 이상 유무
⑥ 본체·부속장치 및 부속품의 강도가 적합한지 여부
⑦ 본체·부속장치 및 부속품에 심한 손상·마모·변형 또는 부식이 있는지 여부

출제분야	건설안전
작업명	이동식크레인 작업

동영상 설명 이동식크레인을 이용하여 중량물을 양중하는 작업을 보여주고 있다.

문제 이러한 작업을 하는 때에 사업주로서 작업시작 전 점검해야 할 사항 3가지를 쓰시오.

해답 ① 권과방지장치 그 밖의 경보장치의 기능
② 브레이크·클러치 및 조정장치의 기능
③ 와이어로프가 통하고 있는 곳 및 작업장소의 지반상태

동영상 설명 이동식크레인에 화물을 매달아 양중하는 작업을 하고 있다.

문제 화면에서 사용한 장비의 와이어로프로 화물을 직접 지지하는 경우 와이어로프의 안전계수와 줄걸이용 와이어로프의 적당한 인양 각도는 얼마인가?

해답 ① 안전계수 : 5 이상
② 각도 : 60° 이내

문제 작업자가 형강을 들어올려 와이어로프를 빼내는 작업 중에 와이어로프에 얻어맞는 재해가 발생하였다. 이때, 가해물은 무엇이며 재해발생대책 2가지를 쓰시오.

해답 (1) 가해물 : 와이어로프
(2) 재해발생대책
① 지렛대를 와이어로프가 물려있는 형강사이에 넣어 형강이 무너져 내리지 않을 정도로 들어 올린 상태에서 와이어로프를 빼낸다.
② 와이어로프 빼기 작업은 1인으로 부적합하므로 2인 이상이 지렛대를 동시에 넣어 형강을 들어올린 상태에서 와이어로프를 빼낸다.

출제분야	건설안전
작업명	터널 건설작업

**동영상
설명** 터널 건설작업 중 낙반에 의한 재해를 보여주고 있다.

문제 이러한 낙반 등에 의한 재해를 방지하기 위해 필요한 조치사항 2가지를 쓰시오.

해답 ① 터널지보공 및 록(Rock)볼트의 설치
② 부석의 제거

동영상 설명 터널 굴착(발파)작업이 진행되고 있다.

문제 이러한 발파작업 시 사용하는 발파공의 충진재료로 적당한 것은?

해답 점토·모래 등 발화성 또는 인화성의 위험이 없는 재료

문제 이러한 터널 굴착작업 시 시공계획에 포함되어야 할 사항 3가지를 쓰시오.

해답 ① 굴착의 방법
② 터널지보공 및 복공의 시공방법과 용수의 처리방법
③ 환기 또는 조명시설을 하는 때에는 그 방법

동영상 설명 NATM 공법에 의한 터널시공 장면을 보여주고 있다.

문제 이러한 터널 굴착작업 시 공사의 안전성 및 설계의 타당성 판단 등을 확인하기 위해 실시하는 계측의 종류를 3가지만 쓰시오.

➡해답 ① 내공변위 측정
② 천단침하 측정
③ 지표면침하 측정
④ 지중변위 측정
⑤ Rock Bolt 축력 측정
⑥ 숏크리트 응력 측정

출제분야	건설안전
작업명	타워크레인 작업

 타워크레인으로 자재를 운반하는 작업 중 화물이 흔들리면서 근로자가 화물에 부딪히는 장면을 보여주고 있다.

문제 이와 같은 작업상황에서 재해발생 원인을 3가지 쓰시오.

➡해답 ① 유도로프를 사용하지 않아 화물이 흔들리며 낙하할 위험
② 낙하위험구간에 근로자 출입
③ 인양 전 인양로프 미점검으로 로프파단 위험
④ 작업 전 신호방법 및 신호계획 미수립

문제 위와 같은 작업상황에서 재해를 방지할 수 있는 대책 3가지를 쓰시오.

➡해답 ① 유도로프를 사용하여 화물의 흔들림을 방지
② 낙하위험구간에는 근로자 출입금지조치
③ 작업 전 인양로프의 손상유무 및 체결상태를 확인
④ 작업 전 일정한 신호방법을 미리 정하고 무전기 등을 이용하여 신호

출제분야	건설안전
작업명	건물 해체작업

동영상 설명 압쇄기를 이용한 건물 해체작업이 실시되고 있는 장면을 보여주고 있다.

문제 위와 같은 건물 해체작업 시 해체작업 계획에 포함되어야 하는 사항 3가지를 쓰시오.

➡해답 ① 해체의 방법 및 해체순서 도면
② 가설설비, 방호설비, 환기설비 및 살수·방화설비 등의 방법
③ 사업장 내 연락방법
④ 해체물의 처분계획
⑤ 해체작업용 기계·기구 등의 작업계획서
⑥ 해체작업용 화약류 등의 사용계획서

출제분야	건설안전
작업명	교량 하부 점검작업

 작업자가 교량하부에서 작업하던 중 실족하여 추락하는 장면을 보여주고 있다.

 재해발생 위험요인을 3가지 쓰시오.

➡해답 ① 작업발판 미설치 및 안전난간 미설치
② 안전대 부착설비 미설치 및 안전대 미착용
③ 추락방지용 안전방망 미설치

문제 위와 같은 상황에서 작업발판을 설치할 경우 작업발판의 폭과 틈의 기준은?

➡해답 ① 작업발판의 폭 : 40cm 이상
② 틈 : 3cm 이하

출제분야	건설안전
작업명	엘리베이터 피트(Pit) 작업

동영상 설명 엘리베이터 등 피트 주변에서 작업하는 장면을 보여주고 있다.

문제 위와 같은 피트 인근 작업 시 안전수칙을 3가지 쓰시오.

➡해답 ① 피트 단부에는 안전난간을 설치하고 작업 상 개방 할 때에는 출입금지 등 안전표지판을 설치
② 피트 내부에서 작업을 할 때에는 안전대 부착설비를 설치하고 안전대를 착용한다.
③ 작업지휘자를 지정하여 작업방법, 순서를 준수한다.

 동영상 설명 승강기 설치 전 E/V Pit 내부 작업을 위해 발판을 설치하여 작업하던 중 발판이 뒤집히면서 추락재해가 발생하는 장면을 보여주고 있다.

문제 위와 같은 추락재해의 발생원인을 3가지만 쓰시오.

해답 ① 작업발판이 고정되지 않았다.
② 작업자가 안전대를 착용하지 않았다.
③ 피트 내부에 추락방지망을 설치하지 않았다.

출제분야	건설안전
작업명	지붕 설치작업

 박공지붕 위에서 작업 중 단부에서 작업자가 추락하는 장면을 보여주고 있다.

문제 이와 같은 상황에서 위험포인트 2가지 및 안전대책을 쓰시오.

해답 (1) 위험포인트
    ① 경사지붕 단부에 안전난간 미설치
    ② 안전대 부착설비 미설치 및 안전대 미착용
(2) 안전대책
    ① 경사지붕 단부에 추락방지용 안전난간 설치
    ② 안전대 부착설비를 설치하고 작업자로 하여금 안전대를 착용하고 작업 실시

🎬 **동영상 설명** 지붕에서 작업하던 중 작업자가 추락하는 장면을 보여주고 있다.

🏢 **문제** 위와 같은 상황에서 위험요인을 3가지 및 안전대책을 쓰시오.

➡**해답** (1) 위험요인
  ① 작업발판을 설치하지 않았다.
  ② 추락방지용 안전방망을 설치하지 않았다.
  ③ 안전대 부착설비 및 안전대를 착용하지 않았다.
(2) 안전대책
  ① 지붕위에서 작업 시 폭 30cm 이상의 작업발판을 설치한다.
  ② 작업장 하부에 추락방지용 안전방망을 설치한다.
  ③ 안전대 부착설비를 설치하고 작업자로 하여금 안전대를 착용하도록 한다.

동영상 설명 박공지붕 설치작업 중 건물의 하부에서 휴식을 취하던 작업자 쪽으로 지붕 위에 쌓아 놓았던 박공지붕 자재가 떨어지면서 작업자를 가격하는 장면을 보여주고 있다.

문제 이와 같은 재해의 발생원인과 대책을 3가지씩 쓰시오.

해답 (1) 발생원인
  ① 경사지붕 하부에 낙하물방지망 미설치
  ② 박공지붕 적치상태불량 및 체결상태 불량
  ③ 작업자가 낙하위험 장소에서 휴식
 (2) 안전대책
  ① 경사지붕 하부에 낙하물방지망 설치
  ② 박공지붕 적치방법 개선 및 설치 시 체결 철저
  ③ 낙하위험구간 작업자 출입통제 철저

출제분야	건설안전
작업명	철골 조립작업

 철골기둥 및 철골보를 조립하는 작업이 진행 중이다.

 이와 같은 철골작업 시 작업을 중지해야 하는 기상조건 3가지를 쓰시오.

➡해답 ① 풍속이 초당 10m 이상인 경우
② 강우량이 시간당 1mm 이상인 경우
③ 강설량이 시간당 1cm 이상인 경우

동영상
설명 작업자가 철골작업 중 발판을 설치하고 이동하다가 추락하는 재해장면을 보여주고 있다.

문제 이와 같은 재해를 분석하고 재해발생 방지대책을 3가지 쓰시오.

해답 (1) 재해분석
     ① 재해형태 : 추락
     ② 기인물 : 작업발판
  (2) 재해발생 방지대책
     ① 안전대 부착설비에 안전대 걸고 작업
     ② 작업장 하부에 추락방지망 설치
     ③ 작업통로(발판) 설치

<table>
<tr><td>출제분야</td><td>건설안전</td></tr>
<tr><td>작업명</td><td>갱폼 작업(가이데릭)</td></tr>
</table>

 작업자가 가이데릭을 설치하고 있는데 하부를 철사로 고정하였고 가는 목재로 지지하는 장면을 보여 주고 있다.

 이와 같은 가이데릭 설치작업 중 위험요인을 2가지 쓰시오.

➡해답 ① 파이프의 아랫부분에만 철사로 고정시켜 무너질 위험이 있다.
② 버팀목재가 미끄러지거나 부러지면서 붕괴사고의 위험이 있다.

출제분야	건설안전
작업명	하역운반기계 수리작업

동영상 설명 작업자가 덤프트럭의 차량점검을 위해 적재함을 올리고 수리·점검을 하던 중 유압이 풀리면서 적재함이 갑자기 내려오는 장면을 보여주고 있다.

문제 이와 같은 수리 작업 시 조치해야 할 사항 3가지를 쓰시오.

➡**해답** ① 작업의 지휘자를 지정
② 작업순서를 결정하고 작업을 지휘할 것
③ 안전지주 또는 안전블록 등의 사용상황 등을 점검할 것

출제분야 : 건설안전

작업명 : 창호 설치작업

 동영상 설명 아파트 공사 중 작업자가 창호 설치작업 중 옆의 창문으로 이동하다 바닥으로 추락하는 장면을 보여주고 있다.

문제 이와 같은 재해에서 기인물, 가해물 및 발생 형태는 무엇인가?

➡해답 ① 기인물 : 창틀(창문)
② 가해물 : 지상 바닥
③ 발생형태 : 추락

문제 이와 같은 상황에서 재해발생 원인을 3가지 쓰시오

➡해답 ① 안전대 부착설비 미설치
② 안진대 미착용
③ 추락방지용 안전방망 미설치

출제분야	건설안전
작업명	사다리 작업

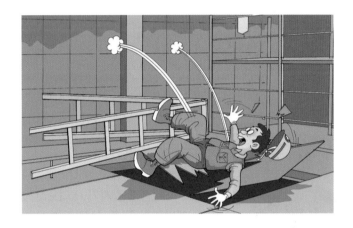

동영상 설명 작업자가 보호구 미착용한 상태로 고소구간의 배관 점검을 위해 이동식 사다리를 이용하여 작업하던 중 사다리가 흔들리면서 몸의 균형을 잃고 바닥으로 떨어지는 장면을 보여주고 있다.

문제 이와 같은 재해에서 위험요인 3가지를 쓰시오.

➡해답 ① 안전모 등 개인보호구 미착용
② 이동식사다리의 미끄럼방지 및 전도방지 조치 미실시
③ 양손을 동시에 사용하여 작업 자세 불안

기출문제풀이

■ Industrial Engineer Industrial Safety

※ 아래 그림들은 실제 출제되는 동영상문제와 다를 수 있습니다.

출제연도   2008년 1회(4월)

07.

작업자가 하역운반기계인 덤프트럭의 점검을 위해 적재함을 올려놓은 상태에서 수리작업을 하던 중 유압장치의 이상으로 적재함이 갑자기 내려오고 있는 상황이다. 이때 재해를 예방하기 위해 사전에 취해야 할 조치사항 3가지를 쓰시오.

➡해답 ① 작업의 지휘자를 지정
② 작업순서를 결정하고 작업을 지휘할 것
③ 안전지주 또는 안전블록 등의 사용상황 등을 점검할 것

09.

작업자가 박공지붕 위에서 마감작업을 하던 중 추락하는 재해이다. 이 때 추락재해를 예방할 수 있는 안전대책 2가지를 쓰시오.

➡해답 ① 경사지붕 단부에 추락방지용 안전난간 설치
② 안전대 부착설비를 설치하고 작업자로 하여금 안전대를 착용하고 작업 실시

출제연도   2008년 2회(7월)

○7.

작업자가 철골작업 중 지붕에서 발판을 설치하고 이동하다가 추락하는 사고이다. 이와 같은 재해가 발생했을 때 재해분석을 하시오.

➡해답 (1) 재해분석
　　① 재해형태 : 추락
　　② 기인물 : 작업발판
(2) 재해발생 방지대책
　　① 안전대 부착설비에 안전대 걸고 작업
　　② 작업장 하부에 추락방지망 설치
　　③ 작업통로(발판) 설치

○8.

작업자가 하역운반기계인 덤프트럭의 점검을 위해 적재함을 올려놓은 상태에서 수리작업을 하던 중 유압장치의 이상으로 적재함이 갑자기 내려오고 있는 상황이다. 이때 재해를 예방하기 위해 사전에 취해야 할 조치사항 3가지를 쓰시오.

➡해답 ① 작업의 지휘자를 지정
　　② 작업순서를 결정하고 작업을 지휘할 것
　　③ 안전지주 또는 안전블록 등의 사용상황 등을 점검할 것

03.
압쇄기를 이용하여 건물을 해체하는 작업이 진행 중이다. 이와 같은 해체 작업 시 해체계획에 포함되어 할 사항 4가지를 쓰시오.(단, 기타 안전보건에 관한 사항은 제외한다.)

➡해답 ① 해체의 방법 및 해체순서 도면
② 가설설비, 방호설비, 환기설비 및 살수·방화설비 등의 방법
③ 사업장 내 연락방법
④ 해체물의 처분계획
⑤ 해체작업용 기계·기구 등의 작업계획서
⑥ 해체작업용 화약류 등의 사용계획서

04.
작업자가 하역운반기계인 덤프트럭의 점검을 위해 적재함을 올려놓은 상태에서 수리작업을 하던 중 유압장치의 이상으로 적재함이 갑자기 내려오고 있는 상황이다. 이때 재해를 예방하기 위해 사전에 취해야 할 조치사항 3가지를 쓰시오.

➡해답 ① 작업의 지휘자를 지정
② 작업순서를 결정하고 작업을 지휘할 것
③ 안전지주 또는 안전블록 등의 사용상황 등을 점검할 것

08.
박공지붕 설치작업 중 건물의 하부에서 휴식을 취하던 작업자 쪽으로 지붕 위에 쌓아 놓았던 박공지붕 자재가 떨어지면서 작업자를 가격하는 재해이다. 이때 위험요인 및 안전대책을 3가지씩 쓰시오.

➡해답 (1) 위험요인
  ① 경사지붕 하부에 낙하물방지망 미설치
  ② 박공지붕 적치상태불량 및 체결상태 불량
  ③ 작업자가 낙하위험 장소에서 휴식
(2) 안전대책
  ① 경사지붕 하부에 낙하물방지망 설치
  ② 박공지붕 적치방법 개선 및 설치 시 체결 철저
  ③ 낙하위험구간 작업자 출입통제 철저

09.
지붕에서 지붕 판넬설치 등 마감작업을 하던 중 작업자가 추락한 재해이다. 이때 위험요인 및 재해예방 대책을 3가지씩 쓰시오.

➡해답 (1) 위험요인
  ① 작업발판을 설치하지 않았다.
  ② 추락방지용 안전방망을 설치하지 않았다.
  ③ 안전대 부착설비 및 안전대를 착용하지 않았다.
(2) 안전대책
  ① 지붕위에서 작업 시 폭 30cm 이상의 작업발판을 설치한다.
  ② 작업장 하부에 추락방지용 안전방망을 설치한다.
  ③ 안전대 부착설비를 설치하고 작업자로 하여금 안전대를 착용하도록 한다.

출제연도 | 2009년 1회(4월 B형)

O9.
아파트 공사 중 작업자가 창호 설치작업 중 옆의 창문으로 이동하다 바닥으로 추락하는 재해이다. 이때 재해발생 원인을 3가지 쓰시오.

➡해답 ① 안전대 부착설비 미설치
② 안전대 미착용
③ 추락방지용 안전방망 미설치

출제연도 | 2009년 1회(4월 C형)

O2.
작업자가 엘리베이터 피트 주변에서 작업 중이다. 이때 안전수칙 3가지를 쓰시오.

➡해답 ① 피트 단부에는 안전난간을 설치하고 작업 상 개방 할 때에는 출입금지 등 안전표지판을 설치
② 피트 내부에서 작업을 할 때에는 안전대 부착설비를 설치하고 안전대를 착용한다.
③ 작업지휘자를 지정하여 작업방법, 순서를 준수한다.

O7.
작업자가 교량하부에서 작업을 하던 중 작업발판에서 추락하는 재해가 발생하였다. 이때 위험요인 3가지를 쓰시오.

➡해답 ① 작업발판 미설치 및 안전난간 미설치
② 안전대 부착설비 미설치 및 안전대 미착용
③ 추락방지용 안전방망 미설치

출제연도 2009년 2회(7월 A형)

O1.
작업자가 박공지붕 위에서 마감작업을 하던 중 추락하는 재해이다. 이 때 추락재해를 예방할 수 있는 안전대책 2가지를 쓰시오.

➡해답 ① 경사지붕 단부에 추락방지용 안전난간 설치
② 안전대 부착설비를 설치하고 작업자로 하여금 안전대를 착용하고 작업 실시

04.
타워크레인으로 자재를 인양하던 중 화물이 흔들리면서 근로자가 화물에 부딪히는 재해가 발생하였다. 이때 재해를 예방할 수 있는 안전대책 3가지를 쓰시오.

➡해답 ① 유도로프를 사용하여 화물의 흔들림을 방지
② 낙하위험구간에는 근로자 출입금지조치
③ 작업 전 인양로프의 손상유무 및 체결상태를 확인
④ 작업 전 일정한 신호방법을 미리 정하고 무전기 등을 이용하여 신호

06.
경사진 박공지붕 설치작업 중 지붕 위에 쌓아 놓았던 박공지붕 자재가 떨어지면서 건물 하부에서 휴식을 취하고 있던 작업자를 가격하는 재해이다. 이때 위험요인 및 안전대책을 3가지씩 쓰시오.

➡해답 (1) 위험요인
① 경사지붕 하부에 낙하물방지망 미설치
② 박공지붕 적치상태불량 및 체결상태 불량
③ 작업자가 낙하위험 장소에서 휴식
(2) 안전대책
① 경사지붕 하부에 낙하물방지망 설치
② 박공지붕 적치방법 개선 및 설치 시 체결 철저
③ 낙하위험구간 작업자 출입통제 철저

출제연도 | 2009년 3회(9월 A형)

02.
고소구간의 배관을 점검하기 위해 작업자가 보호구를 착용하지 않은 상태로 이동식 사다리를 설치하고 위로 올라가 작업하던 중 사다리가 흔들리면서 넘어져 작업자가 떨어지는 사고가 발생하였다. 이때 재해발생 위험요인 3가지를 쓰시오.

➡해답 ① 안전모 등 개인보호구 미착용
② 이동식사다리의 미끄럼방지 및 전도방지 조치 미실시
③ 양손을 동시에 사용하여 작업 자세 불안

04.
승강기 내부 피트에서 합판으로 설치된 작업발판을 설치하고 작업자가 폼타이 핀을 망치로 제거하는 작업을 하던 중 발판에서 추락하는 재해가 발생하였다. 이때 재해발생 원인을 3가지 쓰시오.

➡해답 ① 작업발판이 고정되지 않았다.
② 작업자가 안전대를 착용하지 않았다.
③ 피트 내부에 추락방지망을 설치하지 않았다.

출제연도 2009년 3회(9월 B형)

02.
작업자가 하역운반기계인 덤프트럭의 점검을 위해 적재함을 올려놓은 상태에서 수리작업을 하던 중 유압장치의 이상으로 적재함이 갑자기 내려오고 있는 상황이다. 이때 재해를 예방하기 위해 사전에 취해야 할 조치사항 3가지를 쓰시오.

➡해답 ① 작업의 지휘자를 지정
② 작업순서를 결정하고 작업을 지휘할 것
③ 안전지주 또는 안전블록 등의 사용상황 등을 점검할 것

08.
작업자가 박공지붕 위에서 마감작업을 하던 중 추락하는 재해이다. 이 때 재해발생 위험요인 2가지를 쓰시오.

➡해답 ① 경사지붕 단부에 추락방지용 안전난간 설치
② 안전대 부착설비를 설치하고 작업자로 하여금 안전대를 착용하고 작업 실시

출제연도 2009년 3회(9월 C형)

01.
터널 굴착작업을 위해 발파를 실시한 후 낙반 등에 의한 위험이 있을 때 이를 방지하기 위한 조치사항 2가지를 쓰시오.

➡해답 ① 터널지보공 및 록(Rock)볼트의 설치
② 부석의 제거

02.
작업자가 박공지붕 위에서 마감작업을 하던 중 추락하는 재해이다. 이 때 추락재해를 예방할 수 있는 안전대책 3가지를 쓰시오.

➡해답 ① 경사지붕 단부에 추락방지용 안전난간 설치
② 안전대 부착설비를 설치하고 작업자로 하여금 안전대를 착용하고 작업 실시
③ 경사지붕 하부에 추락방지용 안전방망 설치

출제연도 2010년 1회(4월 A형)

○2.
작업자가 철골보 위에서 철골작업을 하고 있다. 이와 같은 철골작업 시 작업을 중지해야 하는 기상조건 3가지를 쓰시오.

해답 ① 풍속이 초당 10m 이상인 경우
② 강우량이 시간당 1mm 이상인 경우
③ 강설량이 시간당 1cm 이상인 경우

○5.
작업자가 형강을 들어 올려 와이어로프를 빼내는 작업 중에 와이어로프에 얻어맞는 재해가 발생하였다. 이때 가해물과 안전 작업방법 2가지를 쓰시오.

해답 (1) 가해물 : 와이어로프
(2) 안전 인양방법
① 지렛대를 와이어로프가 물려있는 형강사이에 넣어 형강이 무너져 내리지 않을 정도로 들어 올린 상태에서 와이어로프를 빼낸다.
② 와이어로프 빼기 작업은 1인으로 부적합하므로 2인 이상이 지렛대를 동시에 넣어 형강을 들어올린 상태에서 와이어로프를 빼낸다.

02.
NATM 공법에 의한 터널공사가 진행되고 있다. 이러한 터널 굴착작업 시 공사의 안전성 및 설계의 타당성 판단 등을 확인하기 위해 실시하는 계측의 종류를 3가지만 쓰시오.

➡해답 ① 내공변위 측정
② 천단침하 측정
③ 지표면침하 측정
④ 지중변위 측정
⑤ Rock Bolt 축력 측정
⑥ 숏크리트 응력 측정

07.
항타기·항발기가 작업 중이며 인근에 고압 가공전선이 있다. 이와 같이 고압전선로 인근에서 항타기·항발기 작업 시 안전작업수칙을 3가지 쓰시오.

➡해답 ① (이격거리 확보) 차량 등을 충전부로부터 300[cm] 이상 이격시키되, 대지전압이 50[kV]를 넘는 경우에는 10[kV]가 증가할 때마다 이격거리 를 10[cm]씩 증가시킨다.
② (절연용 방호구 설치) 절연용 방호구 등을 설치한 경우에는 이격거리를 절연용 방호구 앞면까지로 할 수 있다.
③ (울타리 설치 또는 감시인 배치) 울타리를 설치하거나 감시인 배치 등의 조치를 하여야 한다.
④ (접지점 관리 철저) 접지된 차량 등이 충전전로와 접촉할 우려가 있는 경우에는 근로자가 접지점에 접촉되지 않도록 조치하여야 한다.

출제연도 2010년 1회(4월 C형)

O2.

작업자가 보호 장구를 착용하지 않고 작업을 하던 중 재해가 발생하였다. 이때 불안전한 행동 2가지를 쓰시오.

➡️해답 ① 맨손으로 작업을 하였다.
② 작업발판을 설치하지 않았다.

O5.

작업자가 창틀에서 창호설치작업을 하던 중 추락하는 재해가 발생하였다. 이때 재해발생 원인 3가지를 쓰시오.

➡️해답 ① 안전대 부착설비 미설치
② 안전대 미착용
③ 추락방지용 안전 울타리 미설치

06.
건물 해체작업이 진행되고 있다. 건물 해체작업 시 해체작업 계획에 포함되어야 하는 사항 3가지를 쓰시오.

해답 ① 해체의 방법 및 해체순서 도면
② 가설설비, 방호설비, 환기설비 및 살수·방화설비 등의 방법
③ 사업장 내 연락방법
④ 해체물의 처분계획
⑤ 해체작업용 기계·기구 등의 작업계획서
⑥ 해체작업용 화약류 등의 사용계획서

출제연도 | 2010년 2회(7월 A형)

01.
작업자가 창틀에서 작업 중 옆의 창틀로 이동하다가 실족하여 지상 바닥으로 추락하는 재해가 발생하였다. 이때 재해분석을 하시오.

해답 (1) 재해형태 : 추락
(2) 기인물 : 창틀
(3) 가해물 : 지상바닥
(4) 발생원인
① 안전대 부착설비 미설치
② 안전대 미착용
③ 추락방지용 안전 울타리 미설치

06.
항타기·항발기가 작업 중이며 인근에 고압 가공전선이 있다. 이와 같이 고압전선로 인근에서 항타기·항발기 작업 시 안전작업수칙을 3가지 쓰시오.

➡해답 ① (이격거리 확보) 차량 등을 충전부로부터 300[cm] 이상 이격시키되, 대지전압이 50[kV]를 넘는 경우에는 10[kV]가 증가할 때마다 이격거리 를 10[cm]씩 증가시킨다.
② (절연용 방호구 설치) 절연용 방호구 등을 설치한 경우에는 이격거리를 절연용 방호구 앞면까지로 할 수 있다.
③ (울타리 설치 또는 감시인 배치) 울타리를 설치하거나 감시인 배치 등의 조치를 하여야 한다.
④ (접지점 관리 철저) 접지된 차량 등이 충전전로와 접촉할 우려가 있는 경우에는 근로자가 접지점에 접촉되지 않도록 조치하여야 한다.

출제연도 2010년 2회(7월 B형)

02.
터널굴착을 위해 발파작업이 이루어지고 있다. 이러한 발파작업 시 사용하는 발파공의 충진재료로 적당한 것은?

➡해답 점토·모래 등 발화성 또는 인화성의 위험이 없는 재료

06.
이동식 크레인을 사용하여 작업을 진행하고 있다. 이동식 크레인을 사용하여 작업을 시작하기 전에 점검해야 할 사항 3가지를 쓰시오.

➡해답 ① 권과방지장치 그 밖의 경보장치의 기능
② 브레이크·클러치 및 조정장치의 기능
③ 와이어로프가 통하고 있는 곳 및 작업장소의 지반상태

출제연도 | 2010년 2회(7월 C형)

03.
작업자가 교량하부에서 점검 작업을 하던 중 추락하는 재해가 발생하였다. 이때 재해발생원인 3가지를 쓰시오.

➡해답 ① 작업발판 미설치 및 안전난간 미설치
② 안전대 부착설비 미설치 및 안전대 미착용
③ 추락방지용 안전 울타리 미설치

출제연도 2010년 3회(9월 A형)

O2.
작업자가 박공지붕 위에서 마감작업을 하던 중 추락하는 재해이다. 이 때 위험요인 및 안전대책을 2가지씩 쓰시오.

해답 (1) 위험요인
　　① 경사지붕 단부에 추락방지용 안전난간 미설치
　　② 안전대 부착설비 미설치 및 근로자 안전대 미착용
(2) 안전대책
　　① 경사지붕 단부에 추락방지용 안전난간 설치
　　② 안전대 부착설비를 설치하고 작업자로 하여금 안전대를 착용하고 작업 실시

출제연도 2010년 3회(9월 B형)

O3.
가이데릭을 이용하여 갱폼을 인양하는 작업 중이며 파이프는 철선으로 고정되어 있으며 버팀대는 각재 하나로 고정된 상태이다. 이와 같은 가이데릭 작업 시 위험요인 2가지를 쓰시오.

해답 ① 파이프의 아랫부분에만 철사로 고정시켜 무너질 위험이 있다.
② 버팀대가 미끄러져 사고의 위험이 있다.

보호장구 및 안전표지

Contents

출제분야	보호구
작업명	보호장구명 : 안전화

동영상 설명 물체의 낙하, 충격 또는 날카로운 물체에 의한 찔림 위험 등으로부터 발을 보호하기 위한 여러 가지 종류의 안전화를 보여주고 있다.

문제 가죽제 안전화의 완성품에 대한 시험성능기준 항목 4가지를 쓰시오.

➡해답 ① 내압박성   ② 내충격성
③ 박리저항   ④ 내답발성

문제 고무제 안전화를 보여주고 있다. 이 안전화를 착용해야 하는 사용 장소 4가지를 쓰시오.

➡해답 ① 일반작업장
② 탄화수소류의 윤활유 등을 취급하는 작업장
③ 무기산을 취급하는 작업장
④ 알카리를 취급하는 작업장
⑤ 무기산 및 알카리를 취급하는 작업장

출제분야	보호구
작업명	보호장구명 : 안전대

 안전대의 한 종류인 안전블록을 보여주고 있다.

 동영상에서 보여주고 있는 보호장구의 명칭과 정의를 쓰시오.

해답 1. 명칭 : 안전블록
2. 정의 : 안전그네와 연결하여 추락발생시 추락을 억제할 수 있는 자동잠김장치가 갖추어져 있고 죔줄이 자동적으로 수축되는 장치

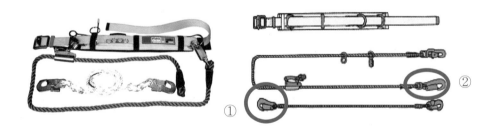

 안전대의 한 종류인 U자 걸이용 안전대를 보여주고 있다.

🏢 문제 화면에 보여주고 있는 안전대의 명칭과 등급을 쓰시오.

➡해답 U자 걸이용 안전대, 1종(2009년1월1일 이전)

종류	사용구분
벨트식	U자 걸이용
안전그네식	1개 걸이용
안전그네식	안전블록
	추락방지대

🏢 문제 화면에 보여주고 있는 안전대의 종류와 확대한 부분의 명칭을 쓰시오.

➡해답 종류 : U자 걸이용 안전대
확대한 부분의 명칭 : ① 훅, ② 보조훅

출제분야	보호구
작업명	보호장구명 : 방진마스크

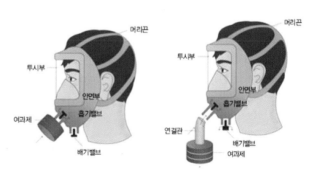

동영상 설명
분진, 미스트 또는 흄이 호흡기를 통하여 체내에 유입되는 것을 방지하기 위하여 사용되는 보호구인 방진마스크를 보여주고 있다.

문제 다음은 안면부여과식 방진마스크의 등급에 따른 포집효율의 기준이다. 빈칸을 채우시오.

형태 및 등급		염화나트륨(NaCl) 및 파라핀 오일(Paraffin oil) 시험(%)
안면부 여과식	특급	(①)
	1급	(②)
	2급	(③)

해답 ① 99.0 이상
② 94.0 이상
③ 80.0 이상

동영상 설명 석면을 해체하는 장면을 보여주고 있다.

문제 이와 같이 석면이 함유된 건축물을 해체하는 작업을 할 때 작업자가 일반 마스크를 착용하고 있다. 이때 석면이 체내에 침투할 수 있는 위험요인 및 석면이 체내에 침투하여 발생할 수 있는 질병의 종류 3가지를 쓰시오.

해답 (1) 위험요인
작업자가 방진마스크를 착용하지 않을 경우 석면분진이 체내로 흡입될 수 있다. 석면은 직경 $1\mu m$ 이하의 가는 섬유의 다발로 분리될 수 있는데 인체의 폐내부에 흡입되는 섬유크기는 직경 $3\mu m$ 이하이므로 석면의 경우 허파꽈리까지 용이하게 도달돼 체내에 축적될 수 있다.
(2) 질병
① 악성중피종　② 석면폐증　③ 폐암

출제분야	보호구
작업명	보호장구명 : 방독마스크

동영상 설명 작업자가 무색의 암모니아 냄새가 나는 수용성 액체인 유해물질 DMF(디메틸포름아미드) 취급 작업을 하고 있다.

문제 이와 같이 유해물질인 DMF를 취급할 때 착용해야 하는 보호구의 종류를 3가지 쓰시오.

➡해답 방독마스크, 불침투성 보호복, 유기화합물용 안전장갑

동영상 설명 작업자가 기계 주물에 페인트 도장작업을 실시하고 있다.

문제 이와 같은 작업을 할 때 착용하여야 할 보호장구의 종류 및 흡수제의 종류 2가지를 쓰시오.

해답 ① 보호장구 : 방독마스크
② 흡수제의 종류 : 활성탄, 알칼리제, 호프카라이트 등

[방독마스크의 정화통(흡수관)의 종류]

종류	대응독물	주성분
보통가스용	염소 및 할로겐류, 포스겐 유기 및 산성가스	활성탄 소다라임
산성가스용	염산, 할로겐화수소, 산, 탄산가스, 이산화질소, 산화질소	소다라임 알칼리제제
유기가스용	유기가스 및 증기, 이황화탄소	활성탄
일산화탄소용	일산화탄소	호프카라이트 방습제
암모니아용	암모니아	큐프라마이트
아황산용	아황산 및 황산 미스트	산화금속 알칼리제제
황화수소용	황화수소	금속염류 알칼리제제

출제분야	보호구
작업명	보호장구명 : 보안경

동영상설명 유해광선에 의한 시력장해의 우려가 있는 장소에서 근로자가 작업을 할 때 착용하여야 하는 차광 보안경을 보여주고 있다.

문제 위와 같은 보호구의 종류 4가지를 쓰시오.

➡해답 ① 자외선용
② 적외선용
③ 복합용
④ 용접용

문제 분진, 약품 등 비래하는 위험과 유해광선을 차단시켜 눈을 보호하기 위하여 착용하는 보안경의 종류 4가지를 쓰시오.

➡해답 ① 차광안경
② 유리보호안경
③ 플라스틱보호안경
④ 도수렌즈보호안경

출제분야	보호구
작업명	보호장구명 : 보호복, 보호장갑 등

 작업자가 보호구를 미착용한 상태로 도금 작업 중 도금 작업 중인 내용물을 꺼내어 확인하고 냄새를 맡는 장면을 보여주고 있다.

 이와 같은 작업을 할 때 작업자의 건강장해 예방을 위하여 착용하여야 할 보호구의 종류를 3가지 쓰시오.

➡해답 불침투성 보호복, 방독마스크, 보안경

 용접 시 발생하는 유해한 자외선, 강열한 가시광선 등으로부터 눈을 보호하고 열에 의한 화상 또는 용접 파편에 의한 위험으로부터 용접자의 안면, 머리부 등을 보호하기 위한 용접용 보안면을 보여주고 있다.

 용접용 보안면의 성능기준 항목을 5가지 쓰시오.

➡해답 ① 절연시험 ② 내식성
③ 굴절력 ④ 투과율
⑤ 시감투과율차이

 보안면의 채색투시부의 투과율(%) 기준을 차광도로 구분하여 쓰시오.

➡해답 노동부고시 제2004-49호(보호구 성능검정규정)에 따라

차광도	투과율(%T)
밝음	50±7
중간 밝기	23±4
어두움	14±4

※ 노동부고시 제2004-49호(보호구 성능검정규정)은 고용노동부고시 제2008-77호의 시행으로 폐지됨

| 출제분야 | 보호구 |
| 작업명 | 보호장구명 : 귀마개, 귀덮개 |

동영상 설명 화면에서 헤드폰처럼 생긴 모양의 귀덮개 및 귀마개를 보여주고 있다.

문제 동영상에서 보여주고 있는 귀마개의 종류 2가지를 쓰고 각각 그 기호 및 성능을 쓰시오.

등급	기호	성능
1종	EP-1	저음부터 고음까지 차음하는 것
2종	EP-2	주로 고음을 차음하고 저음(회화음영역)은 차음하지 않는 것

문제 동영상에서 보여주고 있는 귀마개 및 귀덮개의 기호를 쓰시오.

해답 귀마개 : EP-1, EP-2
귀덮개 : EM

문제 동영상에서 보여주고 있는 귀마개의 기호를 설명하시오.

해답 EP-1 : 저음부터 고음까지 차음하는 것
EP-2 : 주로 고음을 차음하고 저음(회화음영역)은 차음하지 않는 것

기출문제풀이

■ Industrial Engineer Industrial Safety

※ 아래 그림들은 실제 출제되는 동영상문제와 다를 수 있습니다.

출제연도	2008년 1회(4월)

①  ②   ③

06.
동영상에서 보여주고 있는 귀마개의 기호를 쓰시오.

➡해답 ① EP-1 : 저음부터 고음까지 차음
② EP-2 : 주로 고음을 차음
③ EM : 귀덮개

08.
화면에서 보여주고 있는 안전대의 명칭과 등급을 쓰시오.

➡해답 U자 걸이용 안전대, 1종(2009년 1월 1일 이전)

종류	사용구분
벨트식	U자 걸이용
안전그네식	1개 걸이용
안전그네식	안전블록
	추락방지대

출제연도 2008년 2회(7월)

○3.
작업자가 도금작업을 하던 중 내용물을 넣었다가 꺼내며 검사하는 장면을 보여주고 있다. 이러한 도금작업 시 필요한 보호구의 종류 2가지를 쓰시오.(고무장갑, 고무장화는 제외)

➡해답 불침투성 보호복, 방독마스크, 보안경

○9.
화면에서 보여주고 있는 안전대의 명칭과 등급을 쓰시오.

➡해답 U자 걸이용 안전대, 1종(2009년1월1일 이전)

종류	사용구분
벨트식	U자 걸이용
안전그네식	1개 걸이용
안전그네식	안전블록
	추락방지대

  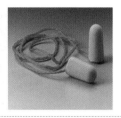

O6.
위의 사진은 소음이 발생되는 사업장에서 근로자의 청력을 보호하기 위하여 사용하는 방음보호구이다. 방음보호구의 등급에 따른 기호와 각각의 성능을 쓰시오.

➡해답

등급	기호	성능
1종	EP-1	저음부터 고음까지 차음하는 것
2종	EP-2	주로 고음을 차음하고 저음(회화음영역)은 차음하지 않는 것

O2.
유해광선에 의한 시력장해의 우려가 있는 장소에서 착용하여야 하는 보안경 사진을 보여준다. 이러한 보안경의 종류 4가지를 쓰시오.

➡해답 ① 자외선용
② 적외선용
③ 복합용
④ 용접용

출제연도   2009년 1회(4월 B형)

04.

도금작업장에서 작업자가 착용하는 고무제 안전화를 보여주고 있다. 고무제 안전화의 사용장소에 따른 종류를 4가지 쓰시오.

→해답 ① 내유용   ② 내산용
       ③ 내알칼리용   ④ 내산, 알칼리 겸용

출제연도   2009년 1회(4월 C형)

05.

석면이 함유된 건축물을 해체하는 장면을 보여주고 있다. 이때 작업자는 일반마스크를 착용하고 작업하고 있다. 이러한 상황에서 발생할 수 있는 건강장해의 종류와 그 이유를 쓰시오.

→해답 (1) 건강장해의 종류
       ① 악성중피종
       ② 석면폐증
       ③ 폐암
    (2) 이유
       석면취급작업을 하는 경우 방진마스크 및 신체를 완전히 감싸는 보호복을 입고 작업하여야 하나 작업자가 방진마스크 및 보호복를 착용하지 않았으므로 석면분진이 체내로 흡입될 수 있다.

○9.
안전대의 한 종류인 안전블록을 보여주고 있다. 화면에서 보여주고 있는 보호구의 명칭과 정의를 쓰시오.

➡해답 1. 명칭 : 안전블록
　　　 2. 정의 : 안전그네와 연결하여 추락발생시 추락을 억제할 수 있는 자동잠김장치가 갖추어져 있고 죔줄이 자동적으로 수축되는 장치

출제연도　 2009년 2회(7월 A형)

○9.
위의 사진은 소음이 발생되는 사업장에서 근로자의 청력을 보호하기 위하여 사용하는 방음보호구이다. 방음보호구의 등급에 따른 기호와 각각의 성능을 쓰시오.

➡해답

등급	기호	성능
1종	EP-1	저음부터 고음까지 차음하는 것
2종	EP-2	주로 고음을 차음하고 저음(회화음영역)은 차음하지 않는 것

 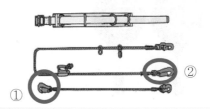

01.

추락방지용 보호장구의 한 종류를 보여주고 있다. 화면에서 보여주고 있는 보호장구의 종류와 명칭 및 확대한 부분의 명칭을 쓰시오.

⟹**해답** 종류 : U자 걸이용 안전대
확대한 부분의 명칭 : ① 훅, ② 보조훅

01.

작업자가 보호구를 미착용한 상태로 도금 작업 중 도금 작업 중인 내용물을 꺼내어 확인하고 냄새를 맡는 장면을 보여주고 있다. 이때 작업자의 건강장해 예방을 위하여 착용하여야 할 보호구의 종류 3가지를 쓰시오.

⟹**해답** 불침투성 보호복, 방독마스크, 보안경

07.
위의 화면에서 보여주고 있는 보호구의 명칭과 기호를 쓰시오.

▶**해답** ① 보호구의 명칭 : 귀덮개
② 기호 : EM

출제연도   2009년 3회(9월 B형)

04.
작업자가 기계 주물에 페인트 도장작업을 실시하고 있는 장면을 보여주고 있다. 이 때 작업자가 착용하여야 할 보호장구의 명칭과 흡수제의 종류 2가지를 쓰시오.

▶**해답** ① 보호장구 : 방독마스크
② 흡수제의 종류 : 활성탄, 알칼리제, 호프카라이트 등

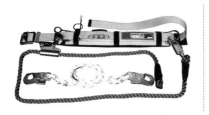

07.
화면에서 보여주고 있는 보호구의 명칭을 쓰시오.

➡**해답** U자 걸이용 안전대

출제연도 | 2009년 3회(9월 C형)

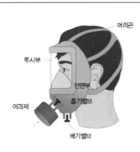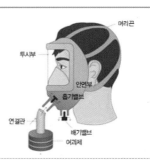

07.
분진, 미스트 또는 흄이 호흡기를 통하여 체내에 유입되는 것을 방지하기 위하여 사용되는 보호구인 방진마스크를 보여주고 있다. 다음은 안면부여과식 방진마스크의 등급에 따른 포집 효율의 기준이다. 빈칸을 채우시오.

형태 및 등급		염화나트륨(NaCl) 및 파라핀 오일(Paraffin oil) 시험(%)
안면부 여과식	특급	(①)
	1급	(②)
	2급	(③)

➡**해답** ① 99.0 이상 ② 94.0 이상 ③ 80.0 이상

09.

작업자가 무색의 암모니아 냄새가 나는 수용성 액체인 유해물질인 DMF 취급작업을 하고 있다. 이 때 작업자가 착용하여야 할 보호장구 3가지를 쓰시오.

➡️**해답** 방독마스크, 불침투성 보호복, 유기화합물용 안전장갑

출제연도 2010년 1회(4월 A형)

04.

용접 시 발생하는 유해한 자외선, 강열한 가시광선 등으로부터 눈을 보호하고 열에 의한 화상 또는 용접 파편에 의한 위험으로부터 용접자의 안면, 머리부 등을 보호하기 위한 용접용 보안면을 보여주고 있다. 보안면의 채색투시부의 투과율(%) 기준을 차광도로 구분하여 쓰시오.

➡️**해답** 고용노동부고시 제2004-49호(보호구 성능검정규정)에 따라

차광도	투과율(%T)
밝음	50±7
중간 밝기	23±4
어두움	14±4

※ 고용노동부고시 제2004-49호(보호구 성능검정규정)은 고용노동부고시 제2008-77호의 시행으로 폐지됨

출제연도 2010년 1회(4월 B형)

03.

위의 사진은 소음이 발생되는 사업장에서 근로자의 청력을 보호하기 위하여 사용하는 방음보호구이다. 방음보호구의 등급에 따른 기호와 각각의 성능을 쓰시오.

해답

등급	기호	성능
1종	EP-1	저음부터 고음까지 차음하는 것
2종	EP-2	주로 고음을 차음하고 저음(회화음영역)은 차음하지 않는 것

출제연도 2010년 1회(4월 C형)

07.

안전화의 한 종류를 보여주고 있다. 이러한 안전화의 사용 장소에 따른 구분 3가지를 쓰시오.

해답 ① 내유용
② 내산용
③ 내알칼리용

출제연도 2010년 2회(7월 A형)

○4.

위의 사진은 분진, 약품 등이 비래하는 위험과 유해광선을 차단시켜 눈을 보호하기 위하여 착용하는 보안경의 한 종류이다. 이러한 보안경의 종류 4가지를 쓰시오.

➡해답 ① 차광안경

② 유리보호안경

③ 플라스틱보호안경

④ 도수렌즈보호안경

○7.

작업자가 폐수처리조에서 슬러지 제거 작업을 하고 있다. 이와 같은 장소에 작업자가 들어갈 때 필요한 호흡용 보호구 2가지를 쓰시오.

➡해답 ① 송기마스크

② 공기호흡기

01.

석면을 해체하는 장면을 보여주고 있다. 이와 같이 석면이 함유된 건축물을 해체하는 작업을 할 때 작업자가 일반 마스크를 착용하고 있다. 이때 석면이 체내에 침투할 수 있는 위험요인 및 석면이 체내에 침투하여 발생할 수 있는 질병의 종류 3가지를 쓰시오.

➡해답 (1) 위험요인
　　　작업자가 방진마스크를 착용하지 않을 경우 석면분진이 체내로 흡입될 수 있다. 석면은 직경 $1\mu m$ 이하의 가는 섬유의 다발로 분리될 수 있는데 인체의 폐내부에 흡입되는 섬유크기는 직경 $3\mu m$ 이하이므로 석면의 경우 허파꽈리까지 용이하게 도달돼 체내에 축적될 수 있다.
　　(2) 질병
　　　① 악성중피종
　　　② 석면폐증
　　　③ 폐암

03.

물체의 낙하, 충격 또는 날카로운 물체에 의한 찔림 위험 등으로부터 발을 보호하기 위한 여러 가지 종류의 안전화를 보여주고 있다. 이러한 가죽제 안전화의 완성품에 대한 시험성능기준 항목 4가지를 쓰시오.

➡해답 ① 내압박성　　② 내충격성
　　　③ 박리저항　　④ 내답발성

출제연도 2010년 2회(7월 C형)

09.

화면에서 고무제 안전화를 보여주고 있다. 이 안전화를 착용해야 하는 사용 장소 4가지를 쓰시오.

➡해답 ① 일반작업장
② 탄화수소류의 윤활유 등을 취급하는 작업장
③ 무기산을 취급하는 작업장
④ 알카리를 취급하는 작업장
⑤ 무기산 및 알카리를 취급하는 작업장

출제연도 2010년 3회(9월 A형)

 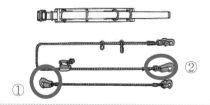

09.

추락방지용 보호장구의 한 종류를 보여주고 있다. 화면에서 보여주고 있는 보호장구의 종류와 명칭 및 확대한 부분의 명칭을 쓰시오.

➡해답 종류 : U자 걸이용 안전대
확대한 부분의 명칭 : ① 훅, ② 보조훅

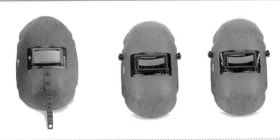

05.
용접 시 발생하는 유해한 자외선, 강열한 가시광선 등으로부터 눈을 보호하고 열에 의한 화상 또는 용접 파편에 의한 위험으로부터 용접자의 안면, 머리부 등을 보호하기 위한 용접용 보안면을 보여주고 있다. 이러한 용접용 보안면의 성능기준 항목 5가지를 쓰시오.

➡해답 ① 절연시험
② 내식성
③ 굴절력
④ 투과율
⑤ 시감투과율차이

부록

Contents

산업안전산업기사 1회(4월 A형)

01.

동영상은 건설용 리프트를 보여주고 있다. 건설용 리프트의 방호장치를 쓰시오.

➡️해답 권과방지장치, 과부하방지장치, 비상정지장치〈안전보건규칙 제151조〉

02.

작업자가 철골보 위에서 철골작업을 하고 있다. 이와 같은 철골작업 시 작업을 중지해야 하는 기상조건 3가지를 쓰시오.

➡️해답 ① 풍속이 초당 10m 이상인 경우
② 강우량이 시간당 1mm 이상인 경우
③ 강설량이 시간당 1cm 이상인 경우

03.

동영상은 원심기 수리작업 도중에 발생한 재해사례이다. 동영상을 참고하여 원심기 점검 중 재해발생원인 및 안전대책을 쓰시오.

➡️해답 1. 재해발생원인 : 감전
2. 안전대책
① 정전작업 실시
② 감전방지용 누전차단기 설치
③ 전문 수리업체에 수리 의뢰

04.

용접 시 발생하는 유해한 자외선, 강열한 가시광선 등으로부터 눈을 보호하고 열에 의한 화상 또는 용접 파편에 의한 위험으로부터 용접자의 안면, 머리부 등을 보호하기 위한 용접용 보안면을 보여주고 있다. 보안면의 채색투시부의 투과율(%) 기준을 차광도로 구분하여 쓰시오.

해답 고용노동부고시 제2004-49호(보호구 성능검정규정)에 따라

차광도	투과율(%T)
밝음	50±7
중간 밝기	23±4
어두움	14±4

※ 고용노동부고시 제2004-49호(보호구 성능검정규정)은 고용노동부고시 제2008-77호의 시행으로 폐지됨

05.

작업자가 형강을 들어 올려 와이어로프를 빼내는 작업 중에 와이어로프에 얻어맞는 재해가 발생하였다. 이때 가해물과 안전 작업방법 2가지를 쓰시오.

해답 (1) 가해물 : 와이어로프
　　　(2) 안전 인양방법
　　　　① 지렛대를 와이어로프가 물려있는 형강사이에 넣어 형강이 무너져 내리지 않을 정도로 들어 올린 상태에서 와이어로프를 빼낸다.
　　　　② 와이어로프 빼기 작업은 1인으로 부적합하므로 2인 이상이 지렛대를 동시에 넣어 형강을 들어올린 상태에서 와이어로프를 빼낸다.

06.

동영상에서 작업자는 사출성형기를 점검하다 재해가 발생하였다. 재해형태와 재해를 방지하기 위한 방호장치를 쓰시오.

해답 1. 재해형태 : 협착.
　　　2. 방호장치 : 게이트가드 또는 양수조작식〈안전보건규칙 제121조〉

07.

작업자가 전신주에 이동식 사다리를 설치하고 작업하는 도중 작업자가 넘어지는 장면이다. 이런 사고를 예방하기 위한 대책을 쓰시오.

➡해답 ① 안전수칙 미준수(작업자세 및 상태불량 등) : 작업자 흡연 등
② 감전 위험
③ 추락 위험 : 작업발판
④ 낙하·비래 위험 : COS 고정상태 불량

08.

화면은 교류아크용접작업 및 관련 재해가 발생한 동영상이다. 교류아크용접기를 사용하여 작업을 하기전 점검해야 할 사항을 쓰시오.

➡해답 ① 자동전격방지기 설치 상태 및 정상작동 유무 확인
② 차광보호구, 절연장갑, 안전화, 방독마스크 등 보호구 착용

09.

동영상은 밀폐된 공간에서 외부에는 배기장치가 보이고 외부의 근로자가 지나가다 발로 쳐서 전원공급이 중단된 후 그라인더 작업자가 의식을 잃고 쓰러지는 장면을 보여주고 있다. 산소결핍장소의 안전수칙을 쓰시오.

➡해답 1. 작업 전 산소 및 유해가스 농도 측정 후 작업
2. 산소농도가 18% 미만일 때는 환기를 시키고, 작업 중에도 계속 환기
3. 가능한 급배기를 동시에 실시하고, 환기를 실시할 수 없거나 산소결핍장소에서 작업할 때에는 공기공급식 호흡용 보호구를 착용한다.

산업안전산업기사 1회(4월 B형)

01.

동영상은 크레인 작업을 보여주고 있다. 크레인 방호장치와 안전검사 주기를 쓰시오.

➡해답 1. 방호장치 : 과부하방지장치·권과방지(卷過防止)장치·비상정지장치 및 제동장치〈안전보건규칙 제134조〉
2. 안전검사 주기 : 최초 설치후 3년, 그 이후부터는 매 2년마다 안전검사 실시

O2.

NATM 공법에 의한 터널공사가 진행되고 있다. 이러한 터널 굴착작업 시 공사의 안전성 및 설계의
타당성 판단 등을 확인하기 위해 실시하는 계측의 종류를 3가지만 쓰시오.

➡해답 ① 내공변위 측정
② 천단침하 측정
③ 지표면침하 측정
④ 지중변위 측정
⑤ Rock Bolt 축력 측정
⑥ 숏크리트 응력 측정

O3.

위의 사진은 소음이 발생되는 사업장에서 근로자의 청력을 보호하기 위하여 사용하는 방음보호구이
다. 방음보호구의 등급에 따른 기호와 각각의 성능을 쓰시오.

➡해답

등급	기호	성능
1종	EP-1	저음부터 고음까지 차음하는 것
2종	EP-2	주로 고음을 차음하고 저음(회화음영역)은 차음하지 않는 것

O4.

동영상은 작업자가 유해한 화학물질을 아무런 보호구 없이 맨손으로 취급하는 장면을 보여주고 있다.
유해물질이 흡수되는 경로를 모두 쓰시오.

➡해답 1. 피부(점막)   2. 호흡기   3. 소화기

05.

동영상은 인화성 물질이 담긴 용기가 파열되어 폭발, 화재가 발생하는 장면을 보여주고 있다. 위와 같은 폭발 형태의 명칭과 정의를 쓰시오.

➡해답 1. 증기운 폭발(UVCE)
   2. 가압상태의 저장용기 내부의 가연성 액체가 대기 중에 유출되어 순간적으로 기화가 일어나 점화원에 의해 일어나는 폭발

06.

프레스가 나오고 급정지기구가 설치되지 않았다. 이때 방호조치 4가지를 쓰시오.

➡해답 손쳐내기식, 수인식, 양수기동식, 게이트가드식

07.

항타기·항발기가 작업 중이며 인근에 고압 가공전선이 있다. 이와 같이 고압전선로 인근에서 항타기·항발기 작업 시 안전작업수칙을 3가지 쓰시오.

➡해답 ① (이격거리 확보) 차량 등을 충전부로부터 300[cm] 이상 이격시키되, 대지전압이 50[kV]를 넘는 경우에는 10[kV]가 증가할 때마다 이격거리 를 10[cm]씩 증가시킨다.
   ② (절연용 방호구 설치) 절연용 방호구 등을 설치한 경우에는 이격거리를 절연용 방호구 앞면까지로 할 수 있다.
   ③ (울타리 설치 또는 감시인 배치) 울타리를 설치하거나 감시인 배치 등의 조치를 하여야 한다.
   ④ (접지점 관리 철저) 접지된 차량 등이 충전전로와 접촉할 우려가 있는 경우에는 근로자가 접지점에 접촉되지 않도록 조치하여야 한다.

08.

동영상은 모터 수리작업 도중에 발생한 재해사례이다. 동영상을 참고하여 재해발생 원인을 쓰시오.

➡해답 1. 재해발생원인 : 감전
   2. 감전사고의 원인
      ① 정전작업 미실시(전원을 차단하지 않고 작업 실시)
      ② 감전방지용 누전차단기 미실시
      ③ 전문 수리업체에 미의뢰

09.

동영상은 MCCB패널 점검 중 사고사례이다. 개폐기에는 통전중이라는 표지가 붙어 있고 작업자가 개폐기 문을 열어 전원을 차단하고 문을 닫은 후 다른 곳 패널에서 면장갑을 착용하고 작업하려다 쓰러진 상황이다. 재해예방대책을 쓰시오.

➡해답 ① 전로의 개로개폐기에 시건장치 및 통전금지 표지판 부착
② 작업 전 신호체계 확립 및 작업지휘자에 의한 작업지휘
③ 차단기에 회로구분 표찰 부착에 의한 오조작 방지 등

산업안전산업기사 1회(4월 C형)

01.

경사용 컨베이어 벨트에서 하역작업 중 위험을(동영상은 컨베이어 위에 올라가 있는 작업자의 발이 아슬아슬한 모습을 잡아줌) 방지하기 위한 방호장치 3가지를 쓰시오.

➡해답 1. 비상정지장치 설치   2. 덮개 또는 울 설치
3. 건널다리 설치   4. 역전방지장치 설치

02.

작업자가 보호 장구를 착용하지 않고 작업을 하던 중 재해가 발생하였다. 이때 불안전한 행동 2가지를 쓰시오.

➡해답 ① 맨손으로 작업을 하였다.
② 작업발판을 설치하지 않았다.

03.

동영상은 작업자가 목재가공용 둥근톱기계를 이용하여 작업하고 있다. 이 때 필요한 방호장치 2가지를 쓰시오.

➡해답 반발예방장치, 톱날접촉예방장치

04.
도금작업장에 국소배기장치가 설치된 모습을 보여주고 있다. 국소배기장치 후드의 설치기준을 설명하시오.

➡해답 1. 유해물질이 발생하는 곳마다 설치
2. 유해인자 발생형태, 비중, 작업방법 등을 고려하여 해당 분진 등의 발산원을 제어할 수 있는 구조일 것
3. 후드 형식은 가능한 포위식 또는 부스식 후드를 설치할 것
4. 외부식 또는 리시버식 후드를 설치할 때에는 유기용제 증기 또는 해당 분진 등의 발산원에 가장 가까운 위치에 설치할 것
5. 후드의 개구면적을 크게 하지 않을 것

05.
작업자가 창틀에서 창호설치작업을 하던 중 추락하는 재해가 발생하였다. 이때 재해발생 원인 3가지를 쓰시오.

➡해답 ① 안전대 부착설비 미설치
② 안전대 미착용
③ 추락방지용 안전방망 미설치

06.
건물 해체작업이 진행되고 있다. 건물 해체작업 시 해체작업 계획에 포함되어야 하는 사항 3가지를 쓰시오.

➡해답 ① 해체의 방법 및 해체순서 도면
② 가설설비, 방호설비, 환기설비 및 살수·방화설비 등의 방법
③ 사업장 내 연락방법
④ 해체물의 처분계획
⑤ 해체작업용 기계·기구 등의 작업계획서
⑥ 해체작업용 화약류 등의 사용계획서

07.
안전화의 한 종류를 보여주고 있다. 이러한 안전화의 사용 장소에 따른 구분 3가지를 쓰시오.

➡해답 ① 내유용
② 내산용
③ 내알칼리용

08.

작업자가 화학물질을 취급하고 있는 동영상이다. 유해물질의 제조·수입·운반·저장·취급시 근로자가 볼 수 있는 장소에 게시 또는 비치하여야 할 사항을 3가지 쓰시오.

➡해답 MSDS 작성 내용
① 제품명
② 물질안전보건자료대상물질을 구성하는 화학물질 중 제104조에 따른 분류기준에 해당하는 화학물질의 명칭 및 함유량
③ 안전 및 보건상의 취급 주의사항
④ 건강 및 환경에 대한 유해성, 물리적 위험성
⑤ 물리·화학적 특성 등 고용노동부령으로 정하는 사항(시행규칙 제156조의2)

09.

화면은 배전반(분전반) 내부 전기작업 및 관련 재해 동영상이다. 동영상은 MCCB패널 차단기 전원을 투입하여 재해가 발생한 장면이다. 안전대책을 쓰시오.

➡해답 ① 전로의 개로개폐기에 시건장치 및 통전금지 표지판 부착
② 작업 전 신호체계 확립 및 작업지휘자에 의한 작업지휘
③ 차단기에 회로구분 표찰 부착에 의한 오조작 방지 등

산업안전산업기사 2회(7월 A형)

01.

작업자가 창틀에서 작업 중 옆의 창틀로 이동하다가 실족하여 지상 바닥으로 추락하는 재해가 발생하였다. 이때 재해분석을 하시오.

➡해답 (1) 재해형태 : 추락
(2) 기인물 : 창틀
(3) 가해물 : 지상바닥
(4) 발생원인
① 안전대 부착설비 미설치
② 안전대 미착용
③ 추락방지용 안전방망 미설치

O2.
화면은 단무지가 있고 무릎정도 물이 차있는 상태에서 펌프를 작동과 동시에 감전재해가 발생하는 동영상이다. 재해방지대책 3가지를 쓰시오.

➡해답 ① 사용 전 수중 펌프와 전선 등의 절연 상태 점검(절연저항 측정 등)
② 감전방지용 누전차단기 설치
③ 수중 모터 외함 접지상태 확인

O3.
작동중인 컨베이어 작업 중 작업자가 손을 올려놓음과 동시에 기계에 손이 말려들어가는 장면을 보여주고 있다. 위험점과 정의를 쓰시오.

➡해답 1. 위험점 : 물림점(Nip Point)
2. 위험점의 정의 : 두 개의 회전체 사이에 신체가 물리는 위험점 형성

O4.
위의 사진은 분진, 약품 등이 비래하는 위험과 유해광선을 차단시켜 눈을 보호하기 위하여 착용하는 보안경의 한 종류이다. 이러한 보안경의 종류 4가지를 쓰시오.

➡해답 ① 차광안경
② 유리보호안경
③ 플라스틱보호안경
④ 도수렌즈보호안경

O5.
화면은 전신주의 형강을 교체하고 있는 동영상이다. 화면의 전기형강작업 중 위험요인(결여사항) 3가지를 기술하시오.

➡해답 ① 안전수칙 미준수(작업자세 및 상태불량 등) : 작업자 흡연 등
② 감전위험
③ 추락위험 : 작업발판
④ 낙하 · 비래위험 : COS 고정상태 불량

06.

항타기·항발기가 작업 중이며 인근에 고압 가공전선이 있다. 이와 같이 고압전선로 인근에서 항타기·항발기 작업 시 안전작업수칙을 3가지 쓰시오.

해답 ① (이격거리 확보) 차량 등을 충전부로부터 300[cm] 이상 이격시키되, 대지전압이 50[kV]를 넘는 경우에는 10[kV]가 증가할 때마다 이격거리 를 10[cm]씩 증가시킨다.
② (절연용 방호구 설치) 절연용 방호구 등을 설치한 경우에는 이격거리를 절연용 방호구 앞면까지로 할 수 있다.
③ (울타리 설치 또는 감시인 배치) 울타리를 설치하거나 감시인 배치 등의 조치를 하여야 한다.
④ (접지점 관리 철저) 접지된 차량 등이 충전전로와 접촉할 우려가 있는 경우에는 근로자가 접지점에 접촉되지 않도록 조치하여야 한다.

07.

작업자가 폐수처리조에서 슬러지 제거 작업을 하고 있다. 이와 같은 장소에 작업자가 들어갈 때 필요한 호흡용 보호구 2가지를 쓰시오.

해답 ① 송기마스크
② 공기호흡기

08.

동영상은 작업자들이 화학설비의 내부를 점검하는 모습을 보여주고 있다. 화학설비 내부의 이상상태를 조기에 파악하기 위하여 설치해야 할 장치를 3가지 쓰시오.

해답 온도계·유량계·압력계

09.

동영상상은 작업자가 정전작업을 하고 있는 장면을 보여주고 있다. 정전작업시 안전조치사항에 대하여 쓰시오.

해답

정전전로에서의 전기작업(안전보건규칙 제319조)

① 사업주는 근로자가 노출된 충전부 또는 그 부근에서 작업함으로써 감전될 우려가 있는 경우에는 작업에 들어가기 전에 해당 전로를 차단하여야 한다. 다만, 다음 각 호의 경우에는 그러하지 아니하다.
1. 생명유지장치, 비상경보설비, 폭발위험장소의 환기설비, 비상조명설비 등의 장치·설비의 가동이 중지되어 사고의 위험이 증가되는 경우
2. 기기의 설계상 또는 작동상 제한으로 전로차단이 불가능한 경우
3. 감전, 아크 등으로 인한 화상, 화재·폭발의 위험이 없는 것으로 확인된 경우

② 제1항의 전로 차단은 다음 각 호의 절차에 따라 시행하여야 한다.
  1. 전기기기등에 공급되는 모든 전원을 관련 도면, 배선도 등으로 확인할 것
  2. 전원을 차단한 후 각 단로기 등을 개방하고 확인할 것
  3. 차단장치나 단로기 등에 잠금장치 및 꼬리표를 부착할 것
  4. 개로된 전로에서 유도전압 또는 전기에너지가 축적되어 근로자에게 전기위험을 끼칠 수 있는 전기기기등은 접촉하기 전에 잔류전하를 완전히 방전시킬 것
  5. 검전기를 이용하여 작업 대상 기기가 충전되었는지를 확인할 것
  6. 전기기기등이 다른 노출 충전부와의 접촉, 유도 또는 예비동력원의 역송전 등으로 전압이 발생할 우려가 있는 경우에는 충분한 용량을 가진 단락 접지기구를 이용하여 접지할 것
③ 사업주는 제1항 각 호 외의 부분 본문에 따른 작업 중 또는 작업을 마친 후 전원을 공급하는 경우에는 작업에 종사하는 근로자 또는 그 인근에서 작업하거나 정전된 전기기기등(고정 설치된 것으로 한정한다)과 접촉할 우려가 있는 근로자에게 감전의 위험이 없도록 다음 각 호의 사항을 준수하여야 한다.
  1. 작업기구, 단락 접지기구 등을 제거하고 전기기기등이 안전하게 통전될 수 있는지를 확인할 것
  2. 모든 작업자가 작업이 완료된 전기기기등에서 떨어져 있는지를 확인할 것
  3. 잠금장치와 꼬리표는 설치한 근로자가 직접 철거할 것
  4. 모든 이상 유무를 확인한 후 전기기기등의 전원을 투입할 것

산업안전산업기사 2회(7월 B형)

01.

석면을 해체하는 장면을 보여주고 있다. 이와 같이 석면이 함유된 건축물을 해체하는 작업을 할 때 작업자가 일반 마스크를 착용하고 있다. 이때 석면이 체내에 침투할 수 있는 위험요인 및 석면이 체내에 침투하여 발생할 수 있는 질병의 종류 3가지를 쓰시오.

해답 (1) 위험요인

작업자가 방진마스크를 착용하지 않을 경우 석면분진이 체내로 흡입될 수 있다. 석면은 직경 $1\mu m$ 이하의 가는 섬유의 다발로 분리될 수 있는데 인체의 폐내부에 흡입되는 섬유크기는 직경 $3\mu m$ 이하이므로 석면의 경우 허파꽈리까지 용이하게 도달돼 체내에 축적될 수 있다.

(2) 질병
  ① 악성중피종
  ② 석면폐증
  ③ 폐암

O2.

터널굴착을 위해 발파작업이 이루어지고 있다. 이러한 발파작업 시 사용하는 발파공의 충진재료로 적당한 것은?

➡해답 점토·모래 등 발화성 또는 인화성의 위험이 없는 재료

O3.

물체의 낙하, 충격 또는 날카로운 물체에 의한 찔림 위험 등으로부터 발을 보호하기 위한 여러 가지 종류의 안전화를 보여주고 있다. 이러한 가죽제 안전화의 완성품에 대한 시험성능기준 항목 4가지를 쓰시오.

➡해답 ① 내압박성   ② 내충격성
        ③ 박리저항   ④ 내답발성

O4.

동영상은 시멘트 포대를 컨베이어 이송작업중에 작업자가 시멘트 포대에 걸려 넘어지는 장면을 보여주고 있다. 불안전한 작업방법을 2가지 쓰시오.

➡해답 1. 컨베이어 풀리 위에서 작업하고 있다.
        2. 보호구를 착용하지 않았다.
        3. 비상정지장치를 설치하지 않았다.
        4. 덮개 또는 울 등을 설치하지 않았다.

O5.

화면은 도로상 가설전선 점검작업 중 발생한 재해사례이다.(작업자 절연장갑 미착용 및 활선상태 동영상) 이 영상을 참고하여 감전사고 예방대책 3가지를 쓰시오.

➡해답 ① 개인보호구(절연장갑) 착용
        ② 정전작업 실시
        ③ 감전방지용 누전차단기 설치
        ④ 해당 전선의 절연성능 이상으로 전선접속부 절연조치

06.
이동식 크레인을 사용하여 작업을 진행하고 있다. 이동식 크레인을 사용하여 작업을 시작하기 전에 점검해야 할 사항 3가지를 쓰시오.

해답 ① 권과방지장치 그 밖의 경보장치의 기능
② 브레이크·클러치 및 조정장치의 기능
③ 와이어로프가 통하고 있는 곳 및 작업장소의 지반상태

07.
동영상은 LPG가스 용기가 보관되어 있는 장소를 보여주고 있다. 가스용기 저장소로 부적합한 곳을 쓰시오.

해답 1. 통기 및 환풍이 잘 되지 않는 장소
2. 위험물, 화약류 및 가연성물질을 저장하는 장소 또는 그 부근
3. 화기류를 사용하는 장소나 그 부근

08.
화면은 작업자가 보호구를 착용하지 않은 채 교류아크용접기를 사용하다가 감전을 당하는 장면을 보여주고 있다. 기인물과 필요한 보호구를 쓰시오.

해답 1. 기인물 : 교류아크용접기
2. 보호구

재해의 구분		보호구
눈	아크에 의한 장애 (가시광선, 적외선, 자외선)	차광보호구(보호안경과 보호면)
피부	감전 및 화상	가죽제품의 장갑, 앞치마, 각반, 안전화
용접 흄 및 가스(CO_2, H_2O)		방진마스크, 방독마스크, 송기마스크

09.

V벨트 교체작업시 작업안전수칙에 대하여 3가지를 기술하시오. 이 영상에서 발생된 사고는 기계설비의 위험점 중 어느 것에 해당하는가?

해답 1. 작업안전수칙 3가지
　　　① 작업시작 전(V벨트 교체 작업 전) 전원을 차단한다.
　　　② V벨트 교체작업은 천대 장치를 사용한다.
　　　③ 보수작업 중이라는 작업 중의 안내 표지를 부착하고 실시한다.
　　2. 위험점 : 접선 물림점

산업안전산업기사 2회(7월 C형)

01.

동영상은 물건을 줄로 매달아 올리다 물건이 떨어져서 작업하고 있는 사람이 다친 장면을 보여주고 있다. 이 사고의 종류를 쓰고 간단히 정의하여 쓰시오.

해답 1. 발생형태 : 낙하 · 비래
　　2. 정의 : 물체가 위에서 떨어지거나, 다른 곳으로부터 날아와 작업자가 맞음으로써 발생하는 재해

02.

동영상은 MCCB패널 점검 중 사고사례이다. 개폐기에는 통전중이라는 표지가 붙여 있고 작업자가 개폐기 문을 열어 전원을 차단하고 문을 닫은 후 다른 곳 패널에서 면장갑을 착용하고 작업하려다 쓰러진 상황이다. 재해예방대책을 쓰시오.

해답 ① 전로의 개로개폐기에 시건장치 및 통전금지 표지판 부착
　　② 작업 전 신호체계 확립 및 작업지휘자에 의한 작업지휘
　　③ 차단기에 회로구분 표찰 부착에 의한 오조작 방지 등

03.

작업자가 교량하부에서 점검 작업을 하던 중 추락하는 재해가 발생하였다. 이때 재해발생원인 3가지를 쓰시오.

➡해답 ① 작업발판 미설치 및 안전난간 미설치
② 안전대 부착설비 미설치 및 안전대 미착용
③ 추락방지용 안전방망 미설치

04.

동영상은 작업자가 가동 중인 컨베이어 상부의 모서리 부위를 딛고 전등을 교체하다 바닥 아래로 떨어지는 장면을 보여주고 있다. 이 사고에서 위험점을 적으시오.

➡해답 1. 작업자가 딛고 선 발판이 불안정하여 추락위험이 있다.
2. 전등을 교체하기 전 전원을 차단하지 않아서 감전위험이 있다.
3. 컨베이어 전원을 차단하지 않아서 전도 위험이 있다.

05.

동영상은 페인트 통이 있는 곳에서 용접자가 큰 배관을 회전되는 장치에 올려놓고 용접자가 용접을 하면서 스스로 스위치를 동작시켜 배관을 용접량 길이만큼 돌려가면서 용접하는 장면이다. 이 동영상에서 위험점을 쓰시오.

➡해답 1. 단독 작업으로 양손을 사용하고 있어 위험이 내포되어 있다.
2. 용접 작업장 주위에 인화성 물질이 방치되어 있어 폭발의 위험이 있다.

06.

동영상에서는 폭발성 물질 취급 장소 입구에서 작업자가 고무장화 바닥에 물을 묻히고 들어가 흰색 가루 성분의 물질을 취급하는 도중 가루를 바닥에 조금씩 떨어뜨린 가루로 인이 폭발이 일어나는 상황을 보여주고 있다. 물을 묻히는 이유와 폭발이 일어났을 경우 소화방법에 대해서 쓰시오.

➡해답 1. 인체에 대전된 정전기는 점화원으로 작용할 수 있으므로, 대전된 정전기를 땅으로 흘려보내기 위해서 신발과 바닥면 사이의 저항을 최소화하기 위함
2. 다량 주수에 의한 냉각소화

07.

작업자가 연삭작업중에 사고가 발생하였다. 이 사고에서 기인물과 설치해야 하는 판을 쓰시오.

➡해답 1. 기인물 : 연삭기
　　　2. 장치명 : 투명한 비산 방지판

08.

동영상은 작업자(안전모를 착용하지 않음)가 금형을 크레인에 줄걸이로 매달고 오른손으로는 줄걸이, 왼손으로는 리모컨을 잡고 크레인을 움직여 이동시키다 작업자가 스스로 넘어진 상황을 보여주고 있다. 이 사고에서의 위험점 3가지를 쓰시오.

➡해답 1. 안전모를 착용하지 않았다.
　　　2. 양손을 동시에 사용하고 있어 위험이 내포되어 있다.
　　　3. 권상중인 하물이 작업자 위로 지나가서는 안된다.
　　　4. 작업자와 금형이 충돌 위험이 있다.

09.

화면에서 고무제 안전화를 보여주고 있다. 이 안전화를 착용해야 하는 사용 장소 4가지를 쓰시오.

➡해답 ① 일반작업장
　　　② 탄화수소류의 윤활유 등을 취급하는 작업장
　　　③ 무기산을 취급하는 작업장
　　　④ 알카리를 취급하는 작업장
　　　⑤ 무기산 및 알카리를 취급하는 작업장

산업안전산업기사 3회(9월 A형)

01.

작업자가 크롬 도금 작업장에서 도금작업을 하는 장면을 보여주는 동영상이다. 크롬 화합물이 체내에 유입될 수 있는 경로는 무엇인가?

➡해답 호흡기, 소화기, 피부점막

02.

작업자가 박공지붕 위에서 마감작업을 하던 중 추락하는 재해이다. 이 때 위험요인 및 안전대책을 2가지씩 쓰시오.

해답 (1) 위험요인
　　　 ① 경사지붕 단부에 추락방지용 안전난간 미설치
　　　 ② 안전대 부착설비 미설치 및 근로자 안전대 미착용
　 (2) 안전대책
　　　 ① 경사지붕 단부에 추락방지용 안전난간 설치
　　　 ② 안전대 부착설비를 설치하고 작업자로 하여금 안전대를 착용하고 작업 실시

03.

동영상은 고압변전설비 부근에서 공놀이를 하다가 공이 울타리 안쪽에 위치한 변압기 상단의 충전부에 떨어져 공을 꺼내려던 중 감전당하는 장면이다. 이 재해를 방지하기 위한 방법을 쓰시오.

해답 ① 전기시설물(고압변전설비) 주위 공놀이 금지
　　 ② 변전설비에 관계근로자 외의 자의 출입이 금지되도록 잠금장치를 하고 위험표시 등의 방법으로 방호를 강화할 것
　　 ③ 전기의 위험성에 대한 안전교육 실시
　　 ④ 유자격자에 의한 변압기 상단의 공 제거(전원 차단 후)

04.

인쇄용 롤러를 청소하는 중 재해가 발생하였다. 작업 중에 발생한 재해에서 핵심위험요인 2가지를 쓰시오.

해답 1. 전원을 차단하여 롤러기를 정지시키지 않은 상태에서 청소를 하고 있어 롤러에 말려들어 간다.
　　 2. 방호장치가 없어 회전하는 롤러에 걸레의 윗부분이 넣어져서 손이 말려들어 간다.
　　 3. 회전 중인 롤러에 물려 들어가는 쪽을 직접 손으로 눌러서 닦고 있어 걸레와 함께 손이 물려 들어가게 된다.
　　 4. 체중을 걸쳐 닦고 있어서 말려들어가게 됨(서서 청소하여야 함)

05.
작업자가 화학물질을 취급하는 장면을 보여주고 있는 동영상이다. 유해물질의 제조·수입·운반·저장·취급 시 근로자가 볼 수 있는 장소에 게시 또는 비치하여야 할 사항을 3가지 쓰시오.

➡해답 MSDS 작성 내용
① 제품명
② 물질안전보건자료대상물질을 구성하는 화학물질 중 제104조에 따른 분류기준에 해당하는 화학물질의 명칭 및 함유량
③ 안전 및 보건상의 취급 주의사항
④ 건강 및 환경에 대한 유해성, 물리적 위험성
⑤ 물리·화학적 특성 등 고용노동부령으로 정하는 사항(시행규칙 제156조의2)

06.
동영상은 작업자가 사출성형기의 노즐부분을 만지다가 감전으로 쓰러지는 장면을 보여주고 있다. 기인물과 가해물을 쓰시오.

➡해답 ① 기인물 : 사출성형기
② 가해물 : 전기

07.
이동식 크레인에 매달린 물체가 골조에 부딪혀 위험하고, 신호방법이 맞지 않아 작업자 위로 낙하할 위험이 내재되어 있다. 재해를 방지할 수 있는 대책 3가지는?

➡해답 1. 보조(유도)로프를 이용해서 흔들림을 방지함
2. 무전기 등을 사용하여 신호하거나, 작업 전 일정한 신호방법을 약속으로 정한다.
3. 슬링와이어로프의 체결상태를 확인한다.
4. 화물을 작업자 위로 통과시키지 않도록 한다.

08.
드릴 작업시 공구를 사용하지 않고 맨손으로 고정하여 드릴을 사용하고 있다. 위험포인트와 대책을 쓰시오.

➡해답 1. 위험포인트 : 작은 공작물을 손으로 잡고 드릴 작업을 하고 있다.
2. 대책 : 전용공구인 바이스로 고정시킨 후 작업을 하여야 한다.

09.

추락방지용 보호장구의 한 종류를 보여주고 있다. 화면에서 보여주고 있는 보호장구의 종류와 명칭 및 확대한 부분의 명칭을 쓰시오.

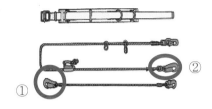

➡해답 종류 : U자 걸이용 안전대

확대한 부분의 명칭 : ① 훅, ② 보조훅

산업안전산업기사 3회(9월 B형)

01.

동영상은 환기팬 수리작업 도중에 작업자가 감전되면서 넘어져 냉동고에 부딪치는 화면이다. 동영상을 참고하여 기인물과 재해형태를 쓰시오

➡해답 1. 기인물 : 환기팬

2. 재해형태 : 감전

02.

동영상은 VDT(영상표시단말기) 작업을 하고 있는 작업자가 의자에 엉덩이를 반 정도 걸친 자세로 앉아서 팔이 들린 채로 작업을 실시하고 있다. 이 동영상에서와 같은 작업자세로 VDT작업을 장시간 실시할 경우에 올 수 있는 신체이상증상(장애)을 3가지 쓰시오.

➡해답 ① 장시간 불편한 자세에 의한 요통장애

② 반복작업에 의한 어깨 및 손목 통증

③ 장시간 화면 보기에 의한 시력 저하 및 장애

03.

가이데릭을 이용하여 갱폼을 인양하는 작업 중이며 파이프는 철선으로 고정되어 있으며 버팀대는 각재 하나로 고정된 상태이다. 이와 같은 가이데릭 작업 시 위험요인 2가지를 쓰시오.

➡해답 ① 파이프의 아랫부분에만 철사로 고정시켜 무너질 위험이 있다.
② 버팀대가 미끄러져 사고의 위험이 있다.

04.

둥근톱기계를 정면에서 작업자가 나무를 자르고 있다. 둥근톱기계에 나무 파편이 튀어 눈을 찌푸리고 있다. 또 다른 곳을 보다가 손가락이 잘린다. 목재가공작업시 안전을 위해 필요한 사항을 쓰시오.

➡해답 1. 작업시 파편 등이 튀는 경우 보호구(보안경)를 착용하고, 작업시 다른 곳을 보는 등의 부주의한 행동을 하지 않는다.
2. 둥근톱 작업시 손이 말려들어갈 위험이 있는 장갑을 사용해서는 안된다.
3. 안전작업에 필요한 날접촉예방장치, 분할날, 반발방지기구, 반발방지롤, 보조안내판 등을 설치한다.
4. 톱날접촉예방장치는 가공재 상면과 덮개하단은 최대 8mm 이하, 테이블과 덮개하단 사이 최대 25mm 이하로 설치한다.

05.

용접 시 발생하는 유해한 자외선, 강열한 가시광선 등으로부터 눈을 보호하고 열에 의한 화상 또는 용접 파편에 의한 위험으로부터 용접자의 안면, 머리부 등을 보호하기 위한 용접용 보안면을 보여주고 있다. 이러한 용접용 보안면의 성능기준 항목 5가지를 쓰시오.

➡해답 ① 절연시험
② 내식성
③ 굴절력
④ 투과율
⑤ 시감투과율차이

06.

가스용접 작업시 산소가스통이 뉘어져 있고 보호구(보안경, 안전모, 안전화) 없이 용접작업중 고무호스를 잡아당기는 장면이며, 이때 호스가 빠져 폭발로 이어지는 동영상이다. 용접작업의 문제점과 안전대책 한가지씩을 쓰시오.

➡해답 1. 문제점 : 용기를 눕혀서 보관하고 있다. 보호구(보안경, 안전모, 안전화)를 착용하지 않았다.
2. 대책 : 용기를 세워놓고 작업하여야 한다. 보호구를 착용하여야 한다.

07.

인화성 물질 저장창고에서 한 작업자가 인화성 물질이 든 운반용 용기를 몇 개 이동시키고 나서 잠시 쉬려고 인화성 물질이 든 드럼통 옆에서 윗옷을 벗는 순간 "펑"하고 폭발사고가 발생하는 장면이다. 인화성 물질 저장시 관리대책 3가지를 쓰시오.

➡해답 1. 통풍 및 환기가 잘 되는 장소에 인화성 물질을 보관한다.
2. 안전장비를 착용한다.
3. 정리정돈을 잘한다.

08.

작업장 바닥에 화학물질이 흘러내려 고여있는 모습을 보여주고 있는 동영상이다. 작업장에서 유해물질을 취급할 경우 작업장 바닥에 해야 할 조치를 쓰시오.

➡해답 1. 작업장 바닥을 불침투성 재료로 마감한다.
2. 점화원이 될 수 있는 정전기를 방지할 수 있도록 한다.
3. 유해물질이 바닥이나 피트 등에 확산되지 않도록 경사를 주거나, 높이 15cm 이상의 턱을 설치

09.

크레인에 매달린 물체가 골조에 부딪혀 위험하고, 신호방법이 맞지 않아 작업자 위로 낙하할 위험이 내재되어 있다. 재해를 방지할 수 있는 대책 3가지는?

➡해답 1. 보조(유도)로프를 이용해서 흔들림을 방지함
2. 무전기 등을 사용하여 신호하거나, 작업 전 일정한 신호방법을 약속으로 정한다.
3. 슬링와이어로프의 체결상태를 확인한다.
4. 화물을 작업자 위로 통과시키지 않도록 한다.

산업안전산업기사 1회(5월 A형)

O1.

작업자가 임시배전반을 사용하여 작업하고 있던 중에 다른 작업자가 와서 임시배전반을 만지던 중 감전을 당하는 재해가 발생하였다. 임시배전반 작업시 위험요인을 2가지 쓰시오.

➡해답 ① 정전작업 미실시에 의한 감전위험
② 개인 보호구(감전방지용 보호구) 미착용에 의한 감전위험

O2.

작업자가 용접작업을 하는 동영상을 보여주고 있다. 용접 작업 중 감전되기 쉬운 부분을 4가지 쓰시오.

➡해답 손, 머리, 발, 몸통

O3.

작업자가 페인트 도장작업을 실시하고 있는 장면을 보여주고 있다. 이러한 도장작업 시 작업자가 착용해야 할 마스크의 종류와 흡수제의 종류 2가지를 쓰시오.

➡해답 ① 보호장구 : 방독마스크
② 흡수제의 종류 : 활성탄, 알칼리제, 호프카라이트 등

O4.

작업장에서 작업자가 나무발판을 놓고 나무판을 들고 발판을 지나가다 추락하는 사고이다. 재해형태와 기인물을 쓰시오.

➡해답 ① 재해형태 : 추락   ② 기인물 : 발판

05.

무채기계 작업 중 갑자기 기계가 작동하지 않아 작업자가 점검하던 중 절단부에서 재해를 당하는 장면이다. 위험요인 2가지를 쓰시오.

➡해답 1. 전원을 차단하지 않은 채 점검을 하던 중 슬라이스가 작동되어 손을 다칠 위험이 있다.
　　2. 인터록 및 연동장치가 설치되지 않아 손을 다칠 위험이 있다.

06.

비산물로부터 눈을 보호하기 위해 사용하는 보호구를 보여주고 있다. 이러한 보호구의 종류 3가지를 쓰시오.

➡해답 ① 차광안경　② 유리보호안경　③ 플라스틱보호안경　④ 도수렌즈보호안경

07.

작업자가 승강기 내부 피트에서 작업을 하던 중 추락하는 장면을 보여주고 있다. 이때 위험요인 3가지를 쓰시오.

➡해답 ① 작업발판의 미설치로 추락위험이 있다.
　　② 작업자가 안전대를 착용하지 않아 추락위험이 있다.
　　③ 승강기 피트 내부에 추락방지망의 미설치로 추락위험이 있다.

08.

변압기 활선유무를 확인하기 위한 방법을 3가지 쓰시오.

➡해답 ① 검전기(활선접근경보기)로 확인
　　② 테스터기 활용(지시치 확인)
　　③ 변압기 전로의 전원투입 개폐기 투입상태 확인

09.

작업자가 컨베이어 위에서 작업을 하던 중 사고가 발생하는 장면이다. 컨베이어의 방호장치 3가지를 쓰시오.

➡해답 이탈방지장치, 비상정지장치, 덮개 또는 울

산업안전산업기사 1회(5월 B형)

01.
작업자가 보호구를 착용하지 않고 가스용접작업 중 폭발이 발생하였다.(가스용기는 바닥에 뉘어서 있고, 용접호스가 바닥에 어지럽게 널려 있어 다른 작업자가 걸어가는중 용접호스가 발에 걸려서 용접 호스가 용기에서 벗겨짐) 동영상을 참고하여 위험요인을 2가지 쓰시오.

➡️**해답** 1. 용기를 뉘어서 보관, 별도의 안전장치가 없음
　　　2. 용접용 보안면, 용접용 안전장갑등과 같은 보호구를 착용하지 않았다.

02.
증기가 흐르는 고소배관의 플랜지를 점검하던 중에 재해가 발생하였다.(보호구를 착용하지 않고, 이동식 사다리에 한쪽방향으로만 올라가서 작업하다가 한쪽으로 치우쳐 추락) 위험요인 3가지를 쓰시오.

➡️**해답** 1. 사다리를 고정하지 않아 사다리 위에서 추락의 위험이 있다.
　　　2. 보안경을 착용하지 않아 증기에 의해 눈을 다칠 위험이 있다.
　　　3. 방열장갑, 방열복 등의 보호구를 착용하지 않아 증기에 의한 화상의 위험이 있다.

03.
어둡고 밀폐된 LPG 저장소에서 작업자가 전등의 전원을 투입하는 순간 "펑"하고 폭발사고가 발생하는 장면이다 폭발형태는 무엇인가?

➡️**해답** 증기운 폭발

04.
이동식 크레인으로 자재를 인양하는 도중에 재해가 발생하였다.(건설현장에서 이동식 크레인으로 자재를 운반하고 운반하는 자재 아래서 작업자가 수신호로 신호를 주고 있다). 동영상에서와 같은 작업을 하는 경우 작업을 지휘하는 사람의 직무사항을 3가지 쓰시오.

➡️**해답** 1. 작업반경 내 근로자 출입금지
　　　2. 로프의 안전상태 확인
　　　3. 무전기를 사용하거나 신호방법을 미리 정한다.

05.

터널굴진을 위해 발파작업이 이루어지고 있다. 발파 후에는 낙반의 위험을 방지하기 위한 부석의 유무
또는 불발화약의 유무를 확인하기 위해 작업자가 발파작업장으로 접근하여야 한다. 이때 발파 후 몇
분이 경과한 후에 접근해야 하는가?

➡해답 (1) 전기뇌관에 의한 발파인 경우 5분 이상
(2) 전기뇌관 외의 것에 의한 발파인 경우 15분 이상

06.

동영상에서 귀마개와 귀덮개를 보여주고 있다. 귀마개의 기호와 그에 대한 설명을 적으시오.

➡해답

등급	기호	성능
1종	EP-1	저음부터 고음까지 차음하는 것
2종	EP-2	주로 고음을 차음하고 저음(회화음영역)은 차음하지 않는 것

07.

작업 전 차단기를 내리고 작업자가 승강기 컨트롤 패널 점검 중 감전재해를 당했다. 감전원인을 쓰시오.

➡해답 잔류전하에 의한 감전
① 전로의 개로개폐기에 시건장치 및 통전금지 표지판 미부착
② 작업 전 신호체계 미확립 및 작업지휘자에 의한 작업지휘 미실시
③ 차단기에 회로구분 표찰 부착에 의한 오조작 등

08.

동영상은 둥근톱 작업시 자주 발생하는 사례를 보여주고 있다. 둥근톱 작업시 필요한 보조 장치를
3가지 쓰시오.

➡해답 밀대, 직각정규, 평행조정기, 분할날, 톱날덮개

09.

작업자가 스피커를 통해 나오는 지시사항을 정확히 듣지 못한 상태에서 MMC 패널 차단기의 전원을 투입하여 발생한 재해사례이다.(전원을 투입하는 순간 다른 작업을 하던 사람이 재해를 당함) 이와 같은 재해를 방지할 수 있는 대책 3가지를 쓰시오.

➡해답 ① 전로의 개로개폐기에 시건장치 및 통전금지 표지판 부착
② 작업 전 신호체계 확립 및 작업지휘자에 의한 작업지휘
③ 차단기에 회로구분 표찰 부착에 의한 오조작 방지 등

산업안전산업기사 1회(5월 C형)

01.

작업자가 맨손으로 임시 배전반 작업을 하고 있다. 위험요인을 2가지 쓰시오.

➡해답 ① 정전작업 미실시에 의한 감전위험
② 개인 보호구(감전방지용 보호구) 미착용에 의한 감전위험

02.

작업자가 하역운반기계인 덤프트럭의 점검을 위해 적재함을 상승시킨 상태에서 점검을 하던 중 적재함이 갑자기 내려와 재해가 발생하였다. 이때, 재해를 예방하기 위한 위험방지조치 3가지를 쓰시오.

➡해답 ① 작업의 지휘자를 지정
② 작업순서를 결정하고 작업을 지휘할 것
③ 안전지주 또는 안전블록 등의 사용상황 등을 점검할 것

03.

전주작업을 하던 작업자가 전주에 머리를 부딪치며 감전을 당하는 장면을 보여주고 있다. 이때, 가해물과 착용하여야 할 안전모의 종류 2가지를 쓰시오.

➡해답 (1) 가해물 : 전주   (2) 안전모의 종류 : AE, ABE

O4.
작업자가 박공지붕 위에서 작업을 하고 있다. 이 때 추락을 방지하기 위한 안전대책 2가지를 쓰시오.

➡해답 ① 지붕 단부에 추락방지용 안전난간 설치
② 안전대 부착설비를 설치하고 작업자로 하여금 안전대를 착용한 후 작업 실시
③ 지붕 하부에 추락방지용 안전방망 설치

O5.
작업자가 프레스 작업을 하던 중 손 협착사고가 있다. 유효한 방호장치 2가지를 쓰시오.

➡해답 손쳐내기식 방호장치, 수인식 방호장치, 양수기동식 방호장치, 게이트 가드식 방호장치

O6.
작업자가 인쇄용 롤러기를 사용하다가 재해를 당했다. 이때 위험점과 정의, 형성에 관해 쓰시오.

➡해답 1. 위험점 : 물림점(Nip Point)
2. 정의 및 형성 : 롤, 기어, 압연기와 같이 두개의 회전체 사이에 신체가 물리는 위험점 형성

O7.
작업자가 금속 도금작업을 하고 있다. 이러한 도금작업 시 착용해야 할 보호구의 종류 3가지를 쓰시오.

➡해답 불침투성 보호복, 방독마스크, 보안경

O8.
도금작업장에 국소배기장치가 설치된 모습을 보여주고 있다. 국소배기장치 후드의 설치기준을 설명하시오.

➡해답 1. 유해물질이 발생하는 곳마다 설치
2. 유해인자 발생형태, 비중, 작업방법 등을 고려하여 해당 분진 등의 발산원을 제어할 수 있는 구조일 것
3. 후드 형식은 가능한 포위식 또는 부스식 후드를 설치할 것
4. 외부식 또는 리시버식 후드를 설치할 때에는 유기용제 증기 또는 해당 분진 등의 발산원에 가장 가까운 위치에 설치할 것
5. 후드의 개구면적을 크게 하지 않을 것

09.
추락방지용 보호장구의 한 종류인 U자 걸이용 안전대를 보여주고 있다. 확대한 각 부분의 명칭을 쓰시오.

➡해답 종류 : U자 걸이용 안전대
　　　확대한 부분의 명칭 : ① 훅, ② 보조훅, ③ 신축조절기, ④ 8자형 링

산업안전산업기사 2회(7월 A형)

01.
건물을 해체하는 장면을 보여주고 있다. 건물 해체작업계획의 작성내용 2가지를 쓰시오.

➡해답 ① 해체의 방법 및 해체순서 도면
　　　② 가설설비, 방호설비, 환기설비 및 살수·방화설비 등의 방법
　　　③ 사업장 내 연락방법
　　　④ 해체물의 처분계획
　　　⑤ 해체작업용 기계·기구 등의 작업계획서
　　　⑥ 해체작업용 화약류 등의 사용계획서

02.
작업자가 이동식 사다리를 벽면에 고정시키는 중이다. 바닥에는 돌이 있어 사다리가 제대로 고정되지 않은 상태에서 작업을 하던 중 사다리에서 떨어지는 장면을 보여주고 있다. 이동식 사다리의 설치 기준을 3가지 쓰시오.

➡해답 1. 견고한 구조로 할 것
　　　2. 폭은 30cm 이상으로 할 것
　　　3. 발판의 간격은 일성하게 할 것
　　　4. 사다리가 넘어지거나 미끄러지는 것을 방지하기 위한 조치를 할 것

03.
작업자가 확실히 고정되지 않은 발판위에 올라가 작업을 하던 중, 다른 작업자가 작업 중인 사실을 모르고 다른 곳에서 전원스위치를 만지는 바람에 감전되어 떨어지는 장면을 보여주고 있다. 배선차단기 작업시 불안전한 행동 2가지를 쓰시오.

➡️**해답** ① 작업자가 절연장갑 등 절연용보호구를 미착용으로 인한 감전위험
② 작업자가 딛고선 발판의 불안으로 인한 추락위험

04.
작업자 한명이 형강에 낀 와이어로프를 빼고 있는 중에 다른 작업자가 와이어로프를 작동시켜 빼낸 와이어로프가 작업자와 부딪히는 동영상이다. 가해물과 형강에 끼인 와이어로프를 빼는 올바른 작업방법 2가지를 쓰시오.

➡️**해답** (1) 가해물 : 와이어로프
(2) 올바른 작업방법
① 지렛대를 와이어로프가 물려있는 형강사이에 넣어 형강이 무너져 내리지 않을 정도로 들어 올린 상태에서 와이어로프를 빼낸다.
② 와이어로프 빼기 작업은 1인으로 부적합하므로 2인 이상이 지렛대를 동시에 넣어 형강을 들어 올린 상태에서 와이어로프를 빼낸다.

05.
작업자가 원심기를 점검하던 중 다른 작업자가 점검중인 사실을 모르고 전원을 넣어 원심기가 돌아가면서 재해가 발생하였다. 원심기 점검시 주의사항을 2가지 쓰시오.

➡️**해답** 1. 작업시작 전 전원부의 잠금장치를 설치한다.
2. 보수작업중임을 알리는 표지판 설치 또는 감시인을 배치한다.

06.
동영상은 밀폐된 공간에서 외부에는 배기장치가 보이고 외부의 근로자가 지나가다 발로 쳐서 전원공급이 중단된 후 그라인더 작업자가 의식을 잃고 쓰러지는 장면을 보여주고 있다. 산소결핍장소의 안전수칙을 쓰시오.

➡️**해답** 1. 작업 전 산소 및 유해가스 농도 측정 후 작업
2. 산소농도가 18% 미만일 때는 환기를 시키고, 작업 중에도 계속 환기
3. 가능한 급배기를 동시에 실시하고, 환기를 실시할 수 없거나 산소결핍장소에서 작업할 때에는 공기공급식 호흡용 보호구를 착용한다.

07.

컨베이어 작업 중 컨베이어 위에 올라가서 물건을 받던 작업자가 넘어져 컨베이어 벨트에 말려 들어가는 재해를 당하였다. 컨베이어 방호장치를 쓰시오.

➡해답 비상정지장치, 덮개 또는 울, 화물 또는 운반구의 이탈 및 역주행을 방지하는 장치

08.

아파트 창틀 작업을 하고 있던 작업자가 창틀로 넘어가려다 바닥에 있는 돌을 밟으면서 추락하였다. 이때, 재해발생 원인 3가지를 쓰시오.

➡해답 ① 안전대 부착설비 미설치
② 안전대 미착용
③ 추락방지용 안전방망 미설치

09.

보호구 사진을 보여주고 있다. 이 보호구의 이름과 기호를 쓰시오.

➡해답 이름 : 귀덮개, 기호 : EM

산업안전산업기사 2회(7월 B형)

01.

드릴작업 중 작업자가 기계와 철판사이에 손가락이 말려들어가는 사고가 발생하였다. 위험점과 정의를 쓰시오.

해답 1. 위험점 : 회전말림점
2. 정의 : 회전하는 물체의 길이, 굵기, 속도 등이 불규칙한 부위와 돌기 회전부위에 장갑 및 작업복 등이 말려드는 위험점 형성(돌기회전부)

02.
둥근톱기계의 방호장치와 자율안전확인대상 연삭기 덮개에 자율안전확인 외에 추가로 표시해야 할 사항을 쓰시오.

해답 1. 둥근톱기계의 방호장치 : 반발예방장치와 날 접촉예방장치
2. 표시사항 : 숫돌사용 주속도, 숫돌회전 방향

03.
어둡고 밀폐된 LPG 저장소에 가스 누설감지 경보기가 미설치 되어 있고, 작업자가 전등의 전원을 투입하는 순간 "펑" 하고 폭발사고가 발생하는 장면이다. 사고유형과 기인물을 쓰시오.

해답 1. 사고유형 : 가스누출에 의한 폭발
2. 기인물 : LPG 저장용기에서 누출된 가스(가연물), 전원 스위치에서 발생한 전기 스파크(점화원)

04.
작업자가 작업 중 전기감전을 당하는 재해가 발생하였다. 감전재해예방을 위해 필요한 보호구 3가지를 쓰시오.

해답 절연장갑, 절연화, 안전모(AE, ABE)

05.
철골작업 시 작업을 중지해야 할 기상조건 3가지를 쓰시오.

해답 ① 풍속이 초당 10m 이상인 경우
② 강우량이 시간당 1mm 이상인 경우
③ 강설량이 시간당 1cm 이상인 경우

06.

작업자는 사출성형 작업 중 재해를 당했다. 사출성형기 작업시 재해방지 대책을 쓰시오.

➡해답 1. 작업을 감시하는 감시인 배치 및 수리작업 시작 전 기계의 전원을 차단시킨다.
2. 작업자의 내전압용 절연장갑 등 절연용 보호구의 착용을 철저히 한다.
3. 이물질을 제거할 때에는 손으로 하는 것 보다 전용공구를 사용한다.

07.

박공지붕 설치작업 중 박공지붕 자재가 낙하 비래하여 재해가 발생하였다. 이러한 재해가 발생하지 않도록 예방대책 2가지를 쓰시오.

➡해답 ① 경사지붕 하부에 낙하물방지망 설치
② 박공지붕 적치방법 개선 및 설치 시 체결 철저
③ 낙하위험구간 작업자 출입통제 철저

08.

작업자가 폐수처리장에서 슬러지제거를 하고 있는 장면이다. 밀폐공간 작업시 조치사항 3가지를 쓰시오.

➡해답 1. 작업 전 산소 및 유해가스 농도 측정 후 작업
2. 산소농도가 18% 미만일 때는 환기를 시키고, 작업 중에도 계속 환기
3. 가능한 급배기를 동시에 실시하고, 환기를 실시할 수 없거나 산소결핍장소에서 작업할 때에는 공기공급식 호흡용 보호구를 착용한다.

09.

고무제 안전화의 사용 장소에 따른 구분 5가지를 쓰시오.

➡해답 ① 일반용   ② 내유용
③ 내산용   ④ 내알칼리용
⑤ 내산, 알칼리 겸용

산업안전산업기사 3회(10월 A형)

01.
화면은 교류아크용접 작업 중 재해가 발생한 사례이다. 기인물은 무엇이며, 이 작업 시 눈과 감전재해 위험으로부터 작업자를 보호하기 위해 착용해야 할 보호구 명칭 두 가지를 쓰시오.

➡해답 ① 기인물 : 교류아크용접기
　　　 ② 용접용 보안경, 내전압용 절연장갑

02.
작업자가 전신주 작업을 하고 있다. 작업자는 방호구를 착용하지 않고 있으며 양손을 모두 사용하여 작업을 하고 있고 발판이 불안정 하게 보인다. 화면의 전기형강 작업을 보고 작업자가 작업 집중결여 로 될 가능성이 있는 것을 모두 찾아 쓰시오.

➡해답 ① 안전수칙 미준수(작업자세 및 상태불량 등) : 작업자 흡연 등
　　　 ② 추락 위험 : 작업발판
　　　 ③ 낙하·비래 위험 : COS 고정상태 불량
　　　 ④ 감전 위험

03.
형강 교체작업과 관련된 사항을 보여주고 있다. 정전작업 중 안전조치 사항에 대해 쓰시오.

➡해답 ① 작업지휘자에 의한 작업지휘
　　　 ② 개폐기 관리
　　　 ③ 단락접지의 수시확인
　　　 ④ 근접활선에 대한 방호상태의 관리

04.
동영상은 작업자가 크롬도금 공정에서 작업중인 모습을 보여주고 있다. 크롬 또는 크롬화합물의 흄, 분진, 미스트를 장기간 흡입하여 발생되는 직업병은 무엇인지 쓰시오.

➡해답 비중격 천공증

O5.
화면에서 물체를 인양하던 중에 밑에 있던 작업자가 인양중인 물체에 부딪혔다. 이때 재해발생형태와 정의를 쓰시오.

➡해답 ① 재해발생형태 : 낙하·비래
② 정의 : 물체가 위에서 떨어지거나, 다른 곳으로부터 날아와 작업자에게 맞음으로써 발생하는 재해

O6.
화면은 갱폼 인양을 위한 가이데릭 설치 작업을 하는 상황이다. 바닥에는 눈이 쌓여있고 작업자가 파이프를 세우고 밑에는 철사로 고정하고 있다. 지렛대 역할을 하는 버팀대는 눈바닥 위에 그대로 나무토막 하나에 고정시키는 상황이다. 동영상에서 가이데릭 설치 작업 시 불안전한 상태 두 가지를 쓰시오.

➡해답 ① 파이프의 아랫부분에만 철사로 고정시켜 무너질 위험이 있다.
② 버팀대가 미끄러져 사고의 위험 있다.

O7.
LPG 가스용기의 저장소로서 부적절한 장소 3가지를 쓰시오.

➡해답 ① 통풍 또는 환기가 불충분한 장소
② 화기를 사용하는 장소 및 그 부근
③ 위험물, 화약류 또는 가연성 물질을 취급하는 장소 및 그 부근

O8.
작업자가 인쇄용 롤러의 전원을 차단하지 않고 청소를 하다 걸레와 함께 손이 말려들어가는 장면을 보여주고 있다. 위험점과 발생되는 조건이 무엇인지 쓰시오.

➡해답 1. 위험점 : 물림점(Nip Point)
2. 발생조건 : 회전체가 서로 반대 방향으로 맞물려 회전되어야 한다.

09.

화면상에 나타난 보호 장구(보안면)의 채색 투시부의 차광도를 구분하여 빈칸의 투과율(%)을 쓰시오.

차광도	투과율(%)
밝음	(①)±7
중간밝기	(②)±4
어두움	(③)±4

해답 ① 50　② 23　③ 14

산업안전산업기사 3회(10월 B형)

01.

작업자가 끊어진 퓨즈를 교환하다 감전당하는 사고를 당했다. 작업자는 보호구를 착용하지 않고 있다. 작업자가 감전당한 원인을 2가지 쓰시오.

해답 1. 작업자가 전원을 차단하지 않고 퓨즈를 교체함
2. 절연용보호구 미착용 상태에서 작업을 함

02.

무채기계 작업 중 장비가 멈춰 점검하던 중 기계가 다시 작동하여 작업자가 재해를 당했다. 사고 예방을 위한 방법을 3가지 쓰시오.

해답 1. 인터록(연동장치) 설치한다.
2. 전원을 차단하고 점검한다.
3. 슬라이드 부분에 덮개를 설치한다.

03.

선반 샌드페이퍼를 작업하던 중 회전하는 기계에 작업자의 손과 옷이 말려들어가는 동영상이다. 작업의 위험점을 쓰고 정의를 쓰시오.

➡해답 1. 위험점 : 회전말림점
2. 회전말림점 정의 : 회전하는 물체의 길이, 굵기, 속도 등이 불규칙한 부위와 돌기 회전부위에 장갑 및 작업복 등이 말려드는 위험점 형성(돌기회전부)

04.

항타기·항발기를 사용하는 동영상이다. 이러한 항타기·항발기 작업 중 근접한 고압선로에 대한 조치사항을 쓰시오.

➡해답 ① (이격거리 확보) 차량 등을 충전부로부터 300[cm] 이상 이격시키되, 대지전압이 50[kV]를 넘는 경우에는 10[kV]가 증가할 때마다 이격거리 를 10[cm]씩 증가시킨다.
② (절연용 방호구 설치) 절연용 방호구 등을 설치한 경우에는 이격거리를 절연용 방호구 앞면까지로 할 수 있다.
③ (울타리 설치 또는 감시인 배치) 울타리를 설치하거나 감시인 배치 등의 조치를 하여야 한다.
④ (접지점 관리 철저) 접지된 차량 등이 충전전로와 접촉할 우려가 있는 경우에는 근로자가 접지점에 접촉되지 않도록 조치하여야 한다.

05.

동영상은 작업자들이 화학설비를 점검하고 있는 장면을 보여주고 있다. 특수화학설비 내부의 이상상태를 조기에 파악하기 위하여 설치해야 할 장치를 4가지 쓰시오.

➡해답 ① 온도계 ② 유량계 ③ 압력계 ④ 자동경보장치

06.

작업자가 아파트 창틀에서 옆으로 넘어가다 추락하는 사고가 발생하였다. 기인물과 가해물을 쓰시오.

➡해답 ① 기인물 : 창틀   ② 가해물 : 바닥

07.

작업자가 터널 경고등 가설설비작업 중 전원이 켜진 상태에서 점검을 하던 중 감전을 당하는 사고를 당했다. 이동전선 점검 중 실시해야 하는 안전대책을 쓰시오.

해답 ① 도전성이 있는 습한 곳에서 사용 시 전선에 절연작업을 확실히 해야 한다.
② 감전을 방지하기 위해 절연장갑을 착용하여야 한다.
③ 전원을 차단하고 작업을 실시한다.

08.

보안경을 보여주고 있다. 보안경을 유해물의 종류에 따라 4가지로 구분하시오.

해답 ① 자외선용
② 적외선용
③ 복합용
④ 용접용

09.

동영상은 작업자가 브레이크 라이닝 교체 작업을 하고 있는 장면을 보여주고 있다. 이 때 인체에 유해요인에 대해 설명하시오.

해답 ① 브레이크 라이닝에서 발생한 분진을 흡입할 경우 폐질환 등 건강장해를 일으킬 위험이 있다.
② 석면을 사용한 브레이크 라이닝에서 발생한 석면분진을 흡입할 경우 폐암, 석면폐증, 악성중피종이 발생할 수 있다.

산업안전산업기사 1회(4월 A형)

01.

유해물질을 취급하는 작업장의 모습을 보여주고 있다. 작업장에서 유해물질을 취급할 경우 작업장 바닥에 해야 할 조치를 쓰시오.

➡해답 1. 작업장 바닥을 불침투성 재료로 마감한다.
　　　2. 점화원이 될 수 있는 정전기를 방지할 수 있도록 한다.

02.

변전실 근처에서 공놀이 하던 중 공이 울타리 안쪽에 위치한 변압기 상단의 충전부에 떨어져 공을 주우러 가는 동영상이다. 변압기 울타리의 출입구에 잠금장치는 되어 있지 않은 상태이다. 재해 방지 대책 3가지를 쓰시오.

➡해답 1. 전기시설물(고압변전설비) 주위 공놀이 금지
　　　2. 변전설비에 관계근로자 외의 자가 출입이 금지되도록 잠금장치를 하고 위험표시 등의 방법으로 방호를 강화할 것
　　　3. 전기의 위험성에 대한 안전교육 실시
　　　4. 유자격자에 의한 변압기 상단의 공 제거(전원 차단 후)

03.

동영상은 사출성형기 작업을 하던 작업자가 기계의 작동이 멈추자 전원을 차단하지 않은 채 노즐부의 잔류물(사출 후의 찌꺼기 등)을 제거하던 중 노출 충전부(히터 단자부)에 접촉되어 감전되었다. 동영상을 보고 기인물과 가해물을 쓰시오.

➡해답 1. 기인물 : 사출성형기 혹은 사출성형기 노출 충전부
　　　2. 가해물 : 전기

04.
작업자가 목장갑을 착용하고 주변이 정리되지 않은 작업장에서 용접 작업하고 있다. 가스용접 작업시 산소가스통이 뉘어져 있는 상황이고 보호구(보안경, 안전모, 안전화)는 착용하지 않았다. 작업자가 호스를 잡아당기자 호스가 빠지면서 폭발이 일어났다. 위험요인과 안전대책을 1가지씩 쓰시오.

➡해답 1. 위험요인 : 용기를 눕혀서 보관하고 있다. 보호구(보안경, 안전모, 안전화)를 착용하지 않았다.
2. 대책 : 용기를 세워 놓고 작업하여야 한다. 보호구를 착용하여야 한다.

05.
비계 위에서 작업자가 발판을 밟고 지나가던 중 발판이 겹쳐있는 곳에서 넘어졌다. 이러한 비계 위 작업발판 조립 시 발판의 폭과 틈 사이 간격기준을 쓰시오.

➡해답 ① 작업발판의 폭 : 40cm 이상
② 틈 : 3cm 이하

06.
이동식 크레인으로 화물을 이동 중 인양 화물이 구조물이 부딪히는 장면을 보여주고 있다. 이러한 크레인 인양작업 시 낙하 비래방지를 위해 사전 점검해야 할 사항 및 조치사항 3가지를 쓰시오.

➡해답 ① 작업 전 인양로프의 손상 유무 및 체결상태를 확인
② 작업 전 일정한 신호방법을 미리 정하고 무전기 등을 이용하여 신호
③ 인양작업 시 유도로프를 사용하여 화물의 흔들림을 방지
④ 인양작업 시 낙하위험구간에는 근로자 출입을 금지
⑤ 인양작업 시 반드시 신호수의 지시에 따라 운행

07.
사출성형기 작업 중 기계 사이에 손을 넣은 상태에서 사출성형기가 작동해서 손이 끼이는 재해를 당했다. 동영상을 보고 사고형태와 필요한 방호장치를 쓰시오.

➡해답 1. 사고형태 : 협착
2. 방호장치 : 게이트가드식 또는 양수조작식 방호장치

08.

절연용 고무장갑을 보여주고 있다. 동영상을 참조하여 사용전압별 절연용 고무장갑의 등급을 쓰시오.

해답

등급	최대사용전압
00등급	교류 500V, 직류 750V
0등급	교류 1,000V, 직류 1500V
1등급	교류 7,500V, 직류 11,250V
2등급	교류 17,000V, 직류 25,500V
3등급	교류 26,500V, 직류 39,750V
4등급	교류 36,000V, 직류 54,000V

09.

DMF 사용 작업장을 보여주고 있다. 작업장에 사용하는 화학물질에 대해 물질안전보건자료를 비치하고 정기 또는 수시로 점검, 관리하여야 하는 장소를 3가지 쓰시오.

해답 1. 물질안전보건자료 대상물질을 취급하는 작업공정이 있는 장소
2. 작업장 내 근로자가 가장 보기 쉬운 장소
3. 근로자가 작업 중 쉽게 접근할 수 있는 장소에 설치된 전산 장비

산업안전산업기사 1회(4월 B형)

01.

동영상은 작업자가 보호구를 착용하지 않은 채 환기팬을 수리하던 중 감전해당 의자에서 떨어지면서 주변 시설물(냉동고)에 부딪치는 장면을 보여주고 있다. 재해유형과 기인물을 쓰시오.

해답 1. 재해유형 : 감전(또는 충돌)
2. 기인물 : 환기팬

02.

동영상은 영상표시단말기(VDT) 작업에 관한 영상을 보여주고 있다. 동영상을 참고하여 개선해야 할 사항 3가지를 쓰시오.

➡️해답 1. 작업자가 의자의 등받이에 충분히 지지되어 있지 않다.
   2. 모니터가 보기 편한 위치에 조정되어 있지 않다.
   3. 키보드가 조작하기 편한 위치에 놓여 있지 않다.

03.

동영상은 크레인으로 자재를 인양하고 있는 장면을 보여주고 있다. 매달린 물체는 골조에 부딪쳐 흔들리고 있고 자재 밑에서 신호를 주던 사람이 자재에 맞는 장면이다. 안전대책을 3가지 쓰시오.

➡️해답 1. 보조(유도)로프로 흔들림을 방지한다.
   2. 무전기 등을 사용하여 신호하거나, 작업 전 일정한 신호방법을 약속으로 정한다.
   3. 슬링 와이어의 체결상태를 확인한다.
   4. 화물을 작업자 위로 통과시키지 않도록 한다.

04.

동영상은 두 명의 근로자가 V벨트 교체작업을 하고 있다. 다른 한 작업자가 작업 중임을 모르고 전원 버튼을 조작하여 손이 말려들어가는 재해가 발생하였다. V벨트 교체 작업 시 안전작업수칙 3가지를 쓰시오.

➡️해답 1. 작업시작 전 전원을 차단한다.
   2. V벨트 교체작업은 천대 장치를 사용한다.
   3. 보수작업 중이라는 안내표지를 부착하고 실시한다.

05.

가죽제 안전화를 보여주고 있다. 안전화의 성능시험의 종류 4가지를 쓰시오.

➡️해답 ① 내충격성시험   ② 내압박성시험
   ③ 박리저항시험   ④ 내답발성시험

06.

작업자가 도장작업을 하는 장면을 보여주고 있다. 이때 착용하여야 하는 보호구에 대한 흡수제의 종류 2가지를 쓰시오.

➡해답 ① 활성탄, ② 소다라임, ③ 호프카라이트

07.

고가다리 건설작업현장을 보여주고 있다. 철골작업을 할 때 작업을 중지해야 하는 기상조건을 쓰시오.

➡해답 ① 풍속이 초당 10m 이상인 경우
② 강우량이 시간당 1mm 이상인 경우
③ 강설량이 시간당 1cm 이상인 경우

08.

동영상은 작업자가 보호장구를 착용하지 않은 채로 둥근톱 작업을 하고 있다. 작업자는 비산물이 튀는 것을 피하기 위에 고개를 돌리는 순간 재해를 당한다. 둥근톱 작업시 주의사항을 2가지 쓰시오.

➡해답 1. 안전작업에 필요한 날접촉예방장치, 분할날, 반발방지기구, 반발방지롤, 보조안내판 등을 설치한다.
2. 둥근톱 작업시 손이 말려들어갈 위험이 있는 장갑을 사용해서는 안 된다.
3. 톱날접촉예방장치는 가공재 상면과 덮개하단은 최대 8mm 이하, 테이블과 덮개하단 사이 최대 25mm 이하로 설치한다.
4. 작업시 파편 등이 튀는 경우 보호구(보안경)를 착용하고, 작업시 다른 곳을 보는 등의 부주의한 행동을 하지 않는다.

09.

동영상은 가스를 저장하고 있는 곳을 보여주고 있다. 프로판(LPG)가스 등 용기의 저장소로 부적절한 장소를 3가지 쓰시오.

➡해답 1. 통풍이나 환기가 불충분한 장소
2. 화기를 사용하는 장소 및 그 부근
3. 위험물 또는 인화성 액체를 취급하는 장소 및 그 부근

산업안전산업기사 2회(7월 A형)

O1.

증기가 흐르는 고소 배관 점검을 위해 이동식 사다리에 올라가 작업 중 사다리의 흔들림에 의해 떨어져 바닥에 부딪히는 상황(보안경 미착용에 양손 모두 맨손으로 작업 중)이다. 위험요인 3가지를 쓰시오.

➡해답 1. 방열복 및 방열장갑 등 보호구를 착용하지 않았다.
2. 이동식 사다리가 고정되어 있지 않다.
3. 보안경 미착용으로 고압증기에 의한 눈 손상의 위험이 있다.
4. 양손을 동시에 사용하고 있어 작업자세가 불안전하다.

O2.

화면에서 작업자 한명이 임시분전반의 콘센트에 그라인더를 꽂고 작업하던 중 다른 작업자가 다가와서 분전반의 차단기를 만지던 도중 감전이 발생하는 장면을 보여주고 있다. 이러한 임시분전반 작업 중 위험요인 2가지를 쓰시오.

➡해답 ① 절연장갑 미착용으로 감전위험
② 맨손으로 작업 중 감전위험
③ 절연용 보호구(절연모, 절연복 등) 미착용으로 감전위험
④ 분전반 충전부 방호조치 미흡 시 감전위험

O3.

화면은 둥근톱기계의 작업을 보여주고 있다. 둥근톱 작업시 필요한 도구(안전 및 보조 장치)를 3가지 쓰시오.

➡해답 ① 톱날접촉예방장치　② 분할날
③ 반발방지기구　④ 평행조정기
⑤ 밀대　⑥ 직각정규

04.

다음 화면에서 보여주고 있는 보안경의 사용구분에 따른 종류 3가지를 쓰시오.

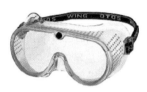

➡해답 ① 자외선용　　② 적외선용
　　　　③ 복합용　　　④ 용접용

05.

화면은 박공지붕 설치작업 중 발생한 재해사례이다. 해당 화면은 박공지붕의 비래에 의해 재해가 발생하였음을 나타내고 있다. 이때 재해 발생원인 3가지를 쓰시오.

➡해답 ① 작업자가 낙하위험이 있는 장소에서 휴식
　　　　② 경사지붕 하부에 낙하물방지망 미설치
　　　　③ 박공지붕의 적치상태불량 및 체결상태 불량
　　　　④ 박공지붕을 한곳에 과적

06.

화면에서 작업자가 터널 발파작업을 위해 장전하는 모습을 보여주고 있다. 이때 작업자는 길고 얇은 철물을 사용하여 화약을 장전구 안으로 3~4개 밀어 놓은 다음 전선을 꼬아서 주변 선에 올려놓고 있다. 이러한 터널 발파작업을 위해 화약장전 시 위험요인을 1가지만 쓰시오.

➡해답 강봉(철근)으로 화약 장전 시 마찰, 충격, 정전기 등에 의한 폭발의 위험이 있다.

07.

화면은 무채를 썰어내는 기계(슬라이스 기계)작업 중 기계가 갑자기 멈추자 작업자가 이를 점검하는 장면이다. 위험 예지 포인트를 쓰시오.

➡해답 1. 기계를 정지시킨 상태에서 점검하지 않아 손을 다칠 위험이 있다.
　　　　2. 인터록(Interlock) 또는 연동 방호장치가 설치되어 있지 않다.

08.

화면은 LPG저장소에서 전기스파크에 의해 폭발사고가 발생한 상황이다. 기압상태의 저장용기 내부의 가연성 액체가 대기 중에 유출되어 순간적으로 기화가 일어나 점화원에 의해 일어나는 폭발은 무엇인가?

➡️해답 증기운 폭발(UVCE)

09.

동영상은 작업자가 전주작업을 하던 중 머리를 부딪히는 장면을 보여주고 있다. 이때 ①가해물과 ②착용하여야 하는 안전모의 종류를 쓰시오.

➡️해답 ① 가해물 : 전주
② 안전모의 종류 : AE형, ABE형

산업안전산업기사 2회(7월 B형)

01.

화면은 공장 지붕 철골 위에서 작업자가 패널 설치작업 중 실족하여 사망한 재해사례를 보여주고 있다. 이때, 재해원인 2가지를 쓰시오.

➡️해답 ① 작업장 하부에 추락방지용 안전방망 미설치
② 안전대 부착설비 미설치 및 작업자 안전대 미착용

02.

동영상은 덤프트럭의 적재함을 올리고 실린더 유압장치 밸브를 수리하던 중 적재함이 갑자기 내려오면서 작업자가 끼이는 재해사례를 보여주고 있다. 동영상에서와 같이 차량계 하역운반기계 등의 수리 또는 부속장치의 장착 및 해체작업을 하는 때에 작업지휘자의 준수하여야 할 사항을 3가지 쓰시오.

➡️해답 ① 작업순서를 결정하고 작업을 지휘할 것
② 안전지주 또는 안전블럭 등의 사용 상황 등을 점검할 것
③ 포크, 버킷, 암 또는 이들에 의하여 지탱되어 있는 화물의 밑에 있는 장소에 관계근로자가 아닌 사람의 출입을 금지

O3.
동영상은 프레스기로 철판에 구멍을 뚫는 작업을 하고 있다. 이 화면에서 사용하고 있는 프레스에는 급정지 기구가 부착되어 있지 않다. 이 프레스에 설치하여 사용할 수 있는 유효한 방호장치를 2가지 쓰시오.

➡해답 1. 게이트가드식 방호장치　　　　　　2. 양수기동식 방호장치
　　　 3. 손쳐내기식 방호장치　　　　　　　4. 수인식 방호장치

O4.
동영상은 공작물을 손으로 잡고 작업하다가 공작물이 튀는 것을 보여주고 있다. 잘못된 점과 안전대책을 한 가지씩 쓰시오.

➡해답 1. 잘못된 점 : 작은 공작물을 손으로 잡고 작업하고 있다.
　　　 2. 안전대책 : 작은 공작물은 바이스를 사용하여 견고하게 고정시키고 작업한다.

O5.
작업자가 크롬 도금작업을 하고 있다. 크롬도금 작업장에서 장기간 근무할 경우 크롬화합물이 작업자의 체내에 유입될 수 있다. 크롬 화합물이 체내에 유입될 수 있는 경로는 무엇인가?

➡해답 1. 호흡기
　　　 2. 소화기
　　　 3. 피부점막

O6.
화면과 같은 안전대의 명칭과 ①위쪽 ②아래쪽의 명칭을 쓰시오.

➡해답 안전대의 명칭 : 죔줄
　　　 ① 카라비나
　　　 ② 훅

07.

쇠파이프에 스프레이로 페인트칠을 하는 작업을 화면으로 보여주고 있다. 이 화면상에서 사용되는 ①마스크의 명칭과 ②흡수제의 종류 3가지를 쓰시오.

해답 ① 마스크 : 방독마스크
② 흡수제 : 활성탄, 소다라임, 알칼리제제, 큐프라마이트

08.

작업자가 MCCB 패널의 문을 열고 차단기 2개를 쳐다보며 어느 것을 투입할까 생각하다가 그 중 하나를 투입하였는데 잘못 투입하여 위험상황이 발생했는지 당황하는 표정을 짓고 있다. 동영상은 MCCB 패널 차단기의 전원을 투입하여 발생한 재해사례이다. 동종재해방지대책 3가지를 서술하시오.

해답 1. 전로의 개로개폐기에 시건장치 및 통전금지 표지판 부착
2. 작업 전 신호체계 확립 및 작업지휘자에 의한 작업지휘
3. 차단기에 회로구분 표찰 부착에 의한 오조작 방지 등

09.

화면은 승강기 컨트롤 패널 점검 중 발생한 재해사례이다. 화면에서와 같이 인체의 일부 또는 전체에 전기가 흐르는 것을 감전이라 하는데, 이러한 감전으로 인하여 사람이 받는 충격을 무엇이라 하는지 쓰시오.

해답 전격

※ 감전(感電, Electric Shock) : 인체의 일부 또는 전체에 전류가 흐르는 현상을 말하며 이에 의해 인체가 받게 되는 충격을 전격(電擊, Electric Shock)이라고 한다.

※ 감전(전격)에 의한 재해 : 인체의 일부 또는 전체에 전류가 흘렀을 때 인체 내에서 일어나는 생리적인 현상으로 근육의 수축, 호흡곤란, 심실세동 등으로 부상·사망하거나 추락·전도 등의 2차적 재해가 일어나는 것을 말한다.

산업안전산업기사(10월 A형)

01.

화면은 공장 지붕 철골 위에서 작업자가 패널 설치작업 중 실족하여 사망한 재해사례를 보여주고 있다. 이 화면 내용을 참고하여 조치사항 2가지를 쓰시오.

➡해답 ① 안전대 부착설비 설치 및 안전대 착용
② 추락방지망 설치

02.

화면은 굴착공사 후 흙막이 지보공을 설치하는 장면을 보여주고 있다. 이러한 작업 시 정기적으로 점검해야 할 사항 3가지를 쓰시오.

➡해답 ① 부재의 손상·변형·부식·변위 탈락의 유무와 상태
② 버팀대의 긴압의 정도
③ 부재의 접속부·부착부 및 교차부의 상태
④ 침하의 정도

03.

화면은 인쇄윤전기를 청소하는 중에 발생한 재해사례이다. 이 동영상을 보고 작업시 발생한 위험점과 정의를 쓰시오.

➡해답 ① 위험점 : 물림점
② 정의 : 회전하는 두 개의 회전체에 물려 들어가는 위험점

04.

화면에서 나타난 작업장에 국소배기장치 설치시 준수사항 3가지를 쓰시오.

➡해답 ① 후드는 유해물질이 발생하는 곳마다 설치하고 외부식 또는 레시버식 후드는 해당 발산원에 최대한으로 근접한 위치에 설치
② 가능한 한 덕트의 길이가 짧고 굴곡부의 수를 적게 하며 쉽게 청소할 수 있는 구조일 것
③ 배출구는 옥외에 설치
④ 국소배기장치의 배풍기는 집진 또는 배출가스처리 후 공기가 통과하는 위치에 설치할 것

05.

동영상에서 보여주고 있는 도금작업장에서 작업자가 착용하고 있는 고무제 안전화의 사용장소에 따른 종류를 3가지 쓰시오.

➡해답 ① 내유용 　　　　② 내산용
　　　③ 내알칼리용 　　④ 내산, 알칼리 겸용

06.

동영상은 크롬도금작업을 보여준다. 크롬도금작업장소에 국소배기장치 종류와 미스트 억제방법을 쓰시오.

➡해답 ① 국소배기장치 종류 : ㉠ PUSH-PULL　　㉡ 측방형　　㉢ 슬롯형
　　　② 미스트 억제방법 : ㉠ 소형 플라스틱　　㉡ 계면활성제

07.

동영상은 작업자가 가정용 배전반 점검을 하던 중 발판으로 밟고 있는 의자가 불안정하여 몸의 균형을 잃고 추락하는 장면을 보여주고 있다. 이때 불안전한 행동 2가지를 쓰시오.

➡해답 ① 절연용 보호구를 착용하지 않아 감전에 위험이 있다.
　　　② 작업자가 딛고 있는 의자(발판)가 불안정하여 추락위험이 있다.

08.

화면의 전주 변압기가 활선인지 아닌지 확인할 수 있는 방법 3가지를 쓰시오.

➡해답 ① 검전기(활선 접근 경보기)로 확인
　　　② 테스터기 활용(지시치 확인)
　　　③ 변압기 전로의 전원 투입 개폐기 투입상태 확인

O9.
동영상에서 재해방지를 위한 안전장치 3가지를 쓰시오.

[동영상 설명]
작업자가 컨베이어 위에서 벨트 양쪽의 기계에 두 발을 걸치고 물건을 올리는 작업 중 벨트에 신발 밑창이 딸려가서 넘어지자 옆에 있는 다른 근로자가 부축하고 있다.

➡해답 ① 비상정지장치
② 덮개 또는 울
③ 역전방지장치

산업안전산업기사(10월 B형)

O1.
화면상에서 작업자가 '원심탈수기'의 내부 점검을 실시하고 있다. 이에 적절한 안전대책을 2가지 쓰시오.

➡해답 ① 운전을 정지 한 후에 작업을 실시한다.
② 덮개를 설치한다.
③ 보안경등 보호구를 착용한다.

O2.
동영상은 작업자가 사출성형기에 끼인 이물질을 당기다 뒤로 넘어져 사고가 발생하는 장면이다. 사출성형기 이물질 제거시 예방대책 3가지를 쓰시오.

➡해답 ① 작업을 감시하는 감시인 배치 및 수리작업 시작 전 기계의 전원을 차단시킨다.
② 작업자의 내전압용 절연장갑 등 절연용 보호구의 착용을 철저히 한다.
③ 이물질을 제거할 때에는 손으로 하는 것보다 전용공구를 사용한다.

O3.
수중작업 시 필요한 방호장치 1가지를 쓰시오.

➡해답 감전방지용 누전차단기(E.L.B)

O4.
동영상은 작업자가 건물 외벽의 거푸집작업을 위해 발판을 설치하고 지나가던 중 떨어지는 장면을 보여주고 있다. 이때 기인물과 재해발생형태를 쓰시오.

➡️해답 ① 기인물 : 발판   ② 재해형태 : 추락

O5.
화면상에 보여주고 있는 보안면의 등급을 나누는 기준과 투과율의 종류를 쓰시오.

➡️해답 ① 등급기준 : 차광도 번호
② 투과율의 종류 : ㉠ 자외선 최대 분광 투과율   ㉡ 시감 투과율   ㉢ 적외선 투과율

O6.
동영상은 작업자가 드릴작업 중 손이 말려들어 손에서 피가 나는 재해사례이다. 화면의 위험점 명칭과 정의를 쓰시오.

➡️해답 ① 위험점 : 회전말림점
② 정의 : 회전하는 물체의 길이, 굵기, 속도 등이 불규칙한 부위와 돌기 회전부위에 장갑 및 작업복 등이 말려드는 위험점 형성(돌기회전부)

O7.
밀폐공간에서 근로자가 작업을 하는 때에 수립·시행하여야 하는 밀폐공간 보건작업프로그램 3가지를 쓰시오.(단, 그밖에 밀폐공간 작업근로자의 건강장해예방에 관한 사항 제외)

➡️해답 ① 작업 시작 전 공기 상태가 적정한지를 확인하기 위한 측정 · 평가
② 응급조치 등 안전보건 교육 및 훈련
③ 공기호흡기나 송기마스크 등의 착용과 관리

08.

목재가공용 둥근톱 방호장치 2가지와 자율안전확인대상 목재가공용 덮개 및 분할날에 자율안전확인 표시 외에 추가로 표시하여야 할 사항 1가지를 쓰시오.

→해답 (1) 방호장치 : ① 반발예방장치   ② 톱날접촉예방장치
(2) 표시사항 : ① 덮개의 종류   ② 둥근톱의 사용가능 치수

09.

화면은 작업자가 아파트 창틀에서 창호설치작업을 하던 중 발생한 재해사례를 보여주고 있다. 해당 화면에서 작업자의 추락사고 원인 3가지를 간략히 쓰시오

→해답 ① 안전대 부착설비 미설치
② 안전대 미착용
③ 추락방지용 안전방망 미설치

산업안전산업기사 1회(4월 A형)

O1.

작업시 근로자가 착용해야 할 보호구의 종류를 2가지 쓰시오.(단, 유기화합물용 안전장갑, 고무제 안전화 제외)

[동영상 설명]
도금하면서 꺼내어 부품 상태 검사하면서 냄새를 맡고 있다.

➡해답 불침투성 보호복, 방독마스크, 보안경

O2.

화면은 형강에 걸린 줄걸이 와이어를 빼내고 있는 상황에서 발생된 사고사례이다. 가해물과 와이어를 빼기에 적합한 작업방식 2가지를 쓰시오.

➡해답 (1) 가해물 : 와이어로프
    (2) 적합한 작업방식
       ① 지렛대를 와이어로프가 물려있는 형강 사이에 넣어 형강이 무너져 내리지 않을 정도로 들어 올린 상태에서 와이어로프를 빼낸다.
       ② 와이어로프 빼기 작업은 1인으로 부적합하므로 2인 이상이 지렛대를 동시에 넣어 형강을 들어올린 상태에서 와이어로프를 빼낸다.

O3.

화면은 봉강 연마작업 중 발생한 사고사례이다. 기인물은 무엇이며, 봉강 연마작업시 파편이나 칩의 비래에 의한 위험에 대비하기 위해 설치해야 하는 장치명을 쓰시오.

➡해답 ① 기인물 : 탁상공구 연삭기
    ② 장치명 : 칩비산방지투명판

O4.

화면을 참고하여 철골작업 시 작업을 중지해야 할 기상상태를 3가지 쓰시오.

해답 ① 풍속이 초당 10m 이상인 경우
② 강우량이 시간당 1mm 이상인 경우
③ 강설량이 시간당 1cm 이상인 경우

O5.

작업자가 퓨즈 교체작업 중 감전사고를 당했다. 감전의 원인을 2가지 쓰시오.

해답 ① 작업자가 전원을 차단하지 않고 퓨즈를 교체함
② 절연용 보호구 미착용 상태에서 작업을 함

O6.

화면상에 나타난 해체작업(건물해체작업)의 해체계획서 작성 시 포함사항을 2가지 쓰시오.

해답 ① 해체의 방법 및 해체순서 도면
② 가설설비, 방호설비, 환기설비 및 살수·방화설비 등의 방법
③ 사업장 내 연락방법
④ 해체물의 처분계획
⑤ 해체작업용 기계·기구 등의 작업계획서
⑥ 해체작업용 화약류 등의 사용계획서

O7.

작업자가 DMF(화학물질)를 취급하는 장면을 보여주고 있는 동영상이다. 물질안전보건자료를 취급근로자가 쉽게 볼 수 있는 장소에 게시하거나 갖춰 두어야 하는 사항 3가지를 쓰시오.

해답 MSDS 작성 내용
① 제품명
② 물질안전보건자료대상물질을 구성하는 화학물질 중 제104조에 따른 분류기준에 해당하는 화학물질의 명칭 및 함유량
③ 안전 및 보건상의 취급 주의사항
④ 건강 및 환경에 대한 유해성, 물리적 위험성
⑤ 물리·화학적 특성 등 고용노동부령으로 정하는 사항(시행규칙 제156조의2)

08.
화면상에서 보여준 보호구의 법적인 사용구분에 따른 종류 4가지를 쓰시오

➡해답 ① 자외선용   ② 적외선용
    ③ 복합용   ④ 용접용

09.
화면은 전기형강작업 중이다. 정전작업 중 안전조치사항 4가지를 쓰시오

[동영상 설명]
작업자 2명이 전주 위에서 작업을 하고 있다. 한 명은 변압기 위에 올라가서 볼트를 푸는데 흡연을 하며 작업을 하고 있다. 잠시 후 영상은 전주 아래부터 위로 보여주는데 발판용 볼트에 C.O.S(Cut Out Switch)가 임시로 걸쳐 있다. 그리고 다른 작업자 한 명이 근처에서 이동식 크레인에 작업대를 매달고 또 다른 작업을 하고 있다.

➡해답 ① 작업지휘자에 의한 지휘
    ② 개로 보증(개폐기의 관리)
    ③ 단락접지의 상태관리
    ④ 근접활선에 대한 방호상태 관리

산업안전산업기사(4월 B형)

01.
화면에서 나타나는 위험요인을 2가지 쓰시오.

[동영상 설명]
임시배전반에서 일자 드라이버를 가지고 맨손으로 점검 중이다. 옆 사람이 와서 문을 닫는 과정에서 손이 컨트롤 박스 문에 끼어 감전이 발생하였다.

➡해답 ① 작업 중임을 알리는 표지를 부착하지 않았다.
② 전원을 차단하지 않아 감전의 위험이 있다.
③ 개인 보호구(감전방지용 보호구) 미착용에 의한 감전위험이 있다.

02.
화면과 같은 안전대의 명칭과 ① 위쪽 ② 아래쪽의 명칭을 쓰시오.

➡해답 1. 안전대의 명칭 : 죔줄
2. 명칭 : ① 카라비나 ② 훅

03.
배관 용접 작업 중 감전되기 쉬운 장비의 위치를 4가지 쓰시오.

[동영상 설명]
작업자가 용접용 보안면을 착용한 상태로 배관에 용접작업을 하고 있다. 배관은 작업자의 가슴부분에 위치해 있고 용접장치 조작스위치는 복부 정도에 위치해 있다.

➡해답 ① 용접기 케이스   ② 용접봉 홀더
③ 용접봉 케이블   ④ 용접기의 리드단자

04.

화면은 인쇄 윤전기를 청소하는 중에 발생한 재해사례이다. 동영상을 참고하여 롤러기의 청소 시 핵심 위험 요인 2가지만 쓰시오.

[동영상 설명]
작업자가 인쇄용 윤전기의 전원을 끄지 않고 빙글빙글 서로 맞물려서 돌아가는 롤러를 걸레로 닦고 있다. 닦을 때 체중을 실어서 힘 있게 닦고, 위험하게 맞물리는 지점까지 걸레를 집어넣고 닦는다. 그 순간 작업자의 손이 롤러기 사이에 끼어서 사고를 당하고 사고 발생 후 전원을 차단하고 손을 빼내는 화면을 보여 준다.

➡해답 ① 전원을 차단하여 롤러기를 정지시키지 않은 상태에서 청소를 하고 있어 롤러에 말려들어 간다.
② 방호장치가 없어 회전하는 롤러에 걸레의 윗부분이 넣어져서 손이 말려들어 간다.
③ 회전 중인 롤러에 물려 들어가는 쪽을 직접 손으로 눌러서 닦고 있어 걸레와 함께 손이 물려 들어가게 된다.
④ 체중을 걸쳐 닦고 있어서 말려들어 가게 된다.(서서 청소하여야 함)

05.

화면은 에어 배관작업 중 고압의 증기 누출로 작업자가 눈을 다치는 장면을 보여주고 있다. 에어배관 작업시 위험요인을 2가지 쓰시오.

[동영상 설명]
파이프렌치나 전용공구가 아닌 일반 펜치로 에어배관 작업을 하다 재해가 발생하는 동영상이다.
(안전모 착용, 주위에 작업지휘자는 없다.)

➡해답 ① 보안경을 착용하지 않은 관계로 고압증기에 의한 눈 부위 손상 위험이 존재한다.
② 배관에 남은 압력을 제거하지 않았고, 전용공구를 사용하지 않아 위험이 존재한다.

06.

화면은 작업자가 건설작업용 리프트를 점검하고 있는 장면이다. 리프트의 방호장치 4가지를 쓰시오.

➡해답 1. 과부하방지장치   2. 권과방지장치   3. 비상정지장치   4. 제동장치

07.

화면은 사출성형기 V형 금형작업 중 재해가 발생한 사례이다. 동영상에 발생한 ① 재해형태와 ② 방호장치를 쓰시오.

[동영상 설명]
사출성형기가 개방된 상태에서 금형에 이물질을 제거하다가 손이 눌렸다.

➡해답 ① 재해형태 : 협착
② 방호장치 : 게이트가드 또는 양수조작식

08.

화면은 크레인으로 자재를 인양하는 도중에 발생한 재해사례이다. 작업을 지휘하는 자의 직무사항 3가지를 쓰시오.

[동영상 설명]
크고 두꺼운 배관을 와이어로프가 아닌 끈으로 한번만 빙 둘러서 인양하는 장면이다. 이어서 끈을 한번 보여 주는데 끈의 일부분이 손상되어 옆 부분이 조금 찢겨 있다. 그리고 위로 끌어올리다가 무슨 이유 때문인지 배관이 다시 작업자들 머리 부근까지 내려온다. 밑에는 2명의 작업자가 배관을 손으로 지지하는데 배관이 순간 흔들리면서 날아와 작업자 1명을 쳐버렸다.

➡해답 ① 작업반경 내 근로자 출입금지
② 로프의 안전상태 확인
③ 무전기를 사용하거나 신호방법을 미리 정한다.
④ 훅 해지장치 및 안전상태를 점검한다.

09.

화면에서 발생한 감전사고의 안전대책 3가지를 쓰시오.

[동영상 설명]
동영상은 터널 안 경고등에 설치한 가설전선을 점검 중 절연테이프를 만지다 감전사고를 일으키는 화면이다.

➡해답 ① 도전성이 있는 습한 곳에서 사용 시 전선에 절연작업을 확실히 해야 한다.
② 감전을 방지하기 위해 절연장갑을 착용하여야 한다.
③ 전원을 차단하고 작업을 실시한다.
④ 정격 누전차단기를 설치한다.

산업안전산업기사(7월 A형)

01.
화면은 크레인으로 자재를 인양하는 도중에 인양하던 물체가 떨어져 밑에서 작업 중인 작업자가 맞는 재해를 보여주고 있다. 이 동영상을 보고 크레인 작업 시 재해형태와 정의를 쓰시오.

➡해답 ① 재해발생형태 : 낙하·비래
② 정의 : 물체가 위에서 떨어지거나, 다른 곳으로부터 날아와 작업자에게 맞음으로써 발생하는 재해(물건이 주체가 되어 사람이 맞는 경우)

02.
화면에서 보여주고 있는 보호구 중 가죽제 안전화의 성능기준 항목 4가지를 쓰시오.

➡해답 ① 내압박성   ② 내충격성   ③ 박리저항   ④ 내답발성

03.
위험물질 실험실에서 위험물이 든 병을 발로 차서 깨뜨리는 장면을 보여주고 있다. 작업장에서 유해물질을 취급할 경우 작업장 바닥에 해야 할 조치를 쓰시오.

➡해답 ① 작업장 바닥을 불침투성 재료로 마감한다.
② 점화원이 될 수 있는 정전기를 방지할 수 있도록 한다.
③ 유해물질이 바닥이나 피트 등에 확산되지 않도록 경사를 주거나, 높이 15cm 이상의 턱을 설치한다.

04.
화면과 같이 작업자가 착용하여야 할 보호장구 2가지를 쓰시오.

[동영상 설명]
A작업자가 변압기의 2차 전압을 측정하기 위해 유리창 너머의 B작업자에게 전원을 투입하라는 신호를 보낸다. 측정 완료 후 다시 차단하라고 신호를 보내고 측정기기를 철거하다 감전사고가 발생되었다.(작업자는 맨손, 슬리퍼 착용)

➡해답 ① 절연장갑   ② 절연화

05.

화면은 갱폼 인양을 위한 가이데릭 설치작업을 하는 상황이다. 바닥에는 눈이 쌓여 있고 작업자가 파이프를 세우고 밑에는 철사로 고정하고 있다. 지렛대 역할을 하는 버팀대는 눈바닥 위에 그대로 나무토막 하나에 고정시키는 상황이다. 동영상에서 가이데릭 설치작업 시 불안전한 상태 두 가지를 쓰시오.

해답 ① 파이프의 아랫부분에만 철사로 고정시켜 무너질 위험이 있다.
② 버팀대가 미끄러져 사고의 위험 있다.

06.

프로판가스 용기의 저장 장소로서 부적절한 장소 3가지를 쓰시오.

[동영상 설명]
작업자가 LPG저장소라고 표시되어 있는 문을 열고 들어가려니 어두워서 들어가자마자 왼쪽에 있는 스위치를 눌러서 점등하려는 순간 스파크로 인해서 폭발이 일어났다.

해답 ① 통기 및 환풍이 잘 되지 않는 장소
② 위험물, 화약류 및 가연성 물질을 저장하는 장소 또는 그 부근
③ 화기류를 사용하는 장소나 그 부근

07.

화면은 영상표시단말기(VDT)의 작업상황을 보여주고 있다. 화면에서 VDT(영상표시단말기) 작업시 위험요인 3가지를 쓰시오.

해답 ① 불편한 자세 : 책상 및 컴퓨터의 위치 또는 구조로 인한 불편한 자세 유발
② 반복성 : 키보드, 마우스 작업시 높은 반복작업 발생
③ 정적 자세 : 작업시 정적 자세 발생
④ 접촉 스트레스 : 책상 모서리 및 키보드, 마우스 사용시 접촉 스트레스 발생

08.

화면은 둥근톱을 이용하여 나무판자를 자르는 작업 중 곁눈질을 하는 등 부주의로 작업자의 손가락이 절단되는 재해사례를 보여 주고 있다.(일반장갑 착용, 톱에 덮개 없음, 보안경 및 방진마스크 미착용) 둥근톱 작업시 올바른 방법 2가지를 쓰시오.

해답 ① 작업시 파편 등이 튀는 경우 보호구(보안경)를 착용하고, 작업시 다른 곳을 보는 등의 부주의한 행동을
　　　　하지 않는다.
　　　② 둥근톱 작업시 손이 말려들어 갈 위험이 있는 장갑을 사용해서는 안된다.
　　　③ 안전작업에 필요한 날접촉예방장치, 분할날, 반발방지기구, 반발방지롤, 보조안내판 등을 설치한다.

09.
화면은 김치제조 공장에서 슬라이스 작업 중 작동이 멈춰 기계를 점검하고 있는 도중에 재해가 발생한
상황을 보여주고 있다. 이 동영상을 보고 동종의 재해를 방지하기 위한 안전예방대책을 3가지 쓰시오.

해답 ① 슬라이스 부분에 덮개 설치
　　　② 울 설치
　　　③ 잠금장치 설치

산업안전산업기사(7월 B형)

01.
화면은 아파트 창틀에서 작업하던 근로자가 옆쪽 창문으로 이동하던 도중 발을 헛디뎌 떨어지는 장면
을 보여주고 있다. 이때 작업자의 추락사고 원인 2가지를 쓰시오.

해답 ① 안전대 부착설비 미설치
　　　② 안전대 미착용
　　　③ 추락방지용 안전방망 미설치

02.
화면은 MCCB 패널 차단기의 전원을 투입하여 발생한 재해사례이다. 동종재해방지대책 3가지를 서술
하시오.

[동영상 설명]
작업자가 MCCB 패널의 문을 열고 스피커를 통해 나오는 지시사항을 정확히 듣지 못한 상태에서
차단기 2개를 쳐다보며 어느 것을 투입할까 생각하다가 그 중 하나를 투입하였는데 잘못 투입하여
위험상황이 발생했는지 당황하는 표정을 짓고 있다.

➡해답 ① 전로의 개로개폐기에 시건장치 및 통전금지 표지판 부착
② 작업 전 신호체계 확립 및 작업지휘자에 의한 작업지휘
③ 차단기에 회로구분 표찰 부착에 의한 오조작 방지 등

03.
화면은 크롬도금작업을 보여준다. 동영상에서와 같이 유해물질(화학물질) 취급시 일반적인 주의사항을 4가지 쓰시오.

➡해답 ① 유해물질에 대한 유해성 사전조사
② 유해물질 발생원의 봉쇄
③ 작업공정 은폐, 작업장의 격리
④ 유해물의 위치 및 작업공정 변경
⑤ 전체환기 또는 국소배기
⑥ 점화원의 제거
⑦ 환경의 정돈과 청소

04.
화면에서 보여주고 있는 터널 굴착작업 시 공사의 안전성 및 설계의 타당성 판단 등을 확인하기 위해 실시하는 계측의 종류를 3가지 쓰시오.

➡해답 ① 내공변위 측정   ② 천단침하 측정
③ 지표면침하 측정   ④ 지중변위 측정
⑤ Rock Bolt 축력 측정   ⑥ 숏크리트 응력 측정

05.
화면은 2만 볼트가 인가된 누전시험기로 앞의 작업자가 시험하다 미처 뒤에 있던 다른 작업자를 발견하지 못하여 발생한 재해사고 사례이다. 이 작업시의 ① 재해형태 ② 가해물을 각각 파악해 쓰시오.

[동영상 설명]
승강기 MCCB 패널 뒤쪽에서 작업자 1명이 열심히 보수작업을 하는 것을 보여주고 화면이 패널 앞쪽으로 이동하면서 다른 작업자 1명을 보여준다. 절연저항을 측정하는 메거장비를 들고 한선은 패널 접지에 꼽은 후 장비의 스위치를 ON시키고 배선용 차단기에 나머지 한선을 여기 저기 대보고 있는데 뒤쪽 작업자가 패널 작업 중 쓰러졌는지 놀라서 일어나는 동영상이다.

➡해답 ① 재해형태 : 감전   ② 가해물 : 전류(또는 전기)

06.

화면은 인쇄 윤전기를 청소하는 중에 발생한 재해사례이다. 동영상을 참고하여 롤러기의 청소 시 핵심 위험 요인 2가지만 쓰시오.

[동영상 설명]
작업자가 인쇄용 윤전기의 전원을 끄지 않고 빙글빙글 서로 맞물려서 돌아가는 롤러를 걸레로 닦고 있다. 닦을 때 체중을 실어서 힘 있게 닦고, 위험하게 맞물리는 지점까지 걸레를 집어넣고 닦는다. 그 순간 작업자의 손이 롤러기 사이에 끼어 사고를 당하고 사고 발생 후 전원을 차단하고 손을 빼냈다.

➡해답 ① 회전 중 롤러의 죄어 들어가는 쪽에서 직접 손으로 눌러 닦고 있어서 손이 말려들어 가게 된다.
② 체중을 걸쳐 닦고 있어서 말려들어 가게 된다.
③ 안전장치가 없어서 걸레를 위로 넣었을 때 롤러가 멈추지 않아 손이 말려들어 간다.

07.

방독마스크의 한 종류를 화면에서 보여주고 있다. 이때, 다음 각 물음에 대한 답을 쓰시오. (단, 정화통의 문자 표기는 무시한다.)

① 방독마스크의 종류를 쓰시오.
② 방독마스크의 주요성분을 쓰시오.
③ 방독마스크의 시험가스 종류를 쓰시오.

➡해답 ① 할로겐용 방독마스크
② 소다라임(Soda lime), 활성탄
③ 염소

08.

화면은 프레스기로 철판에 구멍을 뚫는 작업을 하고 있다. 동영상에서 사용하고 있는 프레스에는 급정지 기구가 부착되어 있지 않았다. 이 프레스에 설치하여 사용할 수 있는 유효한 방호장치를 2가지 쓰시오.

➡해답 ① 게이트가드식
② 수인식
③ 손쳐내기식
④ 양수기동식

09.

화면은 폭발성 화학물질 취급 중 작업자의 부주의로 발생한 사고 사례이다. 동영상에서와 같이 폭발성 물질 저장소에 들어가는 ① 작업자가 신발에 물을 묻히는 이유는 무엇인지 상세히 설명하고, ② 화재 시 적합한 소화방법은 무엇인지 쓰시오.

➡해답 ① 인체에 대전된 정전기는 점화원으로 작용할 수 있으므로, 대전된 정전기를 땅으로 흘려보내기 위해서 신발과 바닥면 사이의 저항을 최소화하기 위함
② 다량 주수에 의한 냉각소화

산업안전산업기사(10월 A형)

01.

화면의 작업상황에서와 같이 작업자의 손이 말려들어가는 부분에서 형성되는 ① 위험점과 ② 위험점의 정의를 쓰시오.

[동영상 설명]
작업자가 회전물에 샌드페이퍼(사포)를 감아 손으로 지지하고 작업하다 작업복과 손이 감겨들어 갔다.

➡해답 1. 위험점 : 회전말림점(Trapping Point)
2. 정의 : 회전하는 물체의 길이, 굵기, 속도 등이 불규칙한 부위와 돌기회전부위에 장갑 및 작업복 등이 말려드는 위험점 형성(돌기회전부)

02.
화면은 둥근톱을 이용하여 나무판자를 자르는 작업 중 장갑을 착용한 작업자의 손가락이 절단되는 재해사례를 보여 주고 있다. 둥근톱 작업시 필요한 안전 및 보조 장치 3가지를 쓰시오.

해답 밀대, 직각정규, 평행조정기, 분할날, 톱날덮개

03.
화면은 승강기 컨트롤 패널 점검 중 발생한 재해사례이다. 화면에서와 같이 인체의 일부 또는 전체에 전기가 흐르는 것을 감전이라 하는데 이러한 감전의 원인을 쓰시오.

해답 잔류전하에 의한 감전
① 전로의 개로개폐기에 시건장치 및 통전금지 표지판 미부착
② 작업 전 신호체계 미확립 및 작업지휘자에 의한 작업지휘 미실시
③ 차단기에 회로구분 표찰 부착에 의한 오조작 등

04.
화면과 연관된 특수 화학설비 내부의 이상상태를 조기에 파악하기 위하여 설치해야 할 장치 3가지를 쓰시오.

해답 ① 온도계 ② 유량계 ③ 압력계 ④ 자동경보장치

05.
화면은 작업자가 스프레이건으로 쇠파이프 여러 개를 눕혀놓고 페인트칠을 하는 작업을 보여주고 있다. 동영상에서 사용되는 흡수제 2가지를 쓰시오.

해답 활성탄, 소다라임, 알칼리제제, 큐프라마이트

06.
화면은 2만 볼트가 인가된 배전반에 절연내력시험기로 앞의 작업자가 시험하다 미처 뒤에 있던 다른 작업자를 발견하지 못한 관계로 발생한 재해사례이다. 이 작업 시의 안전조치사항 3가지를 쓰시오.

해답 ① 전로의 개로개폐기에 시건장치 및 통전금지 표지판 부착
② 작업 전 신호체계 확립 및 작업지휘자에 의한 작업지휘
③ 내전압용 절연장갑 등 절연용 보호구를 착용한다.

07.
화면은 내전압용 절연장갑을 보여주고 있다. 화면을 참고하여 각 등급을 쓰시오.

해답

등급	최대사용전압
00등급	교류 500V, 직류 750V
0등급	교류 1,000V, 직류 1500V
1등급	교류 7,500V, 직류 11,250V
2등급	교류 17,000V, 직류 25,500V
3등급	교류 26,500V, 직류 39,750V
4등급	교류 36,000V, 직류 54,000V

08.
화면은 터널 내 발파작업에 관한 사항이다. 발파작업시 사용하는 발파공의 충진재료를 쓰시오.

해답 점토·모래 등 발화성 또는 인화성의 위험이 없는 재료

09.
작업자가 하역운반기계인 덤프트럭의 점검을 위해 적재함을 올려놓은 상태에서 수리작업을 하던 중 유압장치의 이상으로 적재함이 갑자기 내려오고 있는 상황이다. 이때 재해를 예방하기 위해 사전에 취해야 할 조치사항 3가지를 쓰시오.

해답 ① 작업의 지휘자를 지정
② 작업순서를 결정하고 작업을 지휘할 것
③ 안전지주 또는 안전블록 등의 사용상황 등을 점검할 것

산업안전산업기사(10월 B형)

01.
항타기·항발기 작업시 충전전로에 근로자 감전위험 발생 우려가 있을 때 사업주로서 조치사항 3가지를 쓰시오.

해답 ① (이격거리 확보) 차량 등을 충전부로부터 300[cm] 이상 이격시키되, 대지전압이 50[kV]를 넘는 경우에는 10[kV]가 증가할 때마다 이격거리 를 10[cm]씩 증가시킨다.

② (절연용 방호구 설치) 절연용 방호구 등을 설치한 경우에는 이격거리를 절연용 방호구 앞면까지로 할 수 있다.

③ (울타리 설치 또는 감시인 배치) 울타리를 설치하거나 감시인 배치 등의 조치를 하여야 한다.

④ (접지점 관리 철저) 접지된 차량 등이 충전전로와 접촉할 우려가 있는 경우에는 근로자가 접지점에 접촉되지 않도록 조치하여야 한다.

02.

작업자가 컨베이어 위에서 벨트 양쪽의 기계에 두 발을 걸치고 물건을 올리는 작업 중 벨트에 신발 밑창이 딸려가서 넘어지고 옆에 다른 근로자가 부축하는 동영상이다. 화면에서 재해방지를 위한 안전장치 2가지를 쓰시오.

➡해답 1. 비상정지장치
2. 덮개 또는 울
3. 역전방지장치

03.

화면 속에서는 고온의 증기가 흐르는 고소배관의 플랜지를 점검하던 중 작업자에게 발생한 재해사례가 보여주고 있다. 화면을 보고 위험요인을 3가지만 쓰시오.

[동영상 설명]
고소배관 플랜지 점검 중 이동사다리를 딛고 올라서서 배관플랜지 볼트를 조이다가 추락하였다.

➡해답 1. 방열복 및 방열장갑 등 보호구를 착용하지 않았다.
2. 이동식 사다리가 고정되어 있지 않다.
3. 보안경 미착용으로 고압증기에 의한 눈 손상의 위험이 있다.
4. 양손을 동시에 사용하고 있어 작업자세가 불안전하다.

04.

화면은 박공지붕 설치작업 중 발생한 재해사례이다. 해당 화면은 박공지붕의 비래에 의해 재해가 발생하였음을 나타내고 있다. 이때 재해 발생원인 3가지를 쓰시오.

➡해답 ① 근로자는 위험한 장소에서 휴식을 취하지 않는다.
② 추락방지망을 설치한다.
③ 자재를 한 곳에 과적하여 적치하지 않는다.
④ 안전대 부착설비를 설치하고, 안전대를 착용한다.

05.

화면은 LPG저장소에서 전기스파크에 의해 폭발사고가 발생한 상황이다. 기압상태의 저장용기에 저장된 LPG가 대기 중에 유출되어 순간적으로 기화가 일어나 점화원에 의해 발생되는 폭발을 무슨 현상이라 하는가.

➡해답 증기운 폭발(UVCE)

06.

화면은 MCCB 패널 차단기의 전원을 투입하여 발생한 재해사례이다. 동종재해방지대책 3가지를 서술하시오.

[동영상 설명]
작업자가 MCCB 패널의 문을 열고 스피커를 통해 나오는 지시사항을 정확히 듣지 못한 상태에서 차단기 2개를 쳐다보며 어느 것을 투입할까 생각하다가 그 중 하나를 투입하였는데 잘못 투입하여 위험상황이 발생했는지 당황하는 표정을 짓고 있다.

➡해답 ① 전로의 개로개폐기에 시건장치 및 통전금지 표지판 부착
② 작업 전 신호체계 확립 및 작업지휘자에 의한 작업지휘
③ 차단기에 회로구분 표찰 부착에 의한 오조작 방지 등

07.

작업자가 사출성형기 노즐 부분에 끼인 잔류물을 제거하다 감전사고가 발생했다. 화면에서 나타난 재해원인 중 ① 기인물과 ② 가해물을 각각 구분하여 쓰시오.

➡해답 ① 기인물 : 사출성형기, ② 가해물 : 전류(또는 전기)

08.

화면은 가스용접 작업 진행 중 맨얼굴과 목장갑을 끼고 작업하면서 산소통 줄을 당겨서 호스가 뽑히며 화재가 발생한 재해사례를 나타내고 있다. ① 위험요인과 ② 안전대책을 1가지씩 쓰시오.

➡해답 ① 위험요인 : 용기를 눕혀서 보관하고 있다. 보호구(보안경, 안전모, 안전화)를 착용하지 않았다.
② 안전대책 : 용기를 세워놓고 작업하여야 한다. 보호구를 착용하여야 한다.

09.

화면은 보안경을 착용하고 작업하는 근로자를 보여준다. 보안경의 사용구분에 따른 종류 4가지를 쓰시오.

→해답 ① 자외선용
② 적외선용
③ 복합용
④ 용접용

산업안전산업기사 1회(4월 A형)

01.

화면은 전주에 사다리를 기대고 작업 중 넘어지는 재해사례를 보여주고 있다. 이러한 재해사례와 같이 이동식 사다리를 사용할 때의 설치기준을 3가지 쓰시오.

➡해답 ① 견고한 구조로 할 것
② 재료는 심한 손상·부식 등이 없는 것으로 할 것
③ 폭은 30cm 이상으로 할 것
④ 다리부분에는 미끄럼방지장치를 설치하는 등 미끄러지거나 넘어지는 것을 방지하기 위한 필요한 조치를 할 것
⑤ 발판의 간격은 동일하게 할 것

02.

화면은 박공지붕 설치작업 중 박공지붕의 비래에 의해 재해가 발생하는 장면을 보여주고 있다. 이러한 재해의 발생원인을 3가지 쓰시오.

[동영상 설명]
박공지붕 위쪽과 바닥을 보여주면서 오른쪽에 안전난간, 추락방지망이 미설치된 화면과 지붕 위쪽 중간에서 커피를 마시면서 앉아 휴식을 취하는 작업자(안전모, 안전화 착용함)들과 작업자 왼쪽과 뒤편에 적재물이 적치되어 있고 휴식 중인 작업자를 향해 뒤에 있는 삼각형 적재물이 굴러와 작업자 등에 충돌하여 작업자가 앞으로 쓰러지는 동영상이다.

➡해답 ① 경사지붕 하부에 낙하물방지망 미설치
② 박공지붕 적치상태 및 체결상태 불량
③ 작업자가 낙하위험장소에서 휴식

03.
화면에 작업자가 DMF를 옮기고 있다. DMF 사용 작업장 물질안전보건자료 비치·게시하고 정기·수시로 관리해야 하는 장소 3가지를 쓰시오.

➡️해답 ① 물질안전보건자료 대상물질을 취급하는 작업공정이 있는 장소
② 작업장 내 근로자가 가장 보기 쉬운 장소
③ 근로자가 작업 중 쉽게 접근할 수 있는 장소에 설치된 전산 장비

04.
화면상에서 작업자가 '원심탈수기'의 내부 점검을 실시하고 있다. 안전대책을 2가지 쓰시오.

➡️해답 ① 물질안전보건자료 대상물질을 취급하는 작업공정이 있는 장소
② 작업장 내 근로자가 가장 보기 쉬운 장소
③ 근로자가 작업 중 쉽게 접근할 수 있는 장소에 설치된 전산 장부

05.
화면은 프레스기에 금형 교체작업을 하고 있다. 작업 중 안전상 점검사항 2가지를 쓰시오.

➡️해답 ① 펀치와 다이의 평행도
② 펀치와 볼스터면의 평행도
③ 다이와 볼스터의 평행도
④ 다이홀더와 펀치의 직각도, 생크홀과 펀치의 직각도

06.
화면은 작업자가 수중펌프 접속부위에 감전되어 발생한 재해사례이다. 전원부 작업 시 필요한 방호장치 1가지를 쓰시오.

[동영상 설명]
단무지 생산공장에서 무릎 정도 물이 차 있는 상태에서 펌프 작동과 동시에 감전

➡️해답 감전방지용 누전차단기 설치

07.
화면에 나타난 보호장구(보안면) 면체의 성능기준 항목 3가지를 쓰시오.

➡해답 ① 절연시험   ② 내식성
         ③ 굴절력   ④ 투과율
         ⑤ 시감투과율 차이

08.
화면은 드릴작업을 하고 있다. 위험포인트와 안전대책을 한 가지씩 쓰시오.

[동영상 설명]
공작물을 손으로 잡고 작업하다가 공작물이 튀는 현상임

➡해답 1. 위험포인트 : 작은 공작물을 손으로 잡고 드릴작업을 하고 있다.
      2. 대책 : 전용공구인 바이스로 고정시킨 후 작업을 하여야 한다.

09.
화면은 공장 지붕 철골 위에서 패널 설치작업 중 작업자가 실족하여 사망한 재해사례를 보여주고 있다. 이러한 재해발생원인 2가지를 쓰시오.

➡해답 ① 안전대 부착설비 설치 및 안전대 착용
      ② 추락방지망 설치

산업안전산업기사 1회(4월 B형)

01.
화면에 보이는 방음보호구의 종류와 기호를 쓰시오.

➡해답 ① 보호구의 명칭 : 귀덮개
② 기호 : EM

02.
화면에서 그라인더 작업 시 조치사항 3가지를 쓰시오.

[동영상 설명]
동영상은 탱크 내부 밀폐된 공간에서 작업자가 그라인더 작업을 하고 있고, 다른 작업자가 외부에 설치된 국소배기장치를 발로 차서 전원공급이 차단되어 내부 작업자가 의식을 잃고 쓰러지는 화면을 보여 준다.

➡해답 ① 작업 전 산소 및 유해가스 농도 측정 후 작업
② 산소농도가 18% 미만일 때는 환기를 시키고, 작업 중에도 계속 환기
③ 가능한 급배기를 동시에 실시하고, 환기를 실시할 수 없거나 산소결핍장소에서 작업할 때에는 공기공급식 호흡용 보호구를 착용한다.

03.
화면은 이동식 크레인을 이용하여 배관을 위로 올리는 작업으로 신호수의 수신호와 보조로프 없이 작업을 하는 동영상이다. 이러한 작업을 할 때 화물의 낙하 · 비래 위험을 방지하기 위한 조치사항 3가지를 쓰시오.

➡해답 ① 작업반경 내 근로자 출입금지
② 로프의 안전상태 확인
③ 무전기를 사용하거나 신호방법을 미리 정한다.

04.
화면은 가스용접작업 진행 중 발생된 재해사례를 나타내고 있다. 위험요인을 2가지 쓰시오.

[동영상 설명]
가스용접작업 중 맨얼굴과 목장갑을 끼고 작업하면서 산소통 줄을 당겨서 호스가 뽑혀 산소가 새어나오고 불꽃이 튐

➡해답 ① 무리하게 호스를 당겨서 분리된 호스로 인해 누설된 가스와 스파크의 접촉으로 인한 폭발
② 보안경 미착용으로 인한 재해위험

05.

저장탱크 내부에서 슬러지 청소장면을 보여준다. 작업자가 탱크 내부에서 30분 이상 실시할 경우 착용해야 할 보호구를 쓰시오.

➡해답 ① 송기마스크　　　　② 공기호흡기

06.

철골 위에서 발판을 설치하는 도중 작업자가 철골 위에서 발판 상단을 이동하던 중 지상으로 떨어지고 있는 상황을 보여주고 있다. 이러한 재해발생 상황에서 재해발생형태 및 기인물을 각각 쓰시오.

➡해답 ① 재해형태 : 추락
　　　② 기인물 : 작업발판

07.

화면상에서 분전반 전면에 위치한 그라인더 기기를 활용한 작업에서 위험요인 2가지를 쓰시오.

[동영상 설명]
작업자 한 명이 콘센트에 플러그를 꽂고 그라인더 작업 중이고, 다른 작업자가 다가와서 작업을 위해 콘센트에 플러그를 꽂고 주변을 만지는 도중 감전이 발생하는 동영상

➡해답 ① 절연장갑 미착용으로 감전위험
　　　② 맨손으로 작업 중 감전위험
　　　③ 절연용 보호구(절연모, 절연복 등) 미착용으로 감전위험
　　　④ 분전반 충전부 방호조치 미흡 시 감전위험

08.

화면에서 재해방지를 위한 안전장치 3가지를 쓰시오.

[동영상 설명]
작업자가 컨베이어 위에서 벨트 양쪽의 기계에 두 발을 걸치고 물건을 올리는 작업 중 벨트에 신발 밑창이 딸려가서 넘어지고 옆에 다른 근로자가 부축하는 동영상임

➡해답 ① 비상정지장치
　　　② 덮개 또는 울
　　　③ 역전방지장치

09.

화면은 작업자가 사출성형기에 끼인 이물질을 당기다 감전으로 뒤로 넘어져 발생하는 재해사례이다. 사출성형기 잔류물 제거 시 예방대책 3가지를 쓰시오.

해답 ① 정전작업 실시 : 작업을 감시하는 감시인 배치 및 수리작업 시작 전 기계의 전원을 차단시킨다.
② 절연용 보호구 착용 : 작업자의 내전압용 절연장갑 등 절연용 보호구의 착용을 철저히 한다.
③ 전용공구 사용 : 이물질을 제거할 때에는 손으로 하는 것보다 전용공구를 사용한다.

산업안전산업기사 2회(7월 A형)

01.

화면은 에어 배관작업 중 고압의 증기 누출로 작업자가 눈을 다치는 장면을 보여주고 있다. 에어배관 작업시 위험요인을 2가지 쓰시오.

> [동영상 설명]
> 파이프렌치나 전용공구가 아닌 일반 펜치로 에어배관 작업을 하다 재해가 발생하는 동영상이다.
> (안전모 착용, 주위에 작업지휘자는 없다.)

해답 ① 보안경을 착용하지 않은 관계로 고압증기에 의한 눈 부위 손상 위험이 존재한다.
② 배관에 남은 압력을 제거하지 않았고, 전용공구를 사용하지 않아 위험이 존재한다.

02.

화면은 공장 지붕 철공 상에 패널 설치 중 작업자가 실족·추락하여 사망한 재해사례를 보여주고 있다. 이때 위험요인 2가지를 쓰시오.

해답 ① 경사지붕 단부에 추락방지용 안전난간 설치
② 안전대 부착설비를 설치하고 작업자로 하여금 안전대를 착용하고 작업 실시

O3.
작업자가 형강을 들어 올려 와이어로프를 빼내는 작업 중에 와이어로프에 얻어맞는 재해가 발생하였다. 이때 가해물과 안전작업방법 2가지를 쓰시오.

➡해답 (1) 가해물 : 와이어로프
　　　(2) 안전 인양방법
　　　　　① 지렛대를 와이어로프가 물려있는 형강 사이에 넣어 형강이 무너져 내리지 않을 정도로 들어올린 상태에서 와이어로프를 빼낸다.
　　　　　② 와이어로프 빼기 작업은 1인으로 부적합하므로 2인 이상이 지렛대를 동시에 넣어 형강을 들어올린 상태에서 와이어로프를 빼낸다.

O4.
배관용접작업 중 감전되기 쉬운 장비의 위치를 4가지 쓰시오.

[동영상 설명]
작업자가 용접봉 보안면을 착용한 상태로 배관에 용접작업을 하고 있으며, 배관은 작업자의 가슴 부분에 위치해 있고 용접장치 조작 스위치는 복부 정도에 위치해 있음

➡해답 ① 용접기 케이스
　　　② 용접봉 홀더
　　　③ 용접봉 케이블
　　　④ 용접기의 리드단자

O5.
화면과 같은 안전대의 명칭과 위쪽, 아래쪽의 명칭을 쓰시오.

➡해답 안전대의 명칭 : 죔줄
　　　① 카라비너
　　　② 훅

06.

화면은 지반의 굴착공사 후 흙막이 지보공을 설치하는 장면을 보여주고 있다. 이러한 흙막이지보공 작업 시 정기적으로 점검해야 할 사항 3가지를 쓰시오.

해답 ① 부재의 손상·변형·부식·변위 탈락의 유무와 상태
② 버팀대의 긴압 정도
③ 부재의 접속부·부착부 및 교차부의 상태
④ 침하의 정도

07.

작업자가 퓨즈 교체작업 중 감전사고를 당했다. 감전의 원인을 2가지 쓰시오.

해답 ① 정전작업 미실시 : 작업자가 전원을 차단하지 않고 퓨즈를 교체함
② 절연용 보호구 미착용 : 절연용 보호구 미착용 상태에서 작업을 함

08.

화면은 프레스기로 철판에 구멍을 뚫는 작업을 하고 있다. 동영상에서 사용하고 있는 프레스에는 급정지 기구가 부착되어 있지 않았다. 이 프레스에 설치하여 사용할 수 있는 유효한 방호장치를 2가지 쓰시오.

해답 ① 게이트가드식
② 수인식
③ 손쳐내기식
④ 양수기동식

09.

화면은 도로상 가설전선 점검작업 중 발생한 재해사례이다. 작업자 절연장갑 미착용 및 활선상태 동영상을 참고하여 감전사고 예방대책 3가지를 쓰시오.

해답 ① 개인보호구(절연장갑) 착용
② 정전작업 실시
③ 감전방지용 누전차단기 설치
④ 해당 전선의 절연성능 이상으로 전선접속부 절연조치

산업안전산업기사 2회(7월 B형)

O1.
화면상에 보여주고 있는 보안면의 등급을 나누는 기준과 투과율의 종류를 쓰시오.

➡**해답** (1) 등급기준 : 차광도 번호
     (2) 투과율의 종류 : ① 자외선 최대 분광 투과율, ② 시감 투과율, ③ 적외선 투과율

O2.
목재가공용 둥근톱 방호장치 2가지와 자율안전확인대상 목재가공용 둥근톱 덮개 및 분할날에 자율안전확인표시 외에 추가로 표시하여야 할 사항 1가지를 쓰시오.

➡**해답** (1) 방호장치 : ① 반발예방장치, ② 톱날접촉예방장치
     (2) 표시사항 : ① 덮개의 종류, ② 둥근톱의 사용가능 치수

O3.
동영상에서와 같이 크롬도금작업장에서 장기간 근무할 경우 크롬화합물이 작업자의 체내에 유입될 수 있다. 크롬의 침입 경로를 쓰시오.

➡**해답** 호흡기, 소화기, 피부점막

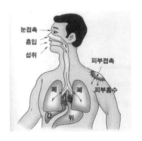

04.
화면상에서 분전반 전면에 위치한 그라인더 기기를 활용한 작업의 위험요인을 2가지 쓰시오.

[동영상 설명]
작업자 한 명이 콘센트에 플러그를 꽂고 그라인더 작업 중이고, 다른 작업자가 다가와서 작업을
위해 콘센트에 플러그를 꽂고 주변을 만지는 도중 감전이 발생하는 내용

➡해답 ① 절연장갑 미착용으로 감전위험
② 맨손으로 작업 중 감전위험
③ 절연용 보호구(절연모, 절연복 등) 미착용으로 감전위험
④ 분전반 충전부 방호조치 미흡 시 감전위험

05.
동영상은 작업자가 전주작업을 하던 중 머리를 부딪히는 장면을 보여주고 있다. 이때 가해물과 착용하
여야 하는 안전모의 종류를 쓰시오.

➡해답 ① 가해물 : 전주
② 안전모의 종류 : AE형, ABE형

06.
밀폐공간에 근로자를 종사하도록 하는 때에 밀폐공간보건작업프로그램 예방대책 3가지를 쓰시오.(단,
그밖에 밀폐공간 작업근로자의 건강장해예방에 관한 사항 제외)

➡해답 ① 작업시작 전 적정한 공기상태 여부의 확인을 위한 측정·평가
② 응급조치 등 안전보건 교육 및 훈련
③ 공기호흡기 또는 송기(送氣)마스크 등의 착용 및 관리

07.
무채기계작업 중 갑자기 기계가 작동하지 않아 작업자가 점검하던 중 절단부에서 재해를 당하는 장면
이다. 위험요인 2가지를 쓰시오.

➡해답 ① 전원을 차단하지 않은 채 점검을 하던 중 슬라이스가 작동되어 손을 다칠 위험이 있다.
② 인터록 및 연동장치가 설치되지 않아 손을 다칠 위험이 있다.

08.

동영상은 아파트 창틀에서 작업 중 발생한 재해사례를 나타내고 있다. 해당 동영상에서 작업자의 추락사고 원인 3가지를 쓰시오.

➡해답 ① 안전대 부착설비 미설치, ② 안전대 미착용, ③ 추락방지용 안전방망 미설치

09.

화면은 작업자가 건설작업용 리프트를 점검하고 있는 장면을 보여주고 있다. 이러한 건설작업용 리프트의 방호장치 3가지를 쓰시오.

➡해답 권과방지장치, 과부하방지장치, 비상정지장치〈안전보건규칙 제151조〉

산업안전산업기사 3회(7월 A형)

01.

화면은 둥근톱을 이용하여 나무판자를 자르는 작업 중 곁눈질을 하는 등 부주의로 작업자의 손가락이 절단되는 재해사례를 보여 주고 있다.(일반장갑 착용, 톱에 덮개 없음, 보안경 및 방진마스크 미착용) 둥근톱 작업 시 올바른 방법 2가지를 쓰시오.

➡해답 ① 작업 시 파편 등이 튀는 경우 보호구(보안경)를 착용하고, 작업 시 다른 곳을 보는 등의 부주의한 행동을
하지 않는다.
② 둥근톱 작업시 손이 말려들어 갈 위험이 있는 장갑을 사용해서는 안 된다.
③ 안전작업에 필요한 날접촉예방장치, 분할날, 반발방지기구, 반발방지롤, 보조안내판 등을 설치한다.

02.

컨베이어 작업 시작 전 점검사항을 쓰시오.

> [동영상 설명]
> 정지된 컨베이어를 작업자가 점검하고 있다. 작업자가 점검 중일 때 다른 작업자가 전원 스위치 쪽으로 서서히 다가오더니 전원버튼을 누른다. 그 순간 점검 중이던 작업자가 벨트에 손이 끼이는 사고를 당하는 화면을 보여 준다.

→해답 ① 원동기 및 풀리기능의 이상 유무
② 이탈 등의 방지장치기능의 이상 유무
③ 비상정지장치 기능의 이상 유무
④ 원동기 · 회전축 · 기어 및 풀리 등의 덮개 또는 울 등의 이상 유무

03.

인화성 물질 저장창고에서 한 작업자가 인화성 물질이 든 운반용 용기를 몇 개 이동시키고 나서 잠시 쉬려고 인화성 물질이 든 드럼통 옆에서 윗옷을 벗는 순간 "펑"하고 폭발사고가 발생하는 장면이다. 인화성 물질 저장 시 관리대책 3가지를 쓰시오.

→해답 ① 통풍 및 환기가 잘 되는 장소에 인화성 물질을 보관한다.
② 안전장비를 착용한다.
③ 정리정돈을 잘한다.

04.

화면은 교류아크용접 작업 중 재해가 발생한 사례이다. 기인물은 무엇이며, 이 작업 시 눈과 감전재해 위험으로부터 작업자를 보호하기 위해 착용해야 할 보호구 명칭 두 가지를 쓰시오.

> [동영상 설명]
> 작업자가 교류아크용접을 한다. 용접을 하고서 슬러지를 털어낸 뒤 육안으로 확인한 후 다시 한 번 용접을 하기 위해 아크불꽃을 내는 순간 감전되어 쓰러진다.(작업자는 일반 캡 모자와 목장갑 착용)

→해답 ① 기인물 : 교류아크용접기
② 용접용 보안경, 내전압용 절연장갑

05.

작업자가 전신주 작업을 하고 있다. 작업자는 방호구를 착용하지 않고 있으며 양손을 모두 사용하여 작업을 하고 있고 발판이 불안정하게 보인다. 화면의 전기형강 작업을 보고 작업자가 집중 결여로 될 가능성이 있는 것을 모두 찾아 쓰시오.

→해답 ① 안전수칙 미준수(작업자세 및 상태불량 등) : 작업자 흡연 등
② 추락 위험 : 작업발판
③ 낙하 · 비래 위험 : COS 고정상태 불량
④ 감전 위험

06.
철골구조물에서 작업자 2명이 볼트 체결작업 중 1명이 추락하는 화면을 보여주고 있다. 철골구조물 작업 시 작업을 중지해야 하는 작업제한조건 3가지를 쓰시오.

→해답
① 풍속이 초당 10m 이상인 경우
② 강우량이 시간당 1mm 이상인 경우
③ 강설량이 시간당 1cm 이상인 경우

07.
화면상에서 보여주고 있는 해체작업(건물해체작업)의 작업계획서 작성 시 포함하여야 할 사항 2가지를 쓰시오.

→해답
① 해체의 방법 및 해체순서 도면
② 가설설비, 방호설비, 환기설비 및 살수·방화설비 등의 방법
③ 사업장 내 연락방법
④ 해체물의 처분계획
⑤ 해체작업용 기계·기구 등의 작업계획서
⑥ 해체작업용 화약류 등의 사용계획서

08.
화면은 도금작업에 사용하는 보호구 사진 A, B, C 3가지를 보여준 후, C 보호구에 노란색 동그라미가 표시되면서 정지된다. 동영상에서 C 보호구의 사용 장소에 따른 분류 3가지를 쓰시오.

A	B	C

→해답 고무제 안전화
① 일반용 : 일반작업장
② 내유용 : 탄화수소류의 윤활유 등을 취급하는 작업장
③ 내산용 : 무기산을 취급하는 작업장
④ 내알칼리용 : 알칼리를 취급하는 작업장
⑤ 내산, 내알칼리 겸용 : 무기산 및 알칼리를 취급하는 작업장

09.
동영상은 크롬도금작업을 보여준다. 크롬도금작업장소에 국소배기장치 종류와 미스트 억제방법을 쓰시오.

➡️**해답** (1) 국소배기장치 종류 : ① Push – Pull, ② 측방형, ③ 슬롯형
　　　(2) 미스트 억제방법 : ① 소형 플라스틱, ② 계면활성제

산업안전산업기사 3회(7월 B형)

01.
타워크레인으로 자재를 운반하는 작업 중 화물이 흔들리면서 근로자가 화물에 부딪히는 장면을 보여주고 있다. 이와 같은 작업상황에서 재해발생 원인을 3가지 쓰시오.

➡️**해답** ① 유도로프를 사용하지 않아 화물이 흔들리며 낙하할 위험
　　　② 낙하위험구간에 근로자 출입
　　　③ 인양 전 인양로프 미점검으로 로프 파단위험
　　　④ 작업 전 신호방법 및 신호계획 미수립

02.
승강기 내부 피트에서 합판으로 설치된 작업발판을 설치하고 작업자가 폼타이 핀을 망치로 제거하는 작업을 하던 중 발판에서 추락하는 재해가 발생하였다. 이때 재해발생 원인을 3가지 쓰시오.

➡️**해답** ① 작업발판이 고정되지 않았다.
　　　② 작업자가 안전대를 착용하지 않았다.
　　　③ 피트 내부에 추락방지망을 설치하지 않았다.

03.
화면의 전주 변압기가 활선인지 아닌지 확인할 수 있는 방법 3가지를 쓰시오.

➡️**해답** ① 검전기(활선접근경보기)로 확인
　　　② 테스터기 활용(지시치 확인)
　　　③ 변압기 전로의 전원투입 개폐기 투입상태 확인

04.
동영상은 두 명의 근로자가 V벨트 교체작업을 하고 있다. 다른 한 작업자가 작업 중임을 모르고 전원 버튼을 조작하여 손이 말려들어 가는 재해가 발생하였다. V벨트 교체작업 시 안전작업수칙 3가지를 쓰시오.

➡해답 ① 작업 시작 전 전원을 차단한다.
② V벨트 교체작업은 천대장치를 사용한다.
③ 보수작업 중이라는 안내표지를 부착한 후 실시한다.

05.
가죽제 안전화를 보여주고 있다. 안전화의 성능시험의 종류 4가지를 쓰시오.

➡해답 ① 내충격성시험   ② 내압박성시험   ③ 박리저항시험   ④ 내답발성시험

06.
프로판가스 용기의 저장 장소로서 부적절한 장소 3가지를 쓰시오.

[동영상 설명]
작업자가 LPG저장소라고 표시되어 있는 문을 열고 들어가려니 어두워서 들어가자마자 왼쪽에 있는 스위치를 눌러서 점등하려는 순간 스파크로 인해서 폭발이 일어났다.

➡해답 ① 통기 및 환풍이 잘 되지 않는 장소
② 위험물, 화약류 및 가연성 물질을 저장하는 장소 또는 그 부근
③ 화기류를 사용하는 장소나 그 부근

07.
화면은 작업자가 탁상용 드릴 작업 중 발생한 쇳가루의 이물질을 손으로 치우다 손이 말려들어가 드릴 날에 검지손가락이 절단되면서 피가 나는 재해사례이다. 동영상의 위험점 명칭, 정의를 쓰시오.

➡해답 ① 위험점의 명칭 : 끼임점
② 정의 : 고정부분과 회전하는 동작 부분이 함께 만드는 위험점

08.
위험물을 다루는 바닥이 갖추어야 할 조건 2가지를 쓰시오.

[동영상 설명]
위험물질 실험실에서 위험물이 든 병을 발로 차서 깨뜨리는 장면

➡해답 ① 작업장 바닥을 불침투성 재료로 마감한다.
② 점화원이 될 수 있는 정전기를 방지할 수 있도록 한다.
③ 유해물질이 바닥이나 피트 등에 확산되지 않도록 경사를 주거나, 높이 15cm 이상의 턱을 설치한다.

09.
화면 속 작업자는 교류아크용접 작업을 하고 있다. 이 용접기를 사용하기 전 점검사항 2가지를 쓰시오.

➡해답 ① 자동전격방지기 설치상태 및 정상작동 유무 확인
② 차광보호구, 절연장갑, 안전화, 방독마스크 등 보호구 착용

산업안전산업기사 1회(4월 A형)

01.

화면 속 영상은 아파트 창틀에서 작업 중 발생한 재해사례를 나타내고 있다. 이를 참고하여 관련 기인물과 가해물을 쓰시오.

[동영상 설명]
• 작업자 A, B가 작업을 하고 있으며 A는 아파트 창틀에서 B는 옆 처마 위에서 작업을 하고 있다.
• 창틀에서 작업 중인 A가 작업발판을 처마 위의 B에게 건네준다.
• B가 옆 처마 위로 이동하다 콘크리트 조각을 밟고 미끄러져 바닥으로 추락한다(주변에 정리정돈이 되어 있지 않고, A 작업자가 밟고 있던 콘크리트 부스러기가 추락할 때 같이 떨어진다).

➡해답 ① 기인물 : 콘크리트 조각   ② 가해물 : 바닥

02.

화면은 콘크리트 전주 세우기 작업 도중에 발생한 사례이다. 동영상에서와 같은 동종재해를 예방하기 위한 대책 중 작업지휘자가 취해야 할 사항 3가지를 쓰시오.

➡해답 ① (이격거리 확보) 차량 등을 충전부로부터 300[cm] 이상 이격시키되, 대지전압이 50[kV]를 넘는 경우에는 10[kV]가 증가할 때마다 이격거리 를 10[cm]씩 증가시킨다.
② (절연용 방호구 설치) 절연용 방호구 등을 설치한 경우에는 이격거리를 절연용 방호구 앞면까지로 할 수 있다.
③ (울타리 설치 또는 감시인 배치) 울타리를 설치하거나 감시인 배치 등의 조치를 하여야 한다.
④ (접지점 관리 철저) 접지된 차량 등이 충전전로와 접촉할 우려가 있는 경우에는 근로자가 접지점에 접촉되지 않도록 조치하여야 한다.

03.
화면은 MCC 패널 차단기의 전원을 투입하여 발생한 재해사례이다. 동종재해예방대책 3가지를 서술하시오.

[동영상 설명]
작업자가 MCC 패널의 문을 열고 스피커를 통해 나오는 지시사항을 정확히 듣지 못한 상태에서 차단기 2개를 쳐다보며 어느 것을 투입할까 생각하다 그 중 하나를 투입. 위험상황이 발생하는 상황

➡해답 1. 전로의 개로개폐기에 시건장치 및 통전금지 표지판 부착
2. 작업 전 신호체계 확립 및 작업지휘자에 의한 작업지휘
3. 차단기에 회로구분 표찰 부착에 의한 오조작 방지 등

04.
화면은 작업자가 스프레이건으로 쇠파이프를 페인트칠하는 작업을 보여주고 있다. 동영상에서 사용되는 흡수제 2가지를 쓰시오.

➡해답 활성탄, 소다라임, 알칼리제제, 큐프라마이트

05.
뜨거운 증기가 흐르고 있는 가운데 고소배관의 플랜지를 점검하던 중 작업자에게 발생한 재해사례이다. 화면을 보고 위험요인을 3가지 쓰시오.

[동영상 설명]
작업자는 이동사다리를 딛고 올라가 고소배관 플랜지 점검을 하고 있다. 작업자는 두 손을 사용하여 배관 플랜지 볼트를 힘껏 조이다 추락한다. 이때 작업자는 보안경, 방열복, 방열장갑 등을 착용하고 있지 않다.

➡해답 1. 방열복 및 방열장갑 등 보호구를 착용하지 않았다.
2. 이동식 사다리가 고정되어 있지 않다.
3. 보안경 미착용으로 고압증기에 의한 눈 손상의 위험이 있다.
4. 양손을 동시에 사용하고 있어 작업자세가 불안전하다.

06.

화면상에 나타난 보호 장구(보안면)의 채색 투시부의 차광도를 구분하여 빈칸의 투과율(%)을 쓰시오.

차광도	투과율(%)
밝음	(①)±7
중간밝기	(②)±4
어두움	(③)±4

➡해답 ① 50　　② 23　　③ 14

07.

동영상에서 재해방지를 위한 안전장치 2가지를 쓰시오.

> [동영상 설명]
> 작업자가 컨베이어 위에서 벨트 양쪽의 기계에 두 발을 걸치고 물건을 올리던 중 벨트에 신발 밑창이 딸려들어가며 넘어지는 상황

➡해답 ① 비상정지장치　　　② 덮개 또는 울　　　③ 역전방지장치

08.

화면은 인쇄 윤전기를 청소하는 중에 발생한 재해사례이다. 이 동영상을 보고 작업 시 발생한 ① 위험점 명칭, ② 정의, ③ 위험점의 발생조건을 쓰시오.

➡해답 ① 위험점의 명칭 : 물림점
　　② 위험점의 정의 : 두 개의 회전체 사이에 신체가 물리는 위험점 형성
　　③ 발생조건 : 회전체가 서로 반대방향으로 맞물려 회전되어야 한다.

09.

화면은 작업자가 가정용 배전반 점검을 하다 딛고 있는 의자가 불안정하여 추락하는 재해사례이다. 점검 시 불안전한 행동 2가지를 쓰시오.

➡해답 ① 절연용 보호구를 착용하지 않아 감전에 위험이 있다.
　　② 작업자가 딛고 있는 의자(발판)가 불안정하여 추락위험이 있다.

산업안전산업기사 1회(4월 B형)

01.
화면은 작업 시작 전 차단기를 내리고 작업자가 승강기 컨트롤 패널 점검 중 감전재해를 당했다. 감전원인을 쓰시오.

→해답 잔류전하에 의한 감전
① 전로의 개로개폐기에 시건장치 및 통전금지 표지판 미부착
② 작업 전 신호체계 미확립 및 작업지휘자에 의한 작업지휘 미실시
③ 차단기에 회로구분 표찰 부착에 의한 오조작 등

02.
화면에서 보여주는 보안경을 사용 구분에 따라 3가지 쓰시오.

→해답 ① 차광안경   ② 유리보호안경   ③ 플라스틱 보호안경   ④ 도수렌즈보호안경

03.
화면에서 나타난 작업장에 국소배기장치를 설치할 때 준수하여야 할 사항 3가지를 쓰시오.

→해답 1. 유해물질이 발생하는 곳마다 설치
2. 유해인자 발생형태, 비중, 작업방법 등을 고려하여 해당 분진 등의 발산원을 제어할 수 있는 구조일 것
3. 후드 형식은 가능한 포위식 또는 부스식 후드를 설치할 것
4. 외부식 또는 리시버식 후드를 설치할 때에는 유기용제 증기 또는 해당 분진 등의 발산원에 가장 가까운 위치에 설치할 것
5. 후드의 개구면적을 크게 하지 않을 것

O4.

화면은 박공지붕 설치작업 중 박공지붕에서 떨어짐(비래)에 의해 재해가 발생하였음을 나타내고 있다. 그 대책 2가지를 쓰시오.

해답 ① 경사지붕 단부에 추락방지용 안전난간 설치
② 안전대 부착설비를 설치하고 작업자로 하여금 안전대를 착용하고 작업 실시

O5.

화면은 가스용접 작업 진행 중 발생된 재해사례를 나타내고 있다. 위험요인과 안전대책을 1가지씩 쓰시오.

[동영상 설명]
가스 용접 작업 중 맨얼굴과 목장갑을 끼고 작업하면서 산소통 줄을 당겨서 호스가 뽑혀 산소가 새어나오고 불꽃이 튐

해답 1. 위험요인 : 용기를 눕혀서 보관하고 있다. 보호구(보안경, 안전모, 안전화)를 착용하지 않았다.
2. 대책 : 용기를 세워 놓고 작업하여야 한다. 보호구를 착용하여야 한다.

O6.

도금 작업 근로자가 착용해야 할 보호구의 종류를 2가지 쓰시오.(단, 화학물질용 안전장갑, 고무제 안전화 제외)

해답 불침투성 보호복, 방독마스크, 보안경

O7.

화면은 2만 볼트가 인가된 배전반에 절연내력시험기로 앞의 작업자가 시험하다 미처 뒤에 있던 다른 작업자를 발견하지 못한 관계로 발생한 재해이다. 이 작업 시의 안전조치사항을 3가지 쓰시오.

해답 ① 전로의 개로개폐기에 시건장치 및 통전금지 표지판 부착
② 작업 전 신호체계 확립 및 작업지휘자에 의한 작업지휘
③ 내전압용 절연장갑 등 절연용 보호구를 착용한다.

08.

화면은 사출성형기 V형 금형 작업 중 재해가 발생한 사례이다. 동영상에서 발생한 ① 재해형태, ② 법적 방호장치를 쓰시오.

[동영상 설명]
사출성형기가 개방된 상태에서 금형에 잔류물을 제거하다 손이 눌림

➡해답 ① 재해형태 : 협착(끼임)
② 방호장치 : 게이트가드 또는 양수조작식

09.

화면은 덤프트럭의 전재함을 올리고 실린더 유압장치 밸브를 수리하던 중에 발생한 재해사례를 보여주고 있다. 이와 같이 차량계 하역운반기계 등의 수리 또는 부속장치의 장착 및 해체작업을 하는 때에 작업 시작 전 조치사항을 3가지 쓰시오.

➡해답 ① 작업순서를 결정하고 작업을 지휘할 것
② 안전지주 또는 안전블럭 등의 사용 상황 등을 점검할 것
③ 포크, 버킷, 암 또는 이들에 의하여 지탱되어 있는 화물의 밑에 있는 장소에 관계근로자가 아닌 사람의 출입을 금지시킬 것

산업안전산업기사 2회(7월 A형)

01.

화면은 드릴작업을 하고 있다. 위험포인트와 안전대책을 1가지 쓰시오.

[동영상 설명]
공작물을 손으로 잡고 작업하다가 공작물이 튀는 상황

➡해답 1. 위험포인트 : 작은 공작물을 손으로 잡고 드릴 작업을 하고 있다.
2. 안전대책 : 전용공구인 바이스로 고정시킨 후 작업을 하여야 한다.

02.

화면은 박공지붕 설치작업 중 박공지붕에서 떨어짐(비래)에 의해 재해가 발생하였음을 나타내고 있다. 위험요인과 안전대책을 2가지 쓰시오.

➡️해답 (1) 위험요인
① 경사지붕 하부에 낙하물방지망 미설치
② 박공지붕 적치상태 및 체결상태 불량
③ 작업자가 낙하위험 장소에서 휴식
(2) 안전대책
① 경사지붕 하부에 낙하물방지망 설치
② 박공지붕 적치방법 개선 및 설치 시 체결 철저
③ 낙하위험구간 작업자 출입통제 철저

03.

화면은 작업자가 DMF를 옮기고 있다. DMF 사용 작업장 물질안전보건자료를 비치·게시·정기·수시 관리해야 하는 장소 3가지를 쓰시오.

➡️해답 1. 물질안전보건자료 대상물질을 취급하는 작업공정이 있는 장소
2. 작업장 내 근로자가 가장 보기 쉬운 장소
3. 근로자가 작업 중 쉽게 접근할 수 있는 장소에 설치된 전산 장비

04.

화면은 옥상의 변전실 근처에서 작업자 몇 명이 공놀이를 하다가 공이 변전실에 들어가자 꺼내려다가 변전실 안에서 감전을 당하는 사고를 보여주고 있다. 안전대책을 4가지 쓰시오.

➡️해답 1. 전기시설물(고압변전설비) 주위에서 공놀이 금지
2. 변전설비에 관계근로자 외의 자가 출입이 금지되도록 잠금장치를 하고 위험표시 등의 방법으로 방호를 강화할 것
3. 전기의 위험성에 대한 안전교육 실시
4. 유자격자에 의한 변압기 상단의 공 제거(전원 차단 후)

05.
화면과 같이 작업자가 착용하여야 할 보호장구 2가지를 쓰시오.

[동영상 설명]
화면은 A작업자가 변압기의 2차 전압을 측정하기 위해 유리창 너머의 B작업자에게 전원을 투입하라는 신호를 보낸다. 측정 완료 후 다시 차단하라고 신호를 보내고 측정기기를 철거하다 감전사고가 발생되는 장면을 보여주고 있다.

➡️해답 내전압용 절연장갑, 절연장화

06.
강렬한 소음이 발생되는 장소에서 반드시 착용해야 하는 보호구의 명칭과 기호를 쓰시오.

➡️해답 귀덮개, EM

07.
화면상에서 작업자가 '원심탈수기'의 내부 점검을 실시하고 있다. 잘못된 사항과 안전대책을 2가지 쓰시오.

➡️해답 1. 잘못된 사항(원인)
① 작업시작 전 전원부에 잠금장치를 설치하지 않았다.
② 보수작업임을 알리는 표지판 설치 또는 감시인을 배치하지 않았다.
2. 안전대책
① 작업시작 전 전원부에 잠금장치를 설치한다.
② 보수작업임을 알리는 표지판 설치 또는 감시인을 배치한다.

08.

화면은 봉강 연마작업 중 발생한 사고사례이다. 기인물은 무엇이며, 봉강 연마작업 시 파편이나 칩의 비래에 의한 위험에 대비하기 위해 설치해야 하는 장치명을 쓰시오.

➡해답 ① 기인물 : 탁상공구 연삭기
② 장치명 : 칩비산방지투명판

09.

화면은 공장 지붕 철골 상에 패널 설치 중 작업자가 실족하여 사망한 재해사례이다. 동영상의 내용을 참고하여 안전대책 2가지를 쓰시오.

➡해답 ① 안전대 부착설비 설치 및 안전대 착용
② 추락방지망 설치

산업안전산업기사 2회(7월 B형)

01.

안전대(죔줄)의 벨트 구조 및 치수 1가지를 쓰시오.

➡해답 ① 강인한 실로 짠 직물로 비틀어짐, 홈, 기타 결함이 없을 것
② 벨트의 너비는 50mm 이상, 길이는 버클 포함 1,100mm 이상, 두께는 2mm 이상일 것

02.

크롬 또는 크롬화합물의 흄, 분진, 미스트를 장기간 흡입하여 발생되는 직업병과 증상이 무엇인지 쓰시오.

➡해답 비중격천공, 코에 구멍이 뚫림

03.

화면은 작업자가 수중펌프 접속부위에 감전되어 발생한 재해사례이다. 전원부 작업 시 필요한 방호장치 1가지를 쓰시오.

➡해답 누전차단기

04.

동영상에서 재해방지를 위한 안전장치 3가지를 쓰시오.

[동영상 설명]
작업자가 컨베이어 위에서 벨트 양쪽의 기계에 두 발을 걸치고 물건을 올리는 작업 중 벨트에 신발 밑창이 딸려들어가서 넘어지고 옆에 다른 근로자가 부축하는 상황

➡️해답 1. 비상정지장치 설치　2. 덮개 또는 울 설치
　　　3. 건널다리 설치　　　4. 역전방지장치 설치

05.

화면은 작업자가 스프레이 건으로 페인트칠하는 작업을 보여주고 있다. 동영상에서 사용하는 마스크와 흡수제 3가지를 쓰시오.

➡️해답 ① 마스크 : 방독마스크
　　　② 흡수제 : 활성탄, 소다라임, 알칼리제제, 큐프라마이트

06.

화면에서 나타난 재해원인 중 ① 기인물과 ② 가해물을 쓰시오.

[동영상 설명]
작업자가 사출성형기 노즐 부분에 기인 잔류물을 제거하다 감전 사고가 발생한다.

➡️해답 ① 기인물 : 사출성형기
　　　② 가해물 : 전류(또는 전기)

07.

화면은 터널 내 발파작업에 관한 사항이다. 동영상 내용 중 화약장전 시 위험요인을 쓰시오.

[동영상 설명]
장전구 안으로 화약을 집어 넣는데 작업자가 길고 얇은 철물을 이용해서 화약을 장전구 안으로 밀어 넣음. 3~4개 정도 밀어 넣고 접속한 전선을 꼬아서 주변 선에 올려놓음. 폭파 스위치 장비를 보여주고 터널을 보여주는 동영상

➡️해답 강봉(철근)으로 화약 장전 시 마찰, 충격, 정전기 등에 의한 폭발의 위험이 있다.

08.

화면은 가스용접 작업 진행 중 발생된 재해사례를 나타내고 있다. 문제점을 1가지씩 쓰시오.

> [동영상 설명]
> 가스 용접 작업 중 맨얼굴과 목장갑을 끼고 작업하면서 산소통 줄을 당겨서 호스가 뽑혀 산소가
> 새어나오고 불꽃이 튐

➡해답 1. 위험요인 : 용기를 눕혀서 보관하고 있다. 보호구(보안경, 안전모, 안전화)를 착용하지 않았다.
　　　 2. 대책 : 용기를 세워 놓고 작업하여야 한다. 보호구를 착용하여야 한다.

09.

철골구조물에서 작업자 2명이 볼트 체결 작업 중 1명이 추락하는 화면을 보여준다. 철골구조물 작업
시 중지해야 하는 기상상황을 쓰시오.

➡해답 ① 풍속이 초당 10m 이상인 경우
　　　 ② 강우량이 시간당 1mm 이상인 경우
　　　 ③ 강설량이 시간당 1cm 이상인 경우

산업안전산업기사 2회(7월 C형)

01.

화면은 인쇄 윤전기를 청소하는 중에 발생한 재해사례이다. 이 동영상을 보고 작업 시 발생한 위험점
과 위험점의 정의를 쓰시오.

➡해답 1. 위험점 : 물림점(Nip Point)
　　　 2. 정의 및 형성 : 롤, 기어, 압연기와 같이 두 개의 회전체 사이에 신체가 물리는 위험점 형성

O2.

화면상에서 보여준 보호구의 법적인 사용 구분에 따른 종류 4가지를 쓰시오.

해답 ① 자외선용
② 적외선용
③ 복합용
④ 용접용

O3.

화면에서 가이데릭 설치작업 시 불안전한 상태 2가지를 쓰시오.

[동영상 설명]
화면은 갱폼 인양을 위한 가이데릭 설치 작업을 하는 상황인데 계절은 겨울이고 바닥에는 눈이 많이 쌓여 있는 상태이다. 작업자가 파이프를 세우고 밑에는 철사로 고정하고 지렛대 역할을 하는 버팀대는 눈바닥 위에 그대로 나무토막 하나에 고정시키는 화면을 보여준다.

해답 ① 파이프의 아랫부분에만 철사로 고정시켜 무너질 위험이 있다.
② 버팀대가 미끄러져 사고의 위험 있다.

O4.

화면은 크레인으로 자재를 인양하는 도중에 발생한 재해사례이다. 이 동영상을 보고 크레인 작업 시 재해형태와 정의를 쓰시오.

[동영상 설명]
와이어로프의 체결상태가 불안정하여 인양 자재가 흔들리면서 옆에 있던 작업자의 안전모에 부딪히는 동영상이다.

해답 1. 재해형태 : 비래
2. 정의 : 구조물, 기계 등에 고정되어 있던 물체가 중력, 원심력, 관성력 등에 의하여 고정부에서 이탈하거나 또는 설비 등으로부터 물질이 분출되어 사람을 가해하는 경우

05.
화면상에서 분전반 전면에 위치한 그라인더 기기를 활용한 작업에서 위험요인 2가지를 쓰시오.

[동영상 설명]
작업자 한 명이 콘센트 플러그를 꽂고 그라인더 작업 중이고, 다른 작업자가 다가와서 작업을 위해 콘센트에 플러그를 꽂고 주변을 만지는 도중 감전이 발생한다.

➡해답 ① 절연장갑 미착용으로 감전위험
② 맨손으로 작업 중 감전위험
③ 절연용 보호구(절연모, 절연복 등) 미착용으로 감전위험
④ 분전반 충전부 방호조치 미흡 시 감전위험

06.
동영상은 작업자가 마스크를 착용하고 있으나 석면분진폭로 위험성에 노출되어 있어 작업성 질환으로 이환될 우려가 있다. 그 이유를 상세히 설명하시오.

➡해답 방진마스크를 착용하지 않을 경우 석면분진이 체내로 흡입될 수 있다. 석면은 직경 $1\mu m$ 이하의 가는 섬유의 다발로 분리될 수 있는데 인체의 폐 내부에 흡입되는 섬유크기는 직경 $3\mu m$ 이하이므로 석면의 경우 허파꽈리까지 용이하게 도달돼 체내에 축적될 수 있다.

07.
화면은 전주에 사다리를 기대고 작업 중 넘어지는 재해를 보여주고 있다. 이동식 사다리의 설치기준을 3가지 쓰시오.

➡해답 1. 견고한 구조로 할 것
2. 폭은 30cm 이상으로 할 것
3. 발판의 간격은 일정하게 할 것
4. 사다리가 넘어지거나 미끄러지는 것을 방지하기 위한 조치를 할 것

08.
특수 화학설비 내부의 이상상태를 조기에 파악하기 위하여 설치해야 할 장치 3가지를 쓰시오.

➡해답 1. 온도계
2. 유량계
3. 압력계

09.

화면은 둥근톱을 이용하여 나무판자를 자르는 작업 중 장갑을 착용한 작업자의 손가락이 절단되는 재해사례를 보여주고 있다. 둥근톱 작업 시 필요한 안전 및 보조장치를 3가지 쓰시오.

해답 ① 톱날접촉예방장치   ② 분할날
     ③ 반발방지기구   ④ 평행조정기
     ⑤ 밀대   ⑥ 직각정규

산업안전산업기사 3회(10월 A형)

01.

화면은 작업자에 의해 건설작업용 리프트의 안전이 확인되는 내용을 나타내고 있다. 이 리프트의 방호장치 4가지를 쓰시오.

해답 1. 과부하방지장치   2. 권과방지장치
     3. 비상정지장치   4. 제동장치

02.

화면은 에어배관 작업 중 고압의 증기 누출로 작업자가 눈에 재해를 당하는 영상이다. 에어배관 작업 시 위험요인을 2가지 쓰시오.

> [동영상 설명]
> 에어배관을 파이프렌치나 전용공구가 아닌 일반 펜치로 작업하다 재해가 발생하였다.

해답 ① 보안경을 착용하지 않은 관계로 고압증기에 의한 눈 부위 손상 위험이 존재한다.
     ② 배관에 남은 압력을 제거하지 않았고, 전용공구를 사용하지 않아 위험이 존재한다.

O3.

화면에서 나타난 재해원인 중 ① 기인물과 ② 가해물을 쓰시오.

[동영상 설명]
작업자가 사출성형기 노즐 부분에 끼인 잔류물을 제거하다 감전사고가 발생하였다.

➡해답 ① 기인물 : 사출성형기
② 가해물 : 전기

O4.

화면은 크레인으로 자재를 인양하는 도중에 발생한 재해사례이다. 작업을 지휘하는 자의 직무사항 3가지를 쓰시오.

[동영상 설명]
배관 인양 작업 중이며 와이어로프의 일부분이 손상되어 일부분이 찢겨져 있으며, 배관을 인양하는 작업 중 배관이 하강하며 아래의 작업자가 배관에 맞는 상황

➡해답 ① 유도로프를 사용하지 않아 화물이 흔들리며 낙하할 위험
② 낙하위험구간에 근로자 출입
③ 인양 전 인양로프 미점검으로 로프파단 위험
④ 작업 전 신호방법 및 신호계획 미수립

O5.

화면은 저장탱크 내부에서 슬러지 청소장면을 보여 주고 있다. 작업자가 탱크 내부에서 30분 이상 실시한 경우 착용해야 할 보호구를 2가지 쓰시오.

➡해답 ① 송기마스크
② 공기호흡기

06.
화면은 전주를 옮기다 작업자가 전주에 맞은 장면을 보여주고 있다. 가해물과 착용해야 할 안전모의 종류를 쓰시오.

→해답 (1) 가해물 : 전주
(2) 안전모의 종류 : AE, ABE

07.
화면은 내전압용 절연장갑을 보여주고 있다. 화면을 참고하여 각 등급을 쓰시오.

→해답

등급	최대사용전압
00등급	교류 500V, 직류 750V
0등급	교류 1,000V, 직류 1500V
1등급	교류 7,500V, 직류 11,250V
2등급	교류 17,000V, 직류 25,500V
3등급	교류 26,500V, 직류 39,750V
4등급	교류 36,000V, 직류 54,000V

08.
화면에서 프레스기로 철판에 구멍을 뚫는 작업을 하고 있다. 동영상에서 사용하고 있는 프레스에는 급정지기구가 부착되어 있지 않다. 이 프레스에서 사용할 수 있는 방호장치를 4가지 쓰시오.

→해답 손쳐내기식, 수인식, 양수기동식, 게이트가드식

09.
목재가공용 둥근톱 방호장치 2가지와 자율안전확인대상 목재가공용 덮개 및 분할날에 자율안전확인표기 외에 추가로 표시하여야 할 사항 1가지를 쓰시오.

→해답 (1) 방호장치
① 반발예방장치
② 톱날접촉예방장치
(2) 표시사항
① 덮개의 종류
② 둥근톱의 사용가능 치수

산업안전산업기사 3회(10월 B형)

01.

화면은 사출성형기가 개방된 상태에서 금형에 잔류물을 제거하다 손이 눌리는 재해가 발생한 것을 보여 주고 있다. 동영상에서 발생한 재해형태 및 법적인 방호장치를 쓰시오.

해답 ① 재해형태 : 협착(끼임)
② 방호장치 : 게이트가드 또는 양수조작식

02.

배관 용접 작업 중 감전되기 쉬운 장비의 위치 4가지를 쓰시오.

[동영상 설명]
작업자가 용접용 보안면을 착용한 상태로 배관에 용접 작업을 하고 있으며 배관은 작업자의 가슴 부분에 위치해 있고 용접장치 조작 스위치는 복부에 위치해 있음

해답 ① 용접기 케이스
② 용접봉 홀더
③ 용접봉 케이블
④ 용접기의 리드단자

03.

화면과 같은 안전대의 명칭과 ① 위쪽, ② 아래쪽의 명칭을 쓰시오.

해답 안전대의 명칭 : 죔줄
① 카라비나
② 훅

04.

화면은 작업자가 퓨즈 교체 작업 중 감전사고가 발생한 것을 보여 주고 있다. 감전의 원인을 쓰시오.

➡해답 ① 작업자가 전원을 차단하지 않고 퓨즈를 교체함
② 절연용 보호구 미착용 상태에서 작업을 함

05.

화면은 아파트 창틀에서 작업 중 발생한 재해사례를 나타내고 있다. 동영상에서 작업자의 추락사고 원인을 3가지 쓰시오.

[동영상 설명]
작업자 A, B가 작업을 하고 있으며, A는 아파트 창틀에서 B는 옆 처마 위에서 작업을 하고 있다. 창틀에서 작업 중인 A가 작업발판을 처마 위 B에게 건네준 후 B가 있는 옆 처마 위로 이동하다 발을 헛디뎌 바닥으로 추락하는 상황이다.

➡해답 ① 작업발판 미설치 및 안전난간 미설치
② 안전대 부착설비 미설치 및 안전대 미착용
③ 추락방지용 안전방망 미설치

06.

화면은 김치제조 공장에서 슬라이스 작업 중 작동이 멈춰 기계를 점검하고 있는 도중에 재해가 발생한 상황을 보여주고 있다. 이 동영상을 보고 동종의 재해를 방지하기 위한 안전예방대책 3가지를 쓰시오.

➡해답 1. 슬라이스 부분 덮개 설치
2. 울 설치
3. 잠금장치 설치

07.

화면은 공장지붕 철공 상에 패널 설치 작업 중 작업자가 실족하여 사망한 재해사례이다. 동영상의 내용을 참고하여 원인 2가지를 쓰시오.

➡해답 ① 슬라이스 부분에 덮개 설치
② 울 설치
③ 잠금장치 설치

08.

화면은 도로상 가설전선 점검 중 감전사고가 발생한 것을 보여 주고 있다. 동영상을 참고하여 감전사고 예방대책 3가지를 쓰시오.

➡해답 ① 개인보호구(절연장갑) 착용
② 정전작업 실시
③ 감전방지용 누전차단기 설치
④ 해당 전선의 절연성능 이상으로 전선접속부 절연조치

09.

화면은 LPG 저장소에서 전기스파크에 의해 폭발사고가 발생한 것을 보여 주고 있다. 기압상태의 저장용기에 저장된 LPG가 대기 중에 유출되어 순간적으로 기화가 일어나 점화원에 의해 발생되는 폭발을 무슨 현상이라 하는가?

➡해답 증기운 폭발(UVCE)

산업안전산업기사 1회(4월 A형)

O1.

화면은 인쇄 윤전기를 청소하는 중에 발생한 재해사례이다. 동영상을 참고하여 롤러기 청소 시 핵심 위험요인 2가지만 쓰시오.

➡**해답** ① 회전 중 롤러의 죄어 들어가는 쪽에서 직접 손으로 눌러 닦고 있어서 손이 물려 들어가게 된다.
② 체중을 걸쳐 닦고 있어서 물려 들어가게 된다.
③ 안전장치가 없어서 걸레를 위로 넣었을 때 롤러가 멈추지 않아 손이 물려 들어간다.

O2.

화면과 같은 안전대의 명칭과 ① 위쪽 ② 아래쪽의 명칭을 쓰시오.

➡**해답** 안전대의 명칭 : 죔줄
① 카라비나   ② 훅

O3.

화면은 영상표시단말기(VDT) 작업 상황을 설명하고 있다. 이 작업으로 올 수 있는 장해를 위험요인을 포함해서 2가지 쓰시오.

➡**해답** ① 반복 작업에 의한 어깨 결림, 손목통증 등의 장해
② 장시간 앉아 있는 자세로 인한 요통 위험
③ 장시간 화면에 시선집중 등으로 인한 시력부담 및 저하 초래

04.
화면과 같이 굴착공사 시 가시설비 설치 후 정기적으로 점검해야 할 사항 3가지를 쓰시오.

➡️해답 ① 부재의 손상·변형·부식·변위 탈락의 유무와 상태
② 버팀대의 긴압의 정도
③ 부재의 접속부·부착부 및 교차부의 상태

05.
화면은 크롬도금작업을 보여준다. 크롬도금 작업 장소에 국소배기장치 종류와 미스트 억제방법을 쓰시오.

➡️해답 ① 국소배기장치 종류 : Push-pull, 측방형, 슬롯형
② 미스트 억제방법 : 크롬도금조에 플라스틱 볼을 넣고 크롬산 미스트가 발생되는 표면적을 최대한 줄여 크롬산 미스트의 발생량을 최소화하고, 계면활성제를 도금액에 같이 투입하여 미스트의 발생을 억제토록 한다.

06.
화면의 동영상은 V벨트 교환 작업 중 발생한 재해사례이다. 기계 운전상 안전작업수칙에 대하여 3가지를 기술하시오.

➡️해답 ① 작업시작 전 전원을 차단한다.
② V벨트 교체 작업은 천대 장치를 사용한다.
③ 보수작업 중이라는 작업 중 안내 표지를 부착하고 실시한다.

07.
화면은 대기 중에 LPG가 누출하여 사고가 발생한 사례를 나타내고 있다. 사고의 형태와 기인물을 쓰시오.

➡️해답 ① 형태 : 폭발　　　② 기인물 : LPG

08.

화면의 전주 변압기가 활선인지 아닌지 확인할 수 있는 방법을 3가지 쓰시오.

해답 ① 검전기로 확인한다.　　　　　　　② 접지봉으로 접지 확인한다.
　　　③ 테스터 지시치를 확인한다.

09.

화면은 공장 지붕 철골 상에 패널 설치 중 작업자가 실족하여 사망한 재해사례이다. 동영상의 내용을 참고하여 원인과 대책 2가지를 쓰시오.

해답 (1) 원인 : ① 안전대 부착설비 미설치 및 안전대 미착용
　　　　　　　② 추락방지망 미설치
　　　(2) 대책 : ① 안전대 부착설비 설치 및 안전대 착용 철저
　　　　　　　② 추락방지망 설치

산업안전산업기사 1회(4월 B형)

01.

화면은 선반작업 중 발생한 재해사례를 나타내고 있다. 화면에서와 같이 위험점의 명칭을 쓰고 정의를 쓰시오.

해답 ① 위험점 명칭 : 회전 말림점
　　　② 정의 : 회전하는 물체에 작업복 등이 말려드는 위험이 존재하는 점

02.

화면은 방음보호구를 보여준다. 기호를 쓰시오.

형식	종류	기호
귀마개	1종	①
	2종	②

해답 ① EP-1　　　　② EP-2

03.

화면은 이동식 크레인을 이용하여 철제 배관을 인양하는 작업으로 신호수의 신호에 따라 철제 배관을 인양 중 H빔에 부딪히며 흔들리는 동영상이다. 배관 인양 작업 시 안전대책 3가지를 쓰시오.

➡️해답 ① 작업 순서를 결정하고 작업지휘자를 배치
② 와이어로프의 안전상태를 점검
③ 훅의 해지장치 및 안전상태를 점검

04.

화면에서 그라인더 작업 시 조치사항 2가지를 쓰시오.

➡️해답 ① 작업시작 전 산소농도 및 유해가스 농도 등을 측정하고, 작업 중에도 계속 환기시킨다.
② 환기를 실시할 수 없거나 산소결핍 위험 장소에 들어갈 때는 호흡용 보호구를 반드시 착용시킨다.
③ 국소배기장치의 전원부에 잠금장치를 하고 감시인을 배치한다.

05.

화면은 형강에 걸린 줄걸이 와이어를 빼내고 있는 상황 중에 발생된 사고사례이다. 가해물과 와이어를 빼기에 적합한 작업방식을 2가지 쓰시오.

➡️해답 (1) 가해물 : 와이어로프
(2) 작업방식
① 지렛대를 와이어가 물려 있는 형강 사이에 넣어 형강이 무너져 내리지 않을 정도로 들어 올려 와이어를 빼내는 작업을 한다.
② 와이어를 빼기 위한 작업은 1인으로는 부적합하며 반드시 2인 이상이 지렛대 등을 동시에 넣어 들어 올리는 작업을 한다.

06.

화면은 전기환풍기 팬 수리작업 중 전기에 의해 싱크대 위에서 떨어져 선반에 부딪쳐 부상을 당한 재해사례이다. 재해형태와 기인물을 쓰시오.

➡️해답 ① 재해형태 : 충돌
② 기인물 : 전기환풍기 팬

07.
화면은 실험실에서 H_2SO_4(황산)를 비커에 따르고 있고, 작업자는 맨손에 마스크를 착용하지 않고 있다. 인체로 흡수되는 경로를 2가지 쓰시오.

➡️**해답** 호흡기, 소화기, 피부점막

08.
화면은 작업자가 승강기 설치 전 피트 내에서 작업 중에 승강기 개구부로 추락, 사망사고를 당한 장면을 나타내고 있다. 이때 위험요인을 2가지 쓰시오.

➡️**해답** ① 작업발판 미고정
② 안전난간 미설치
③ 추락방지망 미설치 및 안전대 착용

09.
화면에서 나타나는 위험요인을 2가지 쓰시오.

[동영상 설명]
작업자가 전원을 차단하지 않고 맨손으로 등기구를 교체하던 중 감전되어 쓰러진다.

➡️**해답** ① 작업자가 맨손으로 작업하여 위험하다.
② 작업자가 내전압용 절연장갑 등 절연용 보호구를 착용하지 않아 위험하다.

산업안전산업기사 2회(7월 A형)

01.
작업 시 근로자가 착용해야 할 보호구의 종류를 2가지 쓰시오.(단, 유기화합물용 안전장갑, 고무제 안전화 제외)

➡️**해답** 불침투성 보호복, 방독마스크

02.

화면 상에서 작업자 측면에서의 문제점을 2가지 쓰시오.

➡해답 ① 작업자가 양발을 컨베이어 양 끝에 지지하여 불안전한 자세로 작업을 하고 있다.
② 시멘트 포대가 작업자의 발을 치고 있어 넘어져 상해를 당할 수 있다.

03.

밀폐공간에 근로자를 종사하도록 하는 때에 밀폐공간보건작업프로그램 예방대책 3가지를 쓰시오.(단, 그 밖에 밀폐공간 작업근로자의 건강장해예방에 관한 사항 제외)

➡해답 ① 작업 시작 전 적정한 공간 상태 여부의 확인을 위한 측정·평가
② 응급조치 등 안전보건 교육 및 훈련
③ 공기호흡기나 송기마스크 등의 착용과 관리

04.

화면은 2만 볼트가 인가된 배전반에 절연내력시험기로 앞의 작업자가 시험하다 미처 뒤에 있던 다른 작업자를 발견하지 못해 발생한 재해이다. 이 작업 시의 안전조치사항을 3가지 쓰시오.

➡해답 ① 개폐기 문에 통전금지 표지판 설치
② 내전압용 절연장갑 등 절연용 보호구 착용
③ 감시인을 배치한 후 작업

05.

화면에 나타난 보호구(보안면) 면체의 성능기준 항목 3가지를 쓰시오.

➡해답 ① 내식성   ② 내노후성   ③ 내발화성
④ 내충격성   ⑤ 투과율

06.

화면은 아파트 창틀에서 작업 중 발생한 재해사례를 나타내고 있다. 해당 동영상에서 작업자의 추락사고의 ① 기인물 ② 가해물을 쓰시오.

➡해답 ① 기인물 : 작업발판
② 가해물 : 바닥

07.

화면은 가스용접 작업 진행 중 발생된 재해사례를 나타내고 있다. 문제점과 안전대책을 1가지씩 쓰시오.

→해답 (1) 문제점

① 용기를 눕혀서 보관한 가운데 작업을 실시하고 별도의 안전장치가 없는 관계로 폭발위험이 존재한다.

② 작업자가 용접용 보안면과 용접용 장갑을 미착용하고 있어 화상 재해의 위험성이 존재한다.

(2) 안전대책

① 용기를 세워서 체인 등으로 묶어서 넘어지지 않도록 고정한다.

② 용접용 보안면, 용접용 장갑을 착용하고 작업한다.

08.

화면은 작업자가 가정용 배전반을 점검하다 딛고 있는 의자가 불안정하여 추락하는 재해사례이다. 화면에서 점검 시 불안전한 행동 2가지를 쓰시오.

→해답 ① 절연용 보호구를 착용하지 않아 감전에 위험이 있다.

② 작업자가 딛고 있는 의자가 불안정하여 추락 위험이 있다.

09.

화면은 이동식 크레인을 이용하여 배관을 위로 올리는 작업으로 신호수의 수신호와 보조로프 없이 작업을 하는 동영상이다. 하물의 낙하비래 위험을 방지하기 위한 사전 점검 또는 조치사항을 3가지 쓰시오.

→해답 ① 작업 반경 내 관계 근로자 이외의 자는 출입을 금지한다.

② 와이어로프의 안전상태를 점검한다.

③ 훅의 해지장치 및 안전상태를 점검한다.

④ 인양 도중에 화물이 빠질 우려가 있는지 확인한다.

산업안전산업기사 2회(7월 B형)

01.
화면은 교류아크용접 작업 중 재해가 발생한 사례이다. 기인물은 무엇이며, 이 작업 시 눈과 감전재해 위험으로부터 작업자를 보호하기 위해 착용해야 할 보호구의 명칭 2가지를 쓰시오.

➡해답 ① 기인물 : 교류아크용접기
② 보호구 : 용접용 보안면, 용접용 장갑

02.
화면은 인화성 물질의 취급 및 저장소다. 인화성 물질의 증기, 가연성 가스 또는 가연성 분진이 존재하여 폭발 또는 화재가 발생할 우려가 있을 경우의 예방대책을 3가지 쓰시오.(단, 점화원에 관한 내용은 제외)

➡해답 ① 통풍·환기 및 분진 제거 등의 조치를 할 것
② 폭발이나 화재를 미리 감지하기 위하여 가스 검지 및 경보 성능을 갖춘 가스 검지 및 경보장치를 설치할 것
③ 인화성 물질이 담긴 용기의 밀폐를 확실히 하고, 작업자에게 인화성 물질에 대한 안전보건교육을 실시한다.

03.
화면은 프레스기에 금형 교체 작업을 하고 있다. 작업 중 안전상 점검사항 2가지를 쓰시오.

➡해답 ① 펀치와 다이의 평행도
② 펀치와 볼스터면의 평행도
③ 다이와 볼스터의 평행도
④ 다이홀더와 펀치의 직각도, 생크홀과 펀치의 직각도

04.
화면은 철골 위에서 발판을 설치하는 도중에 발생한 재해사례를 보여주고 있으며, 작업자가 철골 위 발판 상단을 지니가다 땅으로 떨어지는 상황이다. 재해발생 형태와 기인물을 쓰시오.

➡해답 ① 재해발생 형태 : 추락
② 기인물 : 발판

05.
컨베이어 작업 시작 전 점검사항 3가지를 쓰시오.

→해답 ① 원동기 및 풀리 기능의 이상 유무
② 이탈 등의 방지장치 기능의 이상 유무
③ 비상정지장치 기능의 이상 유무
④ 원동기·회전축·기어 및 풀리 등의 덮개 또는 울 등의 이상 유무

06.
화면은 작업자가 스프레이 건으로 쇠파이프 여러 개를 눕혀 놓고 페인트칠을 하는 작업을 보여주고 있다. 동영상에서 사용되는 마스크와 흡수제 3가지를 쓰시오.

→해답 ① 마스크 : 방독마스크
② 흡수제 : 활성탄, 큐프라마이트, 소다라임

07.
화면은 콘크리트 전주 세우기 작업 도중에 발생한 재해사례이다. 동영상에서와 같은 동종 재해를 예방하기 위한 대책 중 작업지위자가 취해야 할 사항 3가지를 쓰시오.

→해답 ① (이격거리 확보) 차량 등을 충전부로부터 300[cm] 이상 이격시키되, 대지전압이 50[kV]를 넘는 경우에는 10[kV]가 증가할 때마다 이격거리 를 10[cm]씩 증가시킨다.
② (절연용 방호구 설치) 절연용 방호구 등을 설치한 경우에는 이격거리를 절연용 방호구 앞면까지로 할 수 있다.
③ (울타리 설치 또는 감시인 배치) 울타리를 설치하거나 감시인 배치 등의 조치를 하여야 한다.
④ (접지점 관리 철저) 접지된 차량 등이 충전전로와 접촉할 우려가 있는 경우에는 근로자가 접지점에 접촉되지 않도록 조치하여야 한다.

08.
화면(전주 동영상)은 전기형강작업을 보여주고 있다. 정전작업 중 조치사항을 3가지 쓰시오.

→해답 ① 작업 중 흡연금지
② 작업발판에 불안정한 자세로 서있지 않는다.
③ COS를 발판용 볼트에 임시로 걸쳐 놓지 않는다.

09.
화면의 보호구 중 가죽제 안전화 성능기준 항목 4가지를 쓰시오.

➡해답 내답발성, 내부식성, 내유성, 내압박성, 내충격성, 박리저항

산업안전산업기사 3회(10월 A형)

01.
화면은 유해광선이 나오는 장소에서 보안경을 착용한 작업자를 보여주고 있다. 이러한 보안경의 법적인 사용 구분에 따른 종류를 4가지 쓰시오.

➡해답 자외선용, 적외선용, 복합용, 용접용

02.
철골구조물에서 작업자 2명이 볼트 체결작업 중 1명이 추락하는 화면을 보여준다. 철골구조물 작업 시 중지해야 하는 기상상황을 3가지 쓰시오.

➡해답 ① 풍속이 초당 10m 이상인 경우
② 강우량이 시간당 1mm 이상인 경우
③ 강설량이 시간당 1cm 이상인 경우

03.
화면은 작업자가 DMF를 취급하는 장면을 보여주고 있다. 유해물질을 취급하는 근로자가 쉽게 볼 수 있는 장소에 게시하거나 갖춰 두어야 하는 사항 3가지를 쓰시오.

➡해답 ① 명칭
② 인체에 미치는 영향
③ 취급상의 주의사항

04.
화면과 연관된 특수 화학설비 내부의 이상상태를 조기에 파악하기 위하여 설치해야 할 장치 3가지를 쓰시오.

➡해답 ① 온도계·유량계·압력계 등의 계측장치
② 자동경보장치
③ 긴급차단장치
④ 예비동력원

05.
화면은 둥근톱을 이용하여 나무판자를 자르는 작업 중 장갑을 착용한 작업자의 손가락이 절단되는 재해사례를 보여주고 있다. 둥근톱 작업 시 필요한 안전 및 보조장치를 3가지 쓰시오.

➡해답 ① 밀대　　　② 평행조정기　　　③ 직각정규
④ 분할날　　　⑤ 톱날덮개

06.
화면은 작업발판에서 작업하는 모습을 보여주고 있다. ① 비계발판의 폭은 몇 cm 이상 ② 발판틈새는 몇 cm 이하가 적절한지 각각 쓰시오.

➡해답 ① 40cm 이상　　　② 3cm 이하

07.
화면은 작업 시작 전 차단기를 내리고 작업자가 승강기 컨트롤 패널 점검 중 감전재해를 당하는 모습이다. 감전원인을 쓰시오.

➡해답 잔류전하에 의한 감전

08.

화면 속 작업자는 교류아크용접 작업을 한참 진행하고 있다. 이 용접기를 사용할 시에 '사용 전 점검사항' 3가지를 쓰시오.

➡해답 ① 전격방지기 외함의 접지 상태
② 전격방지기 외함의 뚜껑 상태
③ 전자접촉기의 작동상태
④ 이상소음, 이상냄새의 발생 유무
⑤ 전격방지기와 용접기의 배선 및 이에 부속된 접속기구의 피복 또는 외장의 손상 유무

09.

화면은 작업자가 탁상용 드릴 작업 중 발생한 쇠가루의 이물질을 손으로 치우다 손이 말려 들어가 드릴 날에 검지손가락이 절단되는 장면이다. 동영상에 나타난 위험점의 명칭과 정의를 쓰시오.

➡해답 절단점 : 회전하는 운동부분 자체의 위험에서 초래되는 위험점

산업안전산업기사 3회(10월 B형)

01.

발파 후에는 낙반의 위험을 방지하기 위한 부석의 유무 또는 불발화약의 유무를 확인하기 위해 발파작업장에 접근한다. 발파 후 몇 분이 경과한 후에 접근해야 하는가?

➡해답 전기뇌관 : 5분, 전기뇌관 외의 것 : 15분

02.

화면은 공장 지붕 철골 상에 패널 설치 작업 중 작업자가 실족하여 사망한 재해사례이다. 동영상 내용을 참고하여 원인 2가지를 쓰시오.

➡해답 ① 안전대 부착설비 미설치 및 안전대 미착용
② 추락방지망 미설치

03.

화면은 인쇄 윤전기를 청소하는 중에 발생한 재해사례이다. 이 동영상을 보고 작업 시 발생한 위험점과 정의를 쓰시오.

해답 위험점 : 물림점
정의 : 회전하는 두 개의 회전체에 물려 들어가는 위험

04.

작업자가 사출성형기에 낀 이물질을 당기다 감전으로 뒤로 넘어지는 사고가 발생하였다. 사출성형기 잔류물 제거 시 재해 발생 방지대책을 3가지 쓰시오.

해답 ① 작업 시작 전 전원 차단
② 작업 시 절연용 보호구 착용
③ 금형 이물질 제거 작업 시 전용공구 사용

05.

위험물을 다루는 바닥이 갖추어야 할 구조를 2가지 쓰시오.

해답 ① 누출 시 액체가 바닥이나 피트 등으로 확산되지 않도록 경사 또는 바닥의 둘레에 높이 15cm 이상의 턱을 설치한다.
② 바닥은 콘크리트 기타 불침유 재료로 하고 턱이 있는 쪽이 낮게 경사지도록 설계한다.

06.

화면에서 재해방지를 위한 안전장치 2가지를 쓰시오.

[동영상 설명]
작업자가 경사용 컨베이어 벨트에서 하역 작업을 하고 있다. 이때 작업자의 발이 아슬아슬해 보인다.

해답 비상정지장치, 덮개, 울, 역전방지장치

07.

화면은 전주에 사다리를 기대고 작업 중 넘어지는 재해를 보여주고 있다. 동영상에서와 같이 이동식 사다리의 설치기준을 3가지 쓰시오.

➡해답 ① 길이가 6m를 초과해서는 안 된다.
② 다리의 벌림은 벽 높이의 1/4 정도가 적당하다.
③ 미끄럼방지 발판은 인조고무 등으로 마감한 실내용을 사용하여야 한다.
④ 벽면 상부로부터 최소한 90cm 이상의 연장 길이가 있어야 한다.

08.

화면은 방음보호구를 보여준다. 종류와 기호를 쓰시오.

➡해답 귀덮개, EM

09.

작업장에 국소배기장치를 설치할 때 준수하여야 할 사항 3가지를 쓰시오.

➡해답 ① 후드는 가스 증기 분진의 발산원마다 설치하고 외부식 또는 레시버식 후두는 해당 발산원에 최대한으로 근접한 위치에 설치할 것
② 가능한 한 덕트의 길이가 짧고 굴곡부의 수를 적게 하며 쉽게 청소할 수 있는 구조일 것
③ 배출구는 옥외에 설치할 것
④ 국소배기장치의 배풍기는 집진 또는 배출가스처리 후 공기가 통과하는 위치에 설치할 것

산업안전산업기사 1회(4월 A형)

01.
화면의 인쇄윤전기 재해사례에서 나타나는 위험점을 기계의 운동 형태에 따라 분류하고자 할 때 해당되는 ① 위험점의 명칭, ② 정의 등을 쓰시오.

> **해답** ① 위험점의 명칭 : 물림점(Nip point)
> ② 정의 : 회전하는 두 개의 회전체에 물려 들어가는 위험점

02.
화면은 에어(수증기) 배관 작업 중 고압의 증기 누출로 작업자가 눈에 재해를 당하는 영상이다. 에어배관 작업 시 위험요인을 2가지 쓰시오.

> **해답** ① 보안경을 착용하지 않아 고압증기에 의한 눈 부위 손상의 위험이 존재
> ② 배관에 남은 고압증기를 제거하지 않았으며 전용공구를 사용하지 않아 위험이 존재

03.
동영상은 경사용 컨베이어를 이용하여 화물을 운반하는 작업 중에 발생한 재해사례이다. 동영상을 참고하여 컨베이어에 설치하여야 하는 방호조치를 3가지 쓰시오.

> **해답** ① 비상정지장치
> ② 덮개
> ③ 울

04.

화면의 동영상은 분전반 앞에 위치한 그라인더(Grinder) 기기재해사례이다. 동영상을 참고하여 작업 시 위험요인을 2가지만 쓰시오.

➡해답 ① 작업자가 맨손으로 작업을 실시하여 감전의 위험이 있음
② 보수작업임을 안내하는 안전표지판 미설치 및 감시인 미배치

05.

화면은 공장 지붕 철골상에 패널 설치 중 작업자가 실족하여 사망한 재해사례이다. 이 영상 내용을 참고하여 위험요인 및 조치사항(안전대책)을 2가지 쓰시오.

➡해답 (1) 위험요인
① 안전대 부착설비 미설치 및 안전대를 착용하지 않고 작업
② 추락방지망이 설치되지 않음
(2) 안전대책
① 안전대 부착설비 설치 및 안전대 착용
② 추락방지망을 설치

06.

화면을 참고하여 철골작업 시 작업을 중지해야 할 기상조건 3가지를 기술하시오.

➡해답 ① 풍속이 초당 10m 이상인 경우
② 강우량이 시간당 1mm 이상인 경우
③ 강설량이 시간당 1cm 이상인 경우

07.

화면은 건물 옥상 변전실 근처에서 공놀이를 하다가 울타리 안쪽에 위치한 변압기 상단의 충전부에 떨어진 공을 줍기 위하여 출입문을 통해 들어가 공을 꺼내려 하고 있다. 화면의 재해방지대책 3가지를 쓰시오.

➡해답 ① 변전실에 관계자 외의 출입을 막기 위해 출입구에 잠금장치를 설치한다.
② 전원을 차단하고, 정전을 확인 후 작업자가 공을 제거하도록 한다.
③ 변전실 근처에서 공놀이를 할 수 없도록 하고 안전표지판을 부착한다.
④ 작업자들에게 변전실의 전기위험에 대한 안전교육을 실시한다.

08.
화면은 선박 밸러스트 탱크 내부의 슬러지를 제거하는 작업 도중에 작업자가 가스질식으로 의식을 잃었다. 이와 같은 사고에 대비하여 필요한 호흡용 보호구를 2가지만 쓰시오.

➡해답 ① 송기마스크 ② 공기호흡기

09.
보호장구 사진을 참고하여 보안면의 (1) 등급을 나누는 기준, (2) 투과율의 종류를 쓰시오.

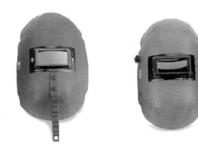

➡해답 (1) 등급기준 : 차광도 번호
(2) 투과율의 종류
① 자외선 최대 분광 투과율
② 시감 투과율
③ 적외선 투과율

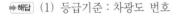

산업안전산업기사 1회(4월 B형)

01.
화면은 봉강 연마 작업 중 발생한 사고사례이다. 기인물은 무엇이며, 연마작업 시 파편이나 칩의 비래에 의한 위험에 대비하기 위해 설치해야 하는 방호장치명을 쓰시오.

① 기인물
② 방호장치명

➡해답 ① 기인물 : 탁상공구연삭기
② 방호장치명 : 투명한 비산 방지판

02.
동영상은 덤프트럭 적재함을 올리고 실린더 유압장치 밸브를 수리하던 중 발생한 재해사례이다. 동영상과 같이 차량계 하역운반기계 등의 수리 또는 부속장치의 장착 및 해체작업을 하는 때에 작업지휘자를 지정하여 준수하여야 할 사항 2가지를 쓰시오.

➡해답 ① 작업순서를 결정 후 작업을 지휘할 것
② 안전지주 또는 안전블록 등의 사용상황 등을 점검

03.
목재가공용 둥근톱 방호장치 2가지와 자율안전확인대상 목재가공용 덮개 및 분할날에 자율안전확인표시 외에 추가로 표시하여야 할 사항 1가지를 쓰시오.

➡해답 (1) 방호장치
① 반발예방장치
② 톱날접촉예방장치
(2) 추가표시사항
① 덮개의 종류
② 둥근톱의 사용 가능 치수

04.
동영상은 작업자가 퓨즈 교체 작업 중 감전사고가 발생한 장면을 보여주고 있다. 감전위험요인 2가지를 쓰시오.

➡해답 ① 전원을 차단하지 않고 퓨즈교체 작업을 함
② 절연용보호구 미착용

05.
화면은 크롬도금을 실시하는 작업현장의 장면이다. 크롬 또는 크롬화합물의 퓸, 분진, 미스트를 장기간 흡입하여 발생되는 ① 직업병명과 ② 증상은 무엇인지 쓰시오.

➡해답 ① 직업병명 : 비중격천공
② 증상 : 코에 구멍이 뚫림

06.

화면은 브레이크 라이닝을 작업하는 화면으로 작업자가 마스크를 착용하고 있으나 석면분진폭로 위험성에 노출되어 있어 작업자에게 직업성 질환으로 이환될 우려가 있다. 장기간 폭로 시 어떤 종류의 직업병이 발생할 위험이 있는지 서술하시오.

➡해답 해당 작업자가 착용한 마스크는 방진마스크가 아니기 때문에, 석면분진이 마스크를 통해 흡입이 가능해 폐암, 석면폐증, 악성중피종과 같은 직업병 발생 가능

07.

화면은 공장 지붕 철골상에 패널 설치 중 작업자가 실족하여 사망한 재해사례이다. 이 영상 내용을 참고하여 재해원인 2가지를 쓰시오.

➡해답 ① 안전대 부착설비 미설치 및 안전대 미착용
② 추락방지망 미설치

08.

동영상은 전주를 옮기다가 작업자가 전주에 맞아 사고를 당하는 모습을 담고 있다. ① 재해요인, ② 가해물, ③ 전기작업 시 사용할 수 있는 안전모의 종류를 쓰시오.

➡해답 ① 재해요인 : 비래
② 가해물 : 전주
③ 전기용 안전모의 종류 : AE형, ABE형

09.

화면은 추락을 방지하기 위하여 사용하는 안전대의 한 종류이다. 다음 각 물음에 답하시오.

(1) 보호구 안전인증 규정에서 분류한 안전대의 명칭을 쓰시오.
(2) ①과 ②의 명칭을 쓰시오.

➡해답 (1) 안전대 명칭 : 죔줄

　(2) 명칭
　　① 카라비너
　　② 훅

산업안전산업기사 2회(6월 A형)

O1.
화면은 작업자에 의해 건설작업용 리프트의 안전이 확인되는 내용을 잘 나타내고 있다. 이 리프트의 방호장치를 4가지 쓰시오.

➡해답 ① 과부하방지장치
　　　② 권과방지장치
　　　③ 비상정지장치
　　　④ 조작반에 잠금장치

O2.
화면은 도로상 가설전선 점검작업 중 발생한 재해사례이다. 이 영상을 참고하여 감전사고 예방대책을 3가지 쓰시오.

➡해답 ① 이동전선 절연조치를 할 것
　　　② 정격 누전차단기를 설치할 것
　　　③ 정전작업 실시할 것
　　　④ 작업근로자 감전에 대비한 보호구 착용할 것

O3.
안전대(죔줄)의 구조 및 치수를 1가지 쓰시오.

➡해답 ① 강인한 실로 짠 직물로 비틀어짐, 흠, 기타 결함이 없을 것
　　　② 벨트의 너비는 50mm 이상, 길이는 버클 포함 1,100mm 이상, 두께는 2mm 이상일 것

O4.
화면에서 그라인더 작업 시 조치사항 3가지를 쓰시오.

해답 ① 작업시작 전 산소농도 및 유해가스 농도를 측정하고 작업 중에도 계획 환기
② 환기를 실시할 수 없거나 산소결핍 위험 장소에 들어갈 때는 호흡용 보호구 착용
③ 국소배기장치의 전원부에 잠금장치를 하고 감시인 배치

05.

화면에서 나타난 재해원인 중 기인물과 가해물을 쓰시오.

[동영상 설명]
사출성형기 작업을 하던 작업자가 기계의 작동이 멈추자 전원을 차단하지 않은 채 노즐부의 잔류물(사출 후의 찌꺼기 등)을 제거하고 있다. 이때 작업자는 노출 충전부(히터 단자부)에 접촉되어 감전된다.

해답 ① 기인물 : 사출성형기 혹은 사출성형기 노즐 충전부
② 가해물 : 전기

06.

화면은 사출성형기 V형 금형 작업 중 재해가 발생한 사례이다. 동영상에서 발생한 재해형태 및 법적 방호장치를 1가지씩 쓰시오.

해답 ① 재해형태 : 협착
② 방호장치 : 게이트가드식, 양수조작식

07.

배관 용접 작업 중 감전되기 쉬운 장비의 위치를 4가지 쓰시오.

해답 ① 용접기의 리드단자   ② 용접봉 홀더
③ 용접기 케이스   ④ 용접봉 케이블

08.

화면은 김치제조 공장에서 슬라이스 작업 중 작동이 멈춰 기계를 점검하고 있는 도중에 재해가 발생한 상황을 보여주고 있다. 이 동영상을 보고 동종 재해를 방지하기 위한 안전예방대책 3가지를 쓰시오.

해답 슬라이스 부분 덮개 설치, 울 설치, 잠금장치 설치

09.

화면에서 가이데릭 설치 작업 시 불안전한 상태 2가지를 쓰시오.

해답 ① 파이프의 아랫부분에서만 철사로 고정해서 무너질 위험이 있다.
② 버팀대가 미끄러져 사고의 위험이 있다.

산업안전산업기사 3회(10월 A형)

01.

화면은 작업자가 스프레이건으로 쇠파이프 여러 개를 눕혀 놓고 페인트칠을 하는 작업을 보여주고 있다. 동영상에서 사용되는 마스크와 흡수제 3가지를 쓰시오.

해답 ① 마스크 : 방독마스크
② 흡수제 : 활성탄, 큐프라마이트, 소다라임

02.

화면은 인쇄 윤전기를 청소하는 중에 발생한 재해사례이다. 동영상을 참고하여 롤러기의 청소 시 위험 요인 2가지를 쓰시오.

[동영상 설명]
작업자가 인쇄용 윤전기의 전원을 끄지 않고 빙글빙글 서로 맞물려서 돌아가는 롤러를 걸레로 닦고 있다. 닦을 때 체중을 실어서 힘 있게 닦고, 위험하게 맞물리는 지점까지 걸레를 집어넣고 닦는다. 그 순간 작업자의 손이 롤러기 사이에 끼어 사고를 당하고 사고 발생 후 전원을 차단하고 손을 빼냈다.

해답 ① 회전 중 롤러의 죄어 들어가는 쪽에서 직접 손으로 눌러 닦고 있어서 손이 물려 들어가게 된다.
② 체중을 걸쳐 닦고 있어서 물려 들어가게 된다.

03.

화면과 같이 굴착공사 시 가시설비 설치 후 정기적으로 점검사항 3가지를 쓰시오.

해답 ① 부재의 손상·변경·부식·변위 탈락의 유무와 상태

② 버팀대의 긴압 정도
③ 부재의 접속부 · 부착부 및 교차부의 상태
④ 침하의 정도

04.
화면은 방음보호구(귀마개)를 보여준다. 해당 보호구의 기호를 쓰시오.

형식	종류	기호
귀마개	1종	①
	2종	②

➡해답 ① EP-1
② EP-2

05.
화면은 작업자가 승강기 설치 전 피트 내에서 작업 중에 승강기 개구부로 추락, 사망사고를 당한 장면을 나타내고 있다. 이때 위험요인 3가지를 쓰시오.

➡해답 ① 작업발판 미고정
② 안전난간 미설치
③ 추락방지망 미설치

06.
화면과 같이 작업자가 착용하여야 할 보호장구 2가지를 쓰시오.

[동영상 설명]
화면의 작업자 A가 변압기의 2차 전압을 측정하기 위해 유리창 너머의 작업자 B에게 전원을 투입하라는 신호를 보낸다. 측정 완료 후 다시 차단하라는 신호를 보내고 측정기기를 철거한다. 이때 감전사고가 발생하게 된다.

➡해답 내전압용 절연장갑, 절연장화

07.

화면에서 작업자가 DMF 통을 옮기고 있는 모습을 보여준다. DMF 사용 작업장 물질안전보건자료 비치·게시 등 관리해야 하는 장소를 3가지 쓰시오.

➡️해답 ① 물질안전보건자료 대상물질을 취급하는 작업공정이 있는 장소
② 작업장 내 근로자가 가장 보기 쉬운 장소
③ 근로자가 작업 중 쉽게 접근할 수 있는 장소에 설치된 전산 장비

08.

화면은 가스용접 작업 진행 중 발생된 재해사례를 나타내고 있다. 위험요인을 2가지 쓰시오.

➡️해답 ① 용기를 눕혀서 보관한 가운데 작업을 실시하고 별도의 안전장치가 없는 관계로 폭발위험이 존재한다.
② 작업자가 용접용 보안면과 용접용 장갑을 미착용하고 있어 화상 재해의 위험성이 존재한다.

09.

화면은 2만 볼트가 인가된 배전반에 절연내력시험기로 앞의 작업자가 시험하다 뒤에 있던 다른 근로자를 발견하지 못해 재해가 발생하였다. 이러한 작업 시 안전조치사항을 3가지 쓰시오.

➡️해답 ① 개폐기 문에 통전금지 표지판 설치
② 내전압용 절연장갑 등 절연용 보호구 착용
③ 감시인 배치 후 작업

산업안전산업기사 3회(10월 B형)

01.

동영상은 전기형강작업 중인 장면을 보여주고 있다. 정전작업 중 조치사항을 3가지 쓰시오.

➡️해답 ① 작업 중 흡연금지
② 작업발판에 불안정한 자세로 서있지 않는다.
③ C.O.S를 발판용 볼트에 임시로 걸쳐 놓지 않는다.

02.

화면의 동영상은 V벨트 교환 작업 중 발생한 재해사례이다. 기계 운전상 안전작업수칙을 3가지 쓰시오.

해답 ① 작업시작 전 전원 차단
② V벨트 교체 작업은 천대 장치 사용
③ 보수작업 중이라는 안내 표지 부착

03.

화면은 공장 지붕 철골상에 패널 설치 중 작업자가 실족하여 사망한 재해사례이다. 동영상을 참고하여 조치사항을 2가지 쓰시오.

해답 ① 안전대 부착설비 설치 및 안전대 착용 철저
② 추락방지망 설치

04.

밀폐공간에 근로자가 종사하도록 하는 때에 밀폐공간 작업프로그램 예방대책을 3가지 쓰시오.

해답 ① 사업장 내 밀폐공간의 위치 파악 및 관리방안
② 밀폐공간 내 질식·중독을 일으킬 수 있는 유해·위험 요인의 파악 및 관리 방안
③ 안전보건교육 및 훈련

05.

화면은 MCC패널 차단기의 전원을 투입하여 발생한 재해사례이다. 동종재해방지대책을 3가지 쓰시오.

해답 ① 각 차단기별로 회로명을 표기하여 오작동을 막는다.
② 잠금장치 및 표찰을 부착하여 해당 작업자 이외의 자에 의한 오작동을 막는다.
③ 작업자에게 해당 작업시의 전기위험에 대한 안전교육을 실시한다.
④ 작업자 간의 정확성을 기하기 위해 무전기 등 연락 가능 장비를 이용하여 여러 차례 확인하는 절차를 준수한다.

06.

화면은 사출성형기 V형 금형 작업 중 발생한 재해사례이다. 동영상에서 발생한 재해형태 및 법적인 방호장치를 쓰시오.

해답 ① 협착 　　　　② 게이트가드식, 양수조작식

O7.
화면에 나타난 보호장구(보안면)의 채색 투시부의 차광도를 구분하여 그 투과율%을 쓰시오.

① 밝음 : (　　)±7　　　　　　② 중간 밝기 : (　　)±4
③ 어두움 : (　　)±4

➡해답 ① 밝음 : 50　　　② 중간 밝기 : 23
　　　　③ 어두움 : 14

O8.
화면은 교류아크용접 작업 중 재해가 발생한 사례이다. 기인물은 무엇이며 이 작업 시 눈과 감전재해 위험으로부터 작업자를 보호하기 위해 착용해야 할 보호구의 명칭 2가지를 쓰시오.

➡해답 ① 기인물 : 교류아크용접기　　　　② 보호구 : 용접용 보안면, 용접용 장갑

O9.
화면은 작업 중 발판을 밑에 놓고 위로 지나가다 떨어지는 재해사례이다. 동영상에서와 같은 기인물과 재해형태를 쓰시오.

➡해답 ① 기인물 : 작업발판　　② 재해형태 : 추락

산업안전산업기사(1회 A형)

01.

화면은 도로상 가설전선 점검작업 중 발생한 재해사례이다. 이 영상을 참고하여 감전사고 예방대책 3가지를 쓰시오.

➡해답 ① 개인보호구(절연장갑) 착용
　　　② 정전작업 실시
　　　③ 감전방지용 누전차단기 설치
　　　④ 해당 전선의 절연성능 이상으로 전선접속부 절연조치

02.

유리병을 H_2SO_4(황산)에 세척 시 발생하는 재해형태와 정의를 각각 쓰시오.

➡해답 ① 재해형태 : 유해·위험물질 노출·접촉
　　　② 정의 : 유해·위험물질에 노출·접촉 또는 흡입하였거나 독성 동물에 쏘이거나 물린 경우

03.

굴착작업장의 흙막이 구조물을 보여주고 있다. 이와 같은 흙막이 지보공을 설치한 때에 정기적으로 점검하여 이상 발견 시 즉시 보수하여야 하는 사항을 3가지 쓰시오.

➡해답 ① 부재의 손상·변형·부식·변위 및 탈락의 유무와 상태
　　　② 버팀대의 긴압의 정도
　　　③ 부재의 접속부·부착부 및 교차부의 상태
　　　④ 침하의 정도

04.
작업자가 용접작업을 하고 있다. 배관플랜지 용접작업 중 위험요인 2가지를 쓰시오.

➡해답 ① 고열 및 불티에 의한 화재 및 폭발의 위험(소화기, 물통, 건조사, 불티받이포 등을 준비)
② 충전부 접촉에 의한 감전의 위험
③ 용접 흄, 유해가스, 유해광선, 소음, 고열에 의한 건강장해
④ 용접작업에 의한 화상

05.
작업자가 방진마스크 및 보안경을 착용한 상태에서 평상복을 입고 맨손으로 브레이크 라이닝의 이물질을 제거하는 작업을 실시하고 있다. 이와 같이 브레이크 라이닝 작업을 실시하고 있을 경우 작업자가 착용하여야 할 보호구의 종류를 3가지 쓰시오.

➡해답 불침투성 보호복, 유기화합물용 안전장갑, 고무제 안전화

06.
가죽제 안전화를 보여주고 있다. 가죽제 안전화의 성능시험 3가지를 쓰시오.

➡해답 ① 내압박성 시험   ② 내충격성 시험
③ 박리저항 시험   ④ 내답발성 시험

07.
작업자가 사다리차를 타고 전주의 고압선로에 절연방호구를 설치하고 있다. 동영상과 같은 활선작업 시 내재된 위험요인 3가지를 쓰시오.

➡해답 ① 근접활선(절연용 방호구 미설치)에 대한 감전위험
② 절연용 보호구 착용상태 불량에 따른 감전위험
③ 활선작업거리 미준수에 따른 감전위험
④ 작업장소의 관계 근로자 외의 자의 출입에 따른 감전위험

08.
컨베이어가 작동하는 상태에서 작업자가 컨베이어벨트 끝부분에 발을 딛고 올라서서 불안정한 자세로 형광등을 교체하다 추락하는 동영상이다. 작업자의 불안전한 행동 2가지를 쓰시오.

해답 ① 작동하는 컨베이어에 올라 작업하는 자세가 불안정하여 추락위험이 있다.
② 안전모 등 보호구를 착용하지 않아 위험하다.

09.

작업자가 엘리베이터 개구부에서 작업을 하고 있다. 작업자는 안전대 부착설비 및 안전대를 착용하고
있지 않으며 작업발판이 불안정하게 고정되어 있다. 이때, 재해발생 위험요인을 3가지 쓰시오.

해답 ① 작업발판이 고정되지 않아 발판 탈락 및 추락위험
② 안전대 부착설비 미설치 및 작업자 안전대 미착용으로 인한 추락위험
③ 엘리베이터 피트 내부의 추락방지망 미설치로 인한 추락위험

산업안전산업기사(1회 B형)

01.

다음 화면에 보이는 건설작업용 리프트 각 부의 명칭을 쓰시오.

➡해답 ① 속도조절기(조속기)
③ 권과방지장치
⑤ 안전고리
⑦ 출입문연동장치
⑨ 비상정지장치

② 완충스프링
④ 3상 전원차단장치
⑥ 과부하방지장치
⑧ 방호울타리 출입문 연동장치

02.

쇠파이프에 스프레이로 페인트칠을 하는 작업을 화면으로 보여주고 있다. 이 작업에서 사용되는 ①
마스크의 명칭과 ② 흡수제의 종류 3가지를 쓰시오.

➡해답 ① 마스크 : 방독마스크
② 흡수제 : 활성탄, 소다라임, 알칼리제제, 큐프라마이트

03.

동영상은 크롬도금작업을 보여준다. 크롬도금작업장소에 국소배기장치 종류와 미스트 억제방법을 쓰시
오.

➡해답 ① 국소배기장치 종류 : ㉠ PUSH-PULL ㉡ 측방형 ㉢ 슬롯형
② 미스트 억제방법 : ㉠ 소형 플라스틱 ㉡ 계면활성제

04.

화면은 크레인으로 자재를 인양하는 도중에 발생한 재해사례이다. 작업을 지휘하는 자의 직무사항
3가지를 쓰시오.

[동영상 설명]
크고 두꺼운 배관을 와이어로프가 아닌 끈으로 한 번만 빙 둘러서 인양하는 장면이다. 이어서 끈을
한 번 보여주는데 끈의 일부분이 손상되어 옆 부분이 조금 찢겨 있다. 그리고 위로 끌어올리다가
무슨 이유 때문인지 배관이 다시 작업자들 머리 부근까지 내려온다. 밑에는 2명의 작업자가 배관을
손으로 지지하는데 배관이 순간 흔들리면서 날아와 작업자 1명을 쳐버렸다.

➡해답 ① 작업반경 내 근로자 출입금지
② 로프의 안전상태 확인
③ 무전기를 사용하거나 신호방법을 미리 정한다.
④ 훅 해지장치 및 안전상태를 점검한다.

O5.

항타기 · 항발기 작업 시 충전전로에 근로자 감전위험 발생 우려가 있을 때 사업주로서 조치사항 3가지를 쓰시오.

[동영상 설명]
항타기 항발기 장비로 땅을 파고 전주를 묻는 장면인데 항타기에 고정된 전주가 조금 불안전한듯 싶더니 조금씩 돌아가서 항타기로 전주를 조금 움직이는 순간 인접 활선 전로에 접촉되어 스파크가 일어난 상황이다.

해답 ① (이격거리 확보) 차량 등을 충전부로부터 300[cm] 이상 이격시키되, 대지전압이 50[kV]를 넘는 경우에는 10[kV]가 증가할 때마다 이격거리 를 10[cm]씩 증가시킨다.
② (절연용 방호구 설치) 절연용 방호구 등을 설치한 경우에는 이격거리를 절연용 방호구 앞면까지로 할 수 있다.
③ (울타리 설치 또는 감시인 배치) 울타리를 설치하거나 감시인 배치 등의 조치를 하여야 한다.
④ (접지점 관리 철저) 접지된 차량 등이 충전전로와 접촉할 우려가 있는 경우에는 근로자가 접지점에 접촉되지 않도록 조치하여야 한다.

O6.

화면에 나타난 보호구(보안면) 면체의 성능기준 항목 3가지를 쓰시오.

해답 ① 절연시험   ② 내식성
③ 굴절력   ④ 투과율
⑤ 시감투과율 차이

O7.

화면은 2만 볼트가 인가된 배전반에 절연내력시험기로 앞의 작업자가 시험하다 미처 뒤에 있던 다른 작업자를 발견하지 못한 관계로 발생한 재해이다. 이 작업 시의 안전조치사항을 3가지 쓰시오.

[동영상 설명]
배전반 뒤쪽에서 작업자 1명이 열심히 보수작업을 하는 것을 보여주고 화면 1이 배전반 앞쪽으로 이동하면서 다른 작업자 1명을 보여준다. 절연내력시험 1기를 들고 한 선은 배전반 접지에 꽂은 후 장비의 스위치를 ON 시키고 배선용 차단기에 나머지 한 선을 여기저기 대보고 있는데 뒤쪽 작업자가 배전반 작업 중 쓰러졌는지 놀라서 일어나는 동영상이다.

해답 ① 전로의 개로개폐기에 시건장치 및 통전금지 표지판 부착
② 작업 전 신호체계 확립 및 작업지휘자에 의한 작업지휘
③ 내전압용 절연장갑 등 절연용 보호구를 착용한다.

08.

화면상에서 분전반 전면에 위치한 그라인더 기기를 활용한 작업에서 위험요인 2가지를 쓰시오.

[동영상 설명]

작업자 한 명이 콘센트 플러그를 꽂고 그라인더 작업 중이고, 다른 작업자가 다가와서 작업을 위해 콘센트에 플러그를 꽂고 주변을 만지는 도중 감전이 발생한다.

➡해답 ① 절연장갑 미착용으로 감전위험
② 맨손으로 작업 중 감전위험
③ 절연용 보호구(절연모, 절연복 등) 미착용으로 감전위험
④ 분전반 충전부 방호조치 미흡 시 감전위험

산업안전산업기사(2회 A형)

01.

유해물질을 취급하는 바닥이 갖추어야 할 조건 2가지를 적으시오.

[동영상 설명]

실험실에서 황산을 비커에 따르고, 약품을 넣고 섞는 작업을 하고 있다. 작업자는 맨손이다. 황산용기를 바닥에 두고 있었는데 누군가 불러서 발걸음을 옮기던 중 바닥의 황산 용기를 건드려 황산이 유출되었다.

➡해답 ① 누출 시 유해물질이 확산되지 않도록 높이 15cm 이상의 턱을 설치한다.
② 바닥은 불침투성 재료를 사용한다.

02.

화면에서의 위험요인 2가지를 적으시오.

[동영상 설명]

작업자가 맨손으로 배전반에 드라이버를 이용해 나사를 조이는 모습이다. 한손은 배전반 커버를 잡고 있다. 잠시 후 동료작업자가 옆에 있는 배전반의 전원을 투입하는 순간 작업자가 손을 움켜잡고 고통스러워한다.

➡해답 ① 정전작업 미실시
② 개인 보호구(감전방지용 보호구) 미착용

03.

작업자는 반코팅 장갑을 착용하고 정지된 롤러기의 내부를 살펴보며 이물질을 제거하고 있다. 전원을 작동하고 롤러기가 돌아간다. 계속해서 반코팅 장갑을 낀 상태에서 롤러의 표면을 닦는 등의 이물질 제거행동을 하다가 손이 빨려 들어간다.

① 기계의 운동형태에 따른 분류를 하고자 할 때 위험점의 명칭은?
② 위험점의 정의는?

해답 ① 물림점
② (반대방향으로)회전하는 두 개의 회전체에 물려들어가는 위험점

04.

화면에서와 같은 작업 시 작업을 중지해야 하는 경우 3가지를 적으시오.

[동영상 설명]
교각 위에서 철근작업을 하고 있다. 작업자가 발이 미끄러지며 아래로 추락하려 한다.

해답 ① 풍속이 초당 10m 이상인 경우
② 강우량이 시간당 1mm 이상인 경우
③ 강설량이 시간당 1cm 이상인 경우

05.

화면에서는 용접용 보안면을 보여준다.

① 용접용 보안면의 등급을 나누는 기준
② 용접용 보안면의 투과율의 종류

해답 ① 차광도 번호
② 자외선 최대 분광투과율, 적외선 투과율, 시감 투과율

06.

화면에서 핵심 위험요인 3가지를 적으시오.

[동영상 설명]
아파트 건설현장에서 승강기 개구부에 나무판자 여러 개를 이어붙인 작업발판 위에서 못을 제거하는 작업을 하고 있다.
작업자가 끝부분으로 이동하다가 콘크리트 조각들이 개구부 아래로 떨어지는 장면을 보여준다. 안전모를 착용하고 있고, 작업발판 바닥은 지저분하다.

➡해답 ① 작업발판이 고정되어 있지 않았다.
② 개구부 내부에 추락방지망이 설치되지 않았다.
③ 작업자가 안전대를 착용하지 않았다.

07.

다음 동영상에서 작업시작 전 실시하지 않은 항목을 3가지 적으시오.

[동영상 설명]
버스를 유압장치로 올린 후 버스 아래에 들어가서 작업하고 있다. 보호구는 착용하지 않은 상태이다. 잠시 후 다른 작업자가 버스에 올라타서 버스의 시동을 거는 모습을 보여주고, 버스 아래의 작업자를 보여준다.

➡해답 ① 유압장치에 안전블록 등을 설치하지 않았다.
② 작업지휘자를 배치하지 않았다.
③ 조작부에 점검 표지를 부착하지 않았다.

08.

유해물질의 제조·수입·운반·저장·취급 시 근로자가 볼 수 있는 장소에 게시 또는 비치하여야 할 사항을 3가지 쓰시오.

➡해답 MSDS 작성 내용
① 제품명
② 물질안전보건자료대상물질을 구성하는 화학물질 중 제104조에 따른 분류기준에 해당하는 화학물질의 명칭 및 함유량
③ 안전 및 보건상의 취급 주의사항
④ 건강 및 환경에 대한 유해성, 물리적 위험성
⑤ 물리·화학적 특성 등 고용노동부령으로 정하는 사항(시행규칙 제156조의2)

09.

용접작업 시작 전 점검사항 2가지를 적으시오.

해답 ① 용접기 외함 접지상태
② 용접봉 홀더의 절연상태
③ 전선의 피복 손상상태

산업안전산업기사(2회 B형)

01.

기계톱을 작동하기 전에 작업발판용 나무토막을 가져다 놓고 한 발로 나무를 고정하고 톱질하다 작업발판의 흔들림으로 인해 작업자가 넘어졌다. 재해형태와 기인물, 가해물은?

해답 ① 재해형태 : 전도
② 기인물 : 작업발판
③ 가해물 : 바닥

02.

경사용 컨베이어 벨트에서 하역작업 중 위험을(동영상은 컨베이어 위에 올라가 있는 작업자의 아슬아슬한 모습을 잡아줌) 방지하기 위한 방호장치 3가지를 쓰시오.

해답 ① 비상정지장치 설치
② 덮개 또는 울 설치
③ 건널다리 설치
④ 역전방지장치 설치

03.
화면상에서 작업자 측면의 문제점을 2가지 쓰시오.

[동영상 설명]
경사용 컨베이어가 작동 중이고, 컨베이어 아래 쪽에서 작업자 2명이 컨베이어에 포대를 올리고 있다. 컨베이어에 포대가 삐뚤게 놓여져 올라가고 있는데, 위쪽에서 작업하고 있는 작업자의 발에 부딪혀 오른쪽으로 쓰러지면서 팔이 기계 하단으로 들어가 고통스러워하자 아래쪽 작업자가 와서 안아주는 장면이다.

➡️해답 ① 작동하는 컨베이어에 올라가면 작업하는 자세가 불안정하여 추락위험이 있다.
② 안전모 등 보호구를 착용하지 않아 위험하다.

04.
다음 화면에 보이는 건설작업용 리프트 각 부의 명칭을 쓰시오.

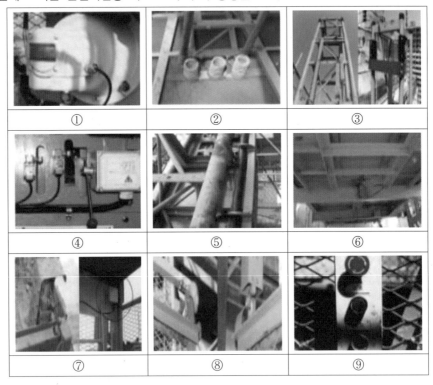

①	②	③
④	⑤	⑥
⑦	⑧	⑨

➡️해답 ① 속도조절기(조속기)　　　　　　② 완충스프링
　　　③ 권과방지장치　　　　　　　　　④ 3상 전원차단장치
　　　⑤ 안전고리　　　　　　　　　　　⑥ 과부하방지장치

⑦ 출입문연동장치   ⑧ 방호울타리 출입문 연동장치
⑨ 비상정지장치

05.

화면은 교류아크 용접작업 중 재해가 발생한 사례이다. 이 작업 시 눈과 감전재해의 위험으로부터 작업자를 보호하기 위해 착용해야 할 보호구 명칭 두 가지를 쓰시오.

[동영상 설명]
작업자가 교류아크용접을 한다. 용접을 한 번 하고서 슬러지를 털어낸 뒤 육안으로 확인한 후 다시 한 번 용접을 위해 아크불꽃을 내는 순간 감전되어 쓰러졌다.(작업자는 일반 캡 모자와 목장갑 착용 중)

➡해답 ① 용접용 보안면   ② 절연장갑

06.

화면(전주 동영상)은 전기형강작업 모습을 보여주고 있다. 정전위험 요인과 정전작업 중 조치사항을 3가지 쓰시오.

➡해답 ① 작업 중 흡연
        ② 작업자가 딛고 선 발판의 불안정성
        ③ COS를 발판용 볼트에 임시로 걸쳐 놓았다.

07.

어둡고 밀폐된 LPG 저장소에서 작업자가 전등의 전원을 투입하는 순간 "펑"하고 폭발사고가 발생하는 장면이다. 사고유형과 기인물을 쓰시오.

➡해답 ① 사고유형 : 가스누출에 의한 폭발
        ② 기인물 : LPG 저장용기에서 누출된 가스(가연물), 전원스위치에서 발생한 전기스파크

08.

전주를 옮기는 작업을 하던 중 작업자의 머리가 전주에 부딪히는 사고가 발생하였다. 이와 같은 재해가 발생하였을 때 가해물과 전기를 취급하는 작업을 할 때 착용하여야 할 안전모의 종류를 쓰시오.

➡해답 (1) 가해물 : 전주
        (2) 안전모의 종류 : AE, ABE

09.

화면은 헤드폰처럼 생긴 모양의 귀덮개를 보여주고 있다. 강렬한 소음이 발생되는 장소에서 작업자가 반드시 착용해야 할 보호구의 명칭과 기호를 쓰시오.

➡해답 귀덮개, EM

산업안전산업기사(3회 A형)

01.

화면은 30kV 전압이 흐르는 고압선 아래에서 이동식 크레인으로 작업하다 붐대가 전선에 닿아 감전되는 재해가 발생한 사례이다. 크레인을 이용하여 고압선 주변에서 작업할 경우 안전대책 3가지를 쓰시오.

➡해답 ① (이격거리 확보) 차량 등을 충전부로부터 300[cm] 이상 이격시키되, 대지전압이 50[kV]를 넘는 경우에는 10[kV]가 증가할 때마다 이격거리 를 10[cm]씩 증가시킨다.
② (절연용 방호구 설치) 절연용 방호구 등을 설치한 경우에는 이격거리를 절연용 방호구 앞면까지로 할 수 있다.
③ (울타리 설치 또는 감시인 배치) 울타리를 설치하거나 감시인 배치 등의 조치를 하여야 한다.
④ (접지점 관리 철저) 접지된 차량 등이 충전전로와 접촉할 우려가 있는 경우에는 근로자가 접지점에 접촉되지 않도록 조치하여야 한다.

02.

지게차 작업을 보여주고 있다. 지게차의 작업시작 전 점검사항 3가지를 쓰시오.

해답 ① 제동장치 및 조정장치 기능의 이상 유무
② 하역장치 및 유압장치 기능의 이상 유무
③ 바퀴의 이상 유무
④ 전조등·후미등·방향지시기 및 경보장치 기능의 이상 유무

03.

화면에서 고온의 증기가 흐르는 고소배관의 플랜지를 점검하던 중 작업자에게 발생한 재해사례를 보여주고 있다. 위험요인을 3가지만 쓰시오.

[동영상 설명]
고소배관 플랜지 점검 중 이동사다리를 딛고 올라서서 배관플랜지 볼트를 조이다가 추락하였다.

해답 ① 방열복 및 방열장갑 등 보호구를 착용하지 않았다.
② 이동식 사다리가 고정되어 있지 않다.
③ 보안경 미착용으로 고압증기에 의한 눈 손상의 위험이 있다.
④ 양손을 동시에 사용하고 있어 작업자세가 불안전하다.

04.

화면은 박공지붕 설치작업 중 발생한 재해사례이다. 해당 화면은 박공지붕이 날아와 맞는 재해가 발생하였음을 나타내고 있다. 이때 재해 발생원인 3가지를 쓰시오.

해답 ① 근로자는 위험한 장소에서 휴식을 취하지 않는다.
② 추락방지망을 설치한다.
③ 자재를 한 곳에 과적하여 적치하지 않는다.
④ 안전대 부착설비를 설치하고, 안전대를 착용한다.

05.

에어컴프레서를 이용해 기계에 쌓인 먼지를 청소하던 중 작업자 눈에 먼지가 들어가는 장면이다. 착용해야 할 보호구를 2가지 쓰시오.

해답 ① 보안경
② 방진마스크

06.

다음 화면에 보이는 건설작업용 리프트의 각 부 명칭을 쓰시오.

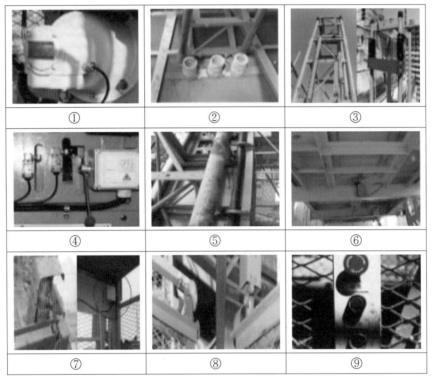

➡️**해답** ① 속도조절기(조속기)　　　　　　② 완충스프링
　　　③ 권과방지장치　　　　　　　　④ 3상 전원차단장치
　　　⑤ 안전고리　　　　　　　　　　⑥ 과부하방지장치
　　　⑦ 출입문 연동장치　　　　　　　⑧ 방호울타리 출입문 연동장치
　　　⑨ 비상정지장치

07.

화면은 조립식 비계발판을 설치하던 중 발생한 재해사례이다. 동영상에서와 같이 높이가 2m 이상인 작업장소에 적합한 작업발판의 설치기준을 3가지만 쓰시오.(단, 작업발판의 폭과 틈의 기준은 제외한다.)

➡️**해답** ① 발판재료는 작업 시 하중을 견딜 수 있도록 견고한 것으로 한다.
　　　② 작업발판의 지지물은 하중에 의하여 파괴될 우려가 없는 것을 사용한다.
　　　③ 작업발판재료는 뒤집히거나 떨어지지 아니하도록 둘 이상의 지지물에 연결하거나 고정시킨다.
　　　④ 작업발판을 작업에 따라 이동시킬 때에는 위험방지에 필요한 조치를 취한다.

08.

가죽제 안전화의 뒷굽 높이를 제외한 몸통 높이를 쓰시오.

➡해답 ① 단화 : 113mm 미만
② 중단화 : 113mm 이상
③ 장화 : 178mm 이상

09.

다음의 빈칸을 채우시오.

가. 화면에서 보여주는 항타기 권상장치의 드럼축과 권상장치로부터 첫 번째 도르래 축과의 거리는 권상장치 드럼폭의 (①) 이상으로 해야 한다.
나. 도르래는 권상장치 드럼의 (②)을 지나야 하며 축과 (③) 상에 있어야 한다.

➡해답 ① 15배, ② 중심, ③ 수직면

산업안전산업기사(3회 B형)

01.

브레이크라이닝 연마작업 도중 회전체에 장갑이 말려 들어가 손을 다치는 장면을 보여주고 있다. 안전 대책 2가지를 쓰시오.

➡해답 ① 작업 시 장갑을 착용하고 있어서 손이 끼일 염려가 있으므로 제거한다.
② 비상정지장치, 덮개 등의 방호장치를 설치한다.
③ 이물질이 튀어 눈을 다칠 위험이 있으므로 보안경을 착용한다.

02.

경사용 컨베이어 벨트에서 하역작업 중 위험을(동영상은 컨베이어 위에 올라가 있는 작업자의 아슬아슬한 모습을 잡아줌) 방지하기 위한 방호장치 3가지를 쓰시오.

➡해답 ① 비상정지장치 설치   ② 덮개 또는 울 설치
③ 건널다리 설치   ④ 역전방지장치 설치

03.

화면에서 작업자가 덤프트럭의 차량점검을 위해 적재함을 올리고 수리·점검을 하던 중 유압이 풀리면서 적재함이 갑자기 내려오는 장면을 보여주고 있다. 이와 같은 수리작업 시 조치해야 할 사항 3가지를 쓰시오.

➡해답 ① 작업의 지휘자를 지정할 것
② 작업순서를 결정하고 작업을 지휘할 것
③ 안전지주 또는 안전블록 등의 사용상황 등을 점검할 것

04.

화면은 봉강 연마작업 중 발생한 사고사례이다. 기인물은 무엇이며, 봉강 연마작업 시 파편이나 칩의 비래에 의한 위험에 대비하기 위해 설치해야 하는 장치명을 쓰시오.

➡해답 ① 기인물 : 탁상공구 연삭기
② 장치명 : 칩비산방지투명판

05.

작업자가 기계 주물에 페인트 도장작업을 실시하고 있는 장면을 보여주고 있다. 이때 작업자가 착용하여야 할 보호장구의 명칭과 흡수제의 종류 2가지를 쓰시오.

➡해답 ① 보호장구 : 방독마스크
② 흡수제의 종류 : 활성탄, 알칼리제, 호프카라이트 등

06.

지게차 작업을 하는 화면을 보고 지게차 주행안전작업 사항 중 잘못된 내용을 4가지 쓰시오.(위험예지 포인트)

➡해답 ① 전방의 시야 불충분으로 지게차에 의해 다른 작업자가 다칠 수 있다.
② 물건을 과적하여 운전자의 시야를 가려 다른 작업자가 다칠 수 있다.
③ 물건을 불안정하게 적재하여 화물이 떨어져 다른 작업자가 다칠 수 있다.
④ 다른 작업자가 작업통로에 나와서 작업을 하고 있어 지게차에 다칠 수 있다.
⑤ 난폭한 운전과 과속으로 운전자 본인이 다치거나 다른 작업자가 다칠 수 있다.

07.

동영상은 MCCB 패널 차단기 전원을 투입하여 재해가 발생한 장면이다. 안전대책을 쓰시오.

해답 ① 전로의 개로개폐기에 시건장치 및 통전금지 표지판 부착
② 작업 전 신호체계 확립 및 작업지휘자에 의한 작업지휘
③ 차단기에 회로구분표찰 부착에 의한 오조작 방지 등

08.

산업안전보건법상 취급 근로자가 쉽게 볼 수 있는 장소에 게시 또는 비치해야 하는 물질안전 보건자료 (MSDS)에 기재해야 할 사항을 4가지 쓰시오.

해답 ① 제품명
② 물질안전보건자료대상물질을 구성하는 화학물질 중 제104조에 따른 분류기준에 해당하는 화학물질의 명칭 및 함유량
③ 안전 및 보건상의 취급 주의 사항
④ 건강 및 환경에 대한 유해성, 물리적 위험성
⑤ 물리·화학적 특성 등 고용노동부령으로 정하는 사항(시행규칙 156조의 2)

09.

박공지붕 위에서 작업 중 단부에서 작업자가 추락하는 장면을 보여주고 있다. 이와 같은 상황에서 위험포인트 2가지 및 안전대책을 쓰시오.

해답 ① 위험포인트
㉠ 경사지붕 단부에 안전난간 미설치
㉡ 안전대 부착설비 미설치 및 안전대 미착용
② 안전대책
㉠ 경사지붕 단부에 추락방지용 안전난간 설치
㉡ 안전대 부착설비를 설치하고 작업자로 하여금 안전대를 착용하고 작업하도록 함

산업안전산업기사(1회)

01.
화면은 내전압용 절연장갑을 보여 주고 있다. 내전압용 절연장갑의 등급을 6가지 쓰시오.

➡**해답** 00등급, 0등급, 1등급, 2등급, 3등급, 4등급

02.
밀폐공간에서의 작업상황이다. 이 작업자가 미착용한 개인용 보호구를 쓰시오.

➡**해답** ① 공기호흡기 또는 송기마스크
② 안전대
③ 섬유로프

03.
사출성형기가 개방된 상태에서 금형 잔류물을 제거하다가 손이 눌린다. 사출성형기 금형 작업 중 재해가 발생한 사례이다. ① 재해형태, ② 법적인 방호장치를 2가지 쓰시오.

➡**해답** ① 재해형태 : 끼임(협착)
② 법적인 방호장치 : 게이트가드(Gate Guard)식, 양수조작식

04.
화면은 아파트 창틀에서 작업 중 발생한 재해사례를 나타내고 있다. 해당 동영상에서 작업자의 추락사고 원인 3가지를 간략히 쓰시오.

[동영상 설명]

작업자 A, B가 작업을 하고 있으며, A는 아파트 창틀에서 B는 옆 처마 위에서 작업을 하고 있다. 창틀에서 작업 중인 A가 작업발판을 처마 위의 B에게 건네준 후, B가 있는 옆 처마 위로 이동하다 발을 헛디뎌 바닥으로 추락하는 화면을 보여 주고 있다.(주변에 정리정돈이 되어 있지 않고, A작업자가 밟고 있던 콘크리트 부스러기가 추락할 때 같이 떨어진다)

➡해답 ① 안전난간 미설치
② 안전대 부착설비 및 안전대 미착용
③ 추락방호망 미설치

05.

이동식 크레인을 이용하여 철제비계를 운반 도중 와이어로프로 한 번만 빙 둘러서 인양하고 있다. 슬링벨트 옆 부분이 조금 찢겨져 있다. 보조로프는 없다. 신호수 간에 신호 방법이 맞지 않아 물체가 흔들리며 철골에 부딪쳐 작업자 위로 자재가 낙하한다. 화물의 낙하 비래 위험을 방지하기 위한 재해 예방대책 3가지를 쓰시오.

➡해답 1. 보조로프를 설치하지 않았다.
2. 로프상태 불량
3. 위험반경 내에서 크레인 신호작업

06.

맨손에 슬리퍼를 착용한 A작업자가 변압기의 2차 전압을 측정하기 위해 유리창 너머의 B작업자에게 전원을 투입하라는 신호를 보낸다. 측정 완료 후 다시 차단하라고 신호를 보내고 측정기기를 철거하다 감전사고가 발생한다. 작업자가 착용하여야 할 보호장구 2가지를 쓰시오.

➡해답 ① 내전압용 절연장갑
② 절연장화

07.

동영상은 인화성 물질이 담긴 용기가 파열되어 폭발, 화재가 발생하는 장면을 보여 주고 있다. 위와 같은 폭발 형태의 명칭과 정의를 쓰시오.

➡해답 ① 폭발 형태 : 증기운 폭발(UVCE)
② 정의 : 가압상태의 저장용기 내부의 가연성 액체가 대기 중에 유출되어 순간적으로 기화가 일어나 점화 원에 의해 일어나는 폭발

08.

회전체 물체를 분해하고 닦고 다시 조립하고 있다. 2인 1조 작업인데 작업자 1명이 중량물이 무거워서 허리를 삐끗하고 중량물을 놓치고 다른 작업자 발등에 중량물이 떨어진다. 동영상을 보고 해당 내용에 대한 위험요인 및 예방대책을 3가지 쓰시오.

해답 (1) 위험요인
① 취급하는 중량물이 무겁다.
② 무게가 한쪽으로 쏠렸다.
③ 신호자가 없다.
(2) 예방대책
① 하중을 초과하여 취급하지 않는다.
② 편하중에 의한 중량물 낙하 등의 사고를 방지하기 위해 무게중심 및 줄걸이 방법을 선택하여 작업한다.
③ 중량물을 2인 이상 공동 취급 시에는 신호자의 신호에 따라 작업을 실시한다.

09.

화면은 조립식 비계발판을 설치하던 중 발생한 추락사례이다. 해당 동영상에서 사고 재해 발생원인 2가지를 쓰시오.

해답 ① 작업(통로)발판 미설치
② 안전대 부착설비 미설치 및 안전대 미착용
③ 추락방지용 안전방망 미설치

산업안전산업기사(2회)

01.

화면의 무채를 썰어내는 기계(슬라이스 기계)작업 중 위험요인 2가지를 쓰시오.

해답 ① 전원을 차단하지 않고 점검작업을 하여 손을 다칠 위험이 있다.
② 이물질 제거 시 적합한 수공구를 이용하지 않아 손을 다칠 위험이 있다.

O2.

지하 하수처리장의 슬러지 작업 중 작업자가 쓰러져 의식을 잃고 쓰러지는 동영상이다. 이러한 밀폐공간에서 작업 시 착용해야 하는 보호구 2가지를 쓰시오.

해답 공기호흡기, 송기마스크

O3.

흙막이 지보공 작업 시 정기점검사항을 4가지 쓰시오.

해답 ① 부재의 손상 변형 변위 부식 및 탈락의 유무와 상태
② 부재의 접속부, 교차부 부착부의 상태
③ 버팀대의 긴압 정도
④ 침하 정도

O4.

변압기 활선작업 시 감전사고 예방을 위한 활선유무 확인방법 3가지를 쓰시오.

해답 ① 검전기(활선접근경보기)로 확인
② 테스터기 활용(지시치 확인)
③ 변압기 전로의 전원투입 개폐기 투입상태 확인

O5.

화면은 어두운 장소에서의 컨베이어 점검 시 사고가 발생하는 상황이다. 가해물 및 재해원인을 쓰시오.

[동영상 설명]
작업자가 어두운 장소에서 플래시를 들고 컨베이어 벨트를 점검하다 부주의하여 한눈을 판 사이 손이 컨베이어 롤러에 말려 들어 가는 상황

해답 ① 가해물 : 컨베이어 벨트
② 재해원인 : 전원을 차단하지 않고 점검하였다.

06.
화면상에 나타난 해체작업의 해체계획서 작성 시 포함사항을 4가지 쓰시오.

해답 ① 해체의 방법 및 해체순서 도면
② 가설설비, 방호설비, 환기설비 및 살수·방화설비 등의 방법
③ 사업장 내 연락방법
④ 해체물의 처분계획
⑤ 해체작업용 기계·기구 등의 작업계획서
⑥ 해체작업용 화약류 등의 사용계획서

07.
화면은 도금작업에 사용하는 보호구 사진 A, B, C 3가지를 보여 준 후, C 보호구에 노란색 동그라미가 표시되면서 정지된다. 동영상에서 C 보호구의 사용 장소에 따른 종류 3가지를 쓰시오.

A   B   C

해답 ① 일반용
② 내유용
③ 내산용
④ 내알칼리용
⑤ 내산, 알칼리 겸용

08.
화면에서 고온의 증기가 흐르는 고소배관의 플랜지를 점검하던 중 작업자에게 발생한 재해사례를 보여 주고 있다. 위험요인을 3가지만 쓰시오.

[동영상 설명]
고소배관 플랜지 점검 중 이동사다리를 딛고 올라서서 배관플랜지 볼트를 조이다가 추락하였다.

해답 ① 방열복 및 방열장갑 등 보호구를 착용하지 않았다.
② 이동식 사다리가 고정되어 있지 않다.
③ 보안경 미착용으로 고압증기에 의한 눈 손상의 위험이 있다.
④ 양손을 동시에 사용하고 있어 작업자세가 불안전하다.

09.

목재가공용 둥근톱에서 ① 둥근톱 방호장치, ② 자율안전확인대상 목재가공용 덮개 및 분할날에 자율안전확인표시 외에 추가로 표시하여야 할 사항, ③ 자율안전확인대상 연삭기 덮개에 자율안전확인표시 외에 추가로 표시하여야 할 사항을 쓰시오.

➡해답 (1) 둥근톱 방호장치
　　　① 반발 예방장치
　　　② 톱날접촉 예방장치
　　(2) 자율안전확인대상 목재가공용 덮개 및 분할날에 자율안전확인표시 외에 추가로 표시하여야 할 사항
　　　① 덮개의 종류
　　　② 둥근톱의 사용가능 치수
　　(3) 자율안전확인대상 연삭기 덮개에 자율안전확인표시 외에 추가로 표시하여야 할 사항
　　　① 숫돌사용 주속도
　　　② 숫돌회전방향

산업안전산업기사(3회 A형)

01.

(구내운반차 동영상) 안전벨트를 착용 안하고, 회전반경 내 사람들이 들어온다. 산업안전보건법령상 구내운반차의 준수사항 3가지를 쓰시오.

➡해답 1. 주행을 제동하거나 정지상태를 유지하기 위하여 유효한 제동장치를 갖출 것
　　2. 경음기를 갖출 것
　　3. 핸들의 중심에서 차체 바깥 측까지의 거리가 65cm 이상일 것
　　4. 운전석이 차 실내에 있는 것은 좌우에 한 개씩 방향지시기를 갖출 것
　　5. 전조등과 후미등을 갖출 것

02.

장전구 안으로 화약을 집어넣는데, 작업자가 길고 얇은 철물을 이용해서 화약을 장전구 안으로 밀어넣고 있다. 3~4개 정도 밀어 넣고, 접속한 전선을 꼬아서 주변 선에 올려놓은 후 폭파 스위치 장비와 터널을 보여 준다. 화약 장전 시 위험요인을 적으시오.

➡해답 장전구는 마찰·충격·정전기 등에 의한 폭발이 발생할 위험이 없는 안전한 것을 사용하여야 한다.

03.

작업자가 크롬 도금 작업장에서 도금작업을 하는 장면을 보여 주는 동영상이다. 크롬 화합물이 체내에 유입될 수 있는 경로는 무엇인가?

해답 호흡기, 소화기, 피부점막

04.

작업자가 금속 도금작업을 하고 있다. 이러한 도금작업 시 착용해야 할 보호구의 종류 3가지를 쓰시오.

해답 불침투성 보호복, 방독마스크, 보안경

05.

항타기·항발기 장비로 땅 파고 콘크리트 전주 세우기 작업 도중에 항타기에 고정된 전주가 조금 불안정한 듯 싶더니 조금씩 돌아가서 항타기로 전주를 조금 움직이는 순간 인접 활선 전로에 접촉되어서 스파크가 일어난다. 2~3명의 작업자가 안전모는 착용하고 있다. 고압선 주위에서 항타기·항발기 작업 시 안전작업수칙 2가지를 쓰시오.

해답 ① 이격거리 확보 : 차량 등을 충전부로부터 300cm 이상 이격 유지시키되, 대지전압이 50kV를 넘는 경우에는 10kV 증가할 때마다 이격거리를 10cm 증가시킨다.
② 절연용 방호구 설치 : 절연용 방호구 등을 설치한 경우에는 이격거리를 절연용 방호구 앞면까지로 할 수 있다.
③ 방책 설치 또는 감시인 배치 : 방책을 설치하거나 감시인 배치 등의 조치를 하여야 한다.
④ 접지점 관리 철저 : 접지된 차량 등이 충전전로와 접촉할 우려가 있을 경우에는 근로자가 접지점에 접촉되지 않도록 조치하여야 한다.

06.

작업자 2명이 전주 위에서 작업을 하고 있다. 작업자 1명은 변압기 위에 올라가서 볼트를 풀면서 흡연을 하며 작업을 하고 있고, 발판용 볼트에 C.O.S(Cut Out Switch)가 임시로 걸쳐져 있다. 그리고 다른 작업자 근처에선 이동식크레인에 작업대를 매달고 또 다른 작업을 하고 있다. 화면(전주 동영상)은 전기형강작업 중이다. 정전작업 중 조치사항 3가지를 쓰시오.

해답 ① 작업 중 흡연 → 흡연 금지
② 작업자가 딛고 선 발판이 불안 → 안전한 발판 사용
③ C.O.S(Cut Out Switch)를 발판용 볼트에 임시로 걸쳐 놓았다. → 안전한 곳에 보관

07.

전기드릴을 이용해 구멍을 넓히는 작업에서 작업자는 안전모와 보안경을 미착용하고, 방호장치도 설치되지 않은 상태에서 맨손으로 작업을 하고 있으며, 손으로 공작물을 잡고 있다. 위험요인과 대책을 1가지씩 쓰시오.

해답 ① 바이스나 클램프를 사용하여 고정하지 않았다. → 고정한다.
② 보안경을 착용하지 않았다. → 착용한다.
③ 안전덮개를 설치하지 않았다. → 설치한다.

08.

화면의 동영상 속 작업자는 맨손으로 드럼통을 눕혀서 굴리다가 허리를 삐끗하고 다리를 다친다. 위험요인 2가지를 쓰시오.

해답 ① 맨손으로 작업했다.
② 전용 운반도구를 사용하지 않았다.

09.

크레인을 이용하여 철제비계를 운반 도중 와이어로프로 한 번만 빙 둘러서 인양하고 있다. 슬링벨트 옆 부분이 조금 찢겨져 있다. 보조로프는 없다. 신호수 간에 신호 방법이 맞지 않아 물체가 흔들리며 철골에 부딪쳐 작업자 위로 자재가 낙하한다. 위험요인 2가지를 쓰시오.

해답 ① 보조로프를 설치하지 않았다.
② 로프상태 불량
③ 위험반경 내에서 크레인 신호작업

산업안전산업기사(3회 B형)

01.

작업자가 문을 열고 조종실에 들어가서 조작스위치를 누른다. 산업용 로봇의 작동 범위 내에서 해당 로봇에 대하여 교시 등의 작업을 할 경우에는 해당 로봇의 예기치 못한 작동 또는 오조작에 의한 위험을 방지하기 위하여 관련 지침을 정하여 그 지침에 따라 작업을 하도록 하여야 하는데, 관련 지침에 포함되어야 할 사항을 3가지 쓰시오.(단, 그 밖에 로봇의 예기치 못한 작동 또는 오조작에 의한 위험을 방지하기 위하여 필요한 조치 제외)

➡해답 ① 로봇의 조작방법 및 순서

② 작업 중의 매니퓰레이터의 속도

③ 2명 이상의 근로자에게 작업을 시킬 경우의 신호방법

④ 이상을 발견한 경우의 조치

⑤ 이상을 발견하여 로봇의 운전을 정지시킨 후 이를 재가동시킬 경우의 조치

02.

작업자가 승강기 설치 전 피트 내에서 나무판자로 엉성하게 이어붙인 발판 위에서 벽면에 돌출되어 있는 못을 망치로 제거하다가, 승강기 개구부로 추락한다. 이때 위험요인을 3가지 쓰시오.

➡해답 ① 작업발판 미고정

② 안전난간 미설치

③ 추락방호망 미설치

④ 안전대 부착설비 설치 및 안전대 착용

03.

크레인을 이용하여 철제비계를 운반 도중 와이어로프로 한 번만 빙 둘러서 인양하고 있다. 슬링벨트 옆 부분이 조금 찢겨져 있다. 보조로프는 없다. 신호수 간에 신호 방법이 맞지 않아 물체가 흔들리며 철골에 부딪쳐 작업자 위로 자재가 낙하한다. 본 동영상의 위험요인 2가지를 쓰시오.

➡해답 ① 보조로프를 설치하지 않았다.

② 로프상태 불량

③ 위험반경 내에서 크레인 신호작업

04.

화면 속 영상은 아파트 창틀에서 작업 중 발생한 재해사례를 나타내고 있다. 이를 참고하여 관련 기인 물과 가해물을 쓰시오.

[동영상 설명]
- 작업자 A, B가 작업을 하고 있으며 A는 아파트 창틀에서, B는 옆 처마 위에서 작업을 하고 있다.
- 창틀에서 작업 중인 A가 작업발판을 처마 위의 B에게 건네준다.
- B가 옆 처마 위로 이동하다 콘크리트 조각을 밟고 미끄러져 바닥으로 추락한다(주변에 정리정 돈이 되어 있지 않고, A 작업자가 밟고 있던 콘크리트 부스러기가 추락할 때 같이 떨어진다).

→**해답** ① 기인물 : 콘크리트 조각
② 가해물 : 바닥

05.
화면은 전주에 사다리를 기대고 작업 중 넘어지는 재해를 보여 주고 있다. 동영상에서와 같이 이동식 사다리의 설치기준(= 사용상 주의사항) 3가지를 쓰시오.

→**해답** ① 길이가 6m를 초과해서는 안 된다.
② 다리의 벌림은 벽 높이의 1/4 정도가 적당하다.
③ 미끄럼방지 발판은 안조고무 등으로 마감한 실내용을 사용하여야 한다.
④ 벽면 상부로부터 최소한 60cm 이상의 연장길이가 있어야 한다. 〈개정사항 반영〉

06.
항타기·항발기 장비로 땅 파고 콘크리트 세우기 작업 도중에 항타기에 고정된 전주가 조금 불안정한 듯 싶더니 조금씩 돌아가서 항타기로 전주를 조금 움직이는 순간 인접 활선 전로에 접촉되어서 스파크가 일어난다. 2~3명의 작업자가 안전모는 착용하고 있다. 발생한 재해발생 원인 중 직접원인에 해당되는 것은 무엇인지 2가지를 쓰시오.

→**해답** ① 충전전로에 대한 접근 한계거리 미준수
② 인접 충전전로에 절연용 방호구 미설치

07.
작업장에는 석면이 날리고 있으며 작업자는 플라스틱용기를 사용하여 포대에서 석면을 떠서 배합기에 넣고, 아래 작업자는 철로 된 용기에 주변 바닥으로 흩어진 석면을 빗자루로 쓸어서 담고 있다. 주변에는 국소배기장치가 없고, 작업자는 일반 작업복에 일반장갑, 일반마스크를 착용하고 있다. 동영상장면의 작업이 어떠한 위험한 상태인지 사유를 쓰시오.

→**해답** 해당 작업자가 착용한 마스크는 방진전용마스크가 아니기 때문에, 석면분진이 마스크를 통해 흡입될 수 있다.

08.

목재가공용 둥근톱에서 (1) 둥근톱 방호장치, (2) 자율안전확인대상 목재가공용 덮개 및 분할날에 자율안전확인표시 외에 추가로 표시하여야 할 사항, (3) 자율안전확인대상 연삭기 덮개에 자율안전확인표시 외에 추가로 표시하여야 할 사항을 쓰시오.

해답 (1) 둥근톱 방호장치
　　　　① 반발 예방장치
　　　　② 톱날접촉 예방장치
　　　(2) 자율안전확인대상 목재가공용 덮개 및 분할날에 자율안전확인표시 외에 추가로 표시하여야 할 사항
　　　　① 덮개의 종류
　　　　② 둥근톱의 사용 가능 치수
　　　(3) 자율안전확인대상 연삭기 덮개에 자율안전확인표시 외에 추가로 표시하여야 할 사항
　　　　① 숫돌사용 주속도
　　　　② 숫돌회전방향

09.

화면은 작업자가 DMF를 취급하는 장면을 보여 주고 있다. 유해물질을 취급하는 근로자가 쉽게 볼 수 있는 장소에 게시하거나 갖추어 두어야 하는 사항 3가지를 쓰시오.

해답 ① 명칭
　　　② 인체에 미치는 영향
　　　③ 취급상의 주의사항

산업안전산업기사(1회 A형)

01.

배전반 작업 시 위험요인 2가지만 적으시오. (배전반의 차단 스위치는 ON 상태이며 작업자는 맨손으로 작업을 하였고 오른손이 배전반 도어 틈에 들어가는 상황에서 다른 작업자가 그 도어를 닫는 바람에 손가락이 끼는 동영상임)

➡해답 ① 감전위험
ㄱ 정전작업 미실시에 의한 감전위험
ㄴ 개인 보호구(감전방지용 보호구) 미착용에 의한 감전위험
② 기타 재해위험 : 신호전달체계 미확립에 의한 협착 재해

02.

박공지붕 작업 시 박공지붕이 미끄러지면서 밑으로 떨어져 휴식을 취하고 있던 작업자에게 맞는 재해가 발생하였다. 이를 방지하기 위한 조치를 3가지 쓰시오.

➡해답 ① 경사지붕 하부에 낙하물방지망 설치
② 박공지붕 과적 금지 및 체결 상태 확인
③ 근로자가 낙하위험장소에서 휴식하지 않도록 조치
④ 낙하위험구간에 출입통제 조치

03.

인양된 배관이 작업자들의 머리 부근까지 내려온다. 밑에는 2명의 작업자가 배관을 손으로 지지하는데 배관이 순간 흔들리면서 날아와 작업자 1명의 안전모를 쳐 버린다. 이 화면을 보고 이동식 크레인 작업 시 재해형태와 정의를 쓰시오.

➡해답 ① 재해형태 : 비래
② 정의 : 구조물, 기계 등에 고정되어 있던 물체가 중력, 원심력, 관성력 등에 의하여 고정부에서 이탈하거나 또는 설비 등으로부터 물질이 분출되어 사람을 가해하는 경우

04.

자동차 브레이크라이닝을 세척 중이다. 착용해야 할 보호구 3가지를 쓰시오.

[동영상 설명]
동영상은 화학약품을 사용하여 자동차부품(브레이크 라이닝)을 세척하는 작업과정(세정제가 바닥에 흩어져 있으며, 고무장화 등을 착용하지 않고 작업을 하고 있음)을 보여주고 있다.

➡해답 ① 보안경
② 방독마스크
③ 불침투성 보호복

05.

프레스기에 금형 교체작업을 하고 있다. 이때 핵심 위험요인을 3가지 쓰시오.

[동영상 설명]
작업자가 프레스기 앞에서 스패너로 금형에 쪼임단자 같은 것을 풀고 있다. 작업자가 작업물을 느슨하게 하는 장면에서 페달 쪽을 보여주는 데 아무런 방호장치가 없다.
금형을 다 느슨하게 한 후에 프레스 버튼을 누르면서 프레스 장치가 올라가고 손으로 금형을 들어 옮기는 중에 손에서 놓치면서 발등을 찍는다. 안전모와 안전화는 착용하지 않았으며 반코팅 목장갑을 끼고 있다.

➡해답 ① 금형의 설치, 해체, 조정 시 안전블록을 설치하지 않았다.
② 페달에 U자형 덮개를 설치하지 않았다.
③ 보호구(안전화, 안전모 등)를 착용하지 않았다.

06.

다음의 ( ) 안에 알맞은 숫자를 쓰시오.

"적정한 공기"라 함은 산소농도의 범위가 (①)% 이상, (②)% 미만, 탄산가스의 농도가 (③)% 미만, 황화수소의 농도가 (④)ppm 미만인 수준의 공기를 말한다.

➡해답 ① 18 ② 23.5 ③ 1.5 ④ 10

07.

작업자가 지게차 포크 위에 올라가서 전구가 켜진 상태에서 전구를 갈고 있다. 다음 화면에서 위험요인을 3가지 쓰시오.

→해답 ① 작업발판 및 승강설비가 없어 추락 위험
② 절연장갑 미착용으로 감전 위험
③ 안전모, 안전대 등 개인보호구 미착용으로 추락 위험

08.

파지압축장에서 작업자 두 명이 작업을 하고 있다. 핵심 위험요인 3가지를 쓰시오.

[동영상 설명]
파지압축장에서 작업자 두 명은 컨베이어 위에서 작업을 하고 있고, 집게암으로 파지를 들어서 작업자가 머리 위를 통과한 후 흔들어서 파지를 떨어뜨리고 있다.

→해답 ① 보호구(안전모)를 착용하지 않고 작업을 함
② 작업자의 머리위로 화물이 이동함
③ 컨베이어 위에서 작업을 함

09.

동영상은 사출성형기 작업을 하던 작업자가 기계의 작동이 멈추자 전원을 차단하지 않은 채 노즐부의 잔류물(사출 후의 찌꺼기 등)을 제거하던 중 노출 충전부(히터 단자부)에 접촉되어 감전되었다. 동영상을 보고 기인물과 가해물을 쓰시오.

→해답 ① 기인물 : 사출성형기 혹은 사출성형기 노출 충전부
② 가해물 : 전기(전류)

산업안전산업기사(1회 B형)

01.

컨베이어 수리에서 볼 수 있는 기계·기구의 작업 전 점검사항을 3가지 쓰시오.

➡해답 ① 원동기 및 풀리 기능의 이상 유무
② 이탈 등의 방지장치 기능의 이상 유무
③ 비상정지장치 기능의 이상 유무
④ 원동기·회전축·기어 및 풀리 등의 덮개 또는 울 등의 이상 유무

02.

화면은 이동식 크레인 화물(파이프) 운반 작업인데 권상 중에 철골과도 부딪치고 신호수가 철골 위에 올라서서 신호하고 있는 것을 보여준다. 이 장치 운전 시 운전자가 조치해야 할 사항을 3가지 쓰시오.

➡해답 ① 와이어로프의 안전상태 점검
② 훅의 해지장치 및 안전상태 점검
③ 인양 도중 화물이 빠질 우려가 있는지의 여부
④ 작업반경 내 관계근로자 이외의 자는 출입 금지

03.

프레스에 설치하여 사용할 수 있는 유효한 방호장치를 2가지 쓰시오.

[동영상 설명]
프레스기로 철판에 구멍을 뚫는 작업을 하고 있다. 주변정리가 되어 있지 않다. 작업자가 몸을 기울인 채 손으로 이물질을 제거하는 작업을 하다가 실수로 페달을 밟아 손이 다친다. 프레스에는 급정지 기구가 부착되어 있지 않다.

➡해답 ① 게이트가드식 방호장치
② 양수기동식 방호장치
③ 손쳐내기식 방호장치
④ 수인식 방호장치

04.

건물 외벽에 쌍줄비계를 설치하고 비계 위에 작업발판을 설치하고 있다. 위와 같이 비계 위 작업발판을 설치할 때 작업발판의 설치기준 3가지를 쓰시오.

해답 ① 발판재료는 작업시의 하중을 견딜 수 있도록 견고한 것으로 할 것
② 작업발판의 폭은 40cm 이상으로 하고, 발판재료 간의 틈은 3cm 이하로 할 것
③ 추락의 위험성이 있는 장소에는 안전난간을 설치할 것
④ 작업발판의 지지물은 하중에 의하여 파괴될 우려가 없는 것을 사용할 것
⑤ 작업발판재료는 뒤집히거나 떨어지지 않도록 둘 이상의 지지물에 연결하거나 고정시킬 것
⑥ 작업발판을 작업에 따라 이동시킬 때에는 위험 방지에 필요한 조치를 할 것

05.

작업자들이 화학설비를 점검하고 있다. 이 화면에서 화학설비 내부의 이상상태를 조기에 파악하기 위하여 설치해야 할 장치를 3가지 쓰시오.

해답 ① 온도계   ② 유량계   ③ 압력계

06.

화면의 재해의 종류와 핵심 위험요인을 2가지 쓰시오.

[동영상 설명]
교류아크용접작업장에서 작업자가 차단기함에 연결하다가 재해가 발생한다. 정전작업

해답 ① 정전작업 미실시에 의한 감전 위험
② 개인 보호구(절연장갑 등) 미착용에 의한 감전 위험

07.

용광로에서 작업 중인 작업자의 모습이 보인다. 영상에서 볼 수 있는 작업을 할 때 작업자를 보호할 수 있는 신체부위별 보호복을 3가지 쓰시오.

해답 ① 손 : 안전장갑
② 몸 : 방열복
③ 발 : 안전화

08.

화면은 승강기 개구부에서 A, B 두 명의 작업자가 작업하던 중 A는 위에서 안전난간에 밧줄을 걸쳐 화물을 끌어올리고 B는 이를 밑에서 올려주는데 바로 이때 인양하던 물건이 떨어져 밑에 있던 B가 다치는 사고 장면을 보여주고 있다. 이러한 중량물 인양작업 시 준수하여야 할 안전수칙 2가지를 쓰시오.

➡해답 ① 중량물 인양작업 시 로프가 통과하는 도르래 등의 기구를 사용하고, 로프의 끝부분을 지지할 수 있는 기둥에 묶어둔다.
② 중량물 낙하위험을 방지하기 위하여 낙하물방지망을 설치한다.
③ 중량물이 낙하하여 재해가 발생할 수 있는 낙하위험구역 내에는 관계 작업자 이외의 자는 출입을 금지시킨다.

09.

밀폐공간에서 근로자가 작업을 하는 때에 수립 · 시행하여야 하는 밀폐공간 보건작업프로그램 3가지를 쓰시오. (단, 그밖에 밀폐공간 작업근로자의 건강장해예방에 관한 사항 제외)

➡해답 ① 작업 시작 전 공기 상태가 적정한지를 확인하기 위한 측정 · 평가
② 응급조치 등 안전보건 교육 및 훈련
③ 공기호흡기나 송기마스크 등의 착용과 관리

산업안전산업기사(2회 A형)

01.

다음 화면을 보고 재해형태, 기인물, 가해물을 쓰시오.

[동영상 설명]
작업자가 1m 정도 되는 높이의 선반에 올라가서 환풍기를 뜯는 작업을 하던 중, 전기가 지지직 하면서 뒤로 넘어져서 뒤에 있는 서랍장과 충돌하였다.

➡해답 ① 재해형태 : 충돌
② 기인물 : 환풍기
③ 가해물 : 전기(전류)

O2.

작업자가 연삭작업을 하고 있다. 작업 중 불안정한 행동을 3가지 쓰시오.

➡해답 ① 연삭기 덮개 미설치
② 보안경 미착용으로 인한 눈 손상
③ 방진마스크 미착용으로 인한 호흡기 질병 발생

O3.

작업자가 아파트 창틀 작업 시 추락하는 사고가 발생하였다. 위험요인 3가지를 쓰시오.

➡해답 ① 안전대 부착설비 미설치
② 안전대 미착용
③ 추락방지용 안전방망 미설치

O4.

어둡고 밀폐된 LPG 저장소에서 작업자가 전등의 전원을 투입하는 순간 "펑"하고 폭발사고가 발생하는 장면이다 폭발형태는 무엇인가?

➡해답 증기운 폭발

O5.

동영상은 크롬도금작업을 보여준다. 크롬도금작업장소에서 미스트 억제방법을 1가지 쓰시오.

➡해답 크롬도금조에 플라스틱 볼을 넣고 크롬산 미스트가 발생되는 표면적을 최대한 줄여 크롬산 미스트의 발생량을 최소화하고, 계면활성제를 도금액에 같이 투입하여 미스트의 발생을 억제토록 한다.

O6.

화면은 공장지붕의 철골상에서 패널 설치작업 중 작업자가 실족하여 떨어지는 재해 사례를 보여주고 있다. 이때 위험요인 및 안전대책을 2가지씩 쓰시오.

➡해답 ① 위험요인
㉠ 안전대 부착설비 미설치 및 안전대 미착용
㉡ 추락방지망 미설치
㉢ 작업발판 미설치

② 안전대책
　　㉠ 안전대 부착설비에 안전대 걸고 작업
　　㉡ 작업장 하부에 추락방지망 설치 철저
　　㉢ 미끄럼 방지용 안전발판 설치

07.

교류아크용접 작업장에서 작업자가 혼자 대형 관의 플랜지 아래 부위를 아크용접하고 있다. 작업자는 가죽제 안전 장갑을 착용하고 있다. 작업자가 자신의 왼손으로는 플랜지 회전 스위치를 조작해 가며 오른손으로 용접을 하고 있다. 장갑을 낀 왼손으로 용접봉을 잡기도 한다. 그리고 작업장 주위에는 인화성 물질로 보이는 깡통 등이 용접 작업 주변에 쌓여 있고 케이블이 정리되지 않고 널부러져 있으며, 불똥이 날리고 있다. 동영상의 내용 중 위험요인이 내재되어 있다. 위험요인 3가지를 쓰시오.

➡해답 ① 양손을 사용해서 작업하여 자세가 불안정하다.
　　② 단독작업으로 감시인이 없어서 작업장의 상황 파악이 어렵다.
　　③ 용접 작업장 주위에 인화성 물질이 많이 있으므로 화재의 위험이 있다.

08.

동영상은 두 명의 근로자가 V벨트 교체작업을 하고 있다. 다른 한 작업자가 작업 중임을 모르고 전원 버튼을 조작하여 손이 말려들어 가는 재해가 발생하였다. V벨트 교체작업 시 안전작업수칙 3가지를 쓰시오.

➡해답 ① 작업 시작 전 전원을 차단한다.
　　② V벨트 교체작업은 천대장치를 사용한다.
　　③ 보수작업 중이라는 안내표지를 부착한 후 실시한다.

09.

작업자가 MCCB 패널의 문을 열고 차단기 2개를 쳐다보며 어느 것을 투입할까 생각하다가 그 중 하나를 투입하였는데 잘못 투입하여 위험상황이 발생했는지 당황하는 표정을 짓고 있다. 동영상은 MCCB 패널 차단기의 전원을 투입하여 발생한 재해 사례이다. 동종재해방지대책 3가지를 서술하시오.

➡해답 ① 전로의 개로개폐기에 시건장치 및 통전금지 표지판 부착
　　② 작업 전 신호체계 확립 및 작업지휘자에 의한 작업 지휘
　　③ 차단기에 회로구분 표찰 부착에 의한 오조작 방지 등

산업안전산업기사(2회 B형)

01.

작업자(안전모 미착용)가 마그네틱 크레인(Magnetic Crane)을 사용(마그네트를 금형 위에 올리고 손잡이를 작동시켜 들어올리고 이동하는데 작업자가 오른손으로 금형을 잡고, 왼손으로 펜던트스위치를 누르면서 이동하다가 갑자기 쓰러지면서 오른손이 마그네틱의 손잡이를 작동시켜 금형이 떨어짐)하다가 협착사고가 일어나는 동영상이다. 동영상에서의 위험요인을 3가지 쓰시오.

➡해답 ① 마그네틱 크레인에 훅해지장치가 없고, 작동스위치의 전선이 벗겨져있는 상태라서 재해의 위험이 있다.
② 보조(유도)로프를 사용하지 않아 재해 위험이 있다.
③ 신호수를 배치하지 않았고 조종수가 위험구역에 접근해 있어 재해 위험이 있다.
④ 작업자가 안전모를 착용하지 않았다.

02.

유기용제를 다루는 작업장에서 한 명의 작업자는 보호장구류를 제대로 착용하지 않고 일반 방진마스크를 착용하고 고무절연장갑 착용 후 작업을 진행하고 있다. 또 다른 한명은 또 다른 유기용제 통을 들고 오다가 담배를 꺼내 흡연하던 중 다른 곳에서 그 작업자를 불러 담배꽁초를 던지고 떠난다. 화면의 마지막에는 작업자가 들고 온 유기용제 통 두 가지를 보여준다. 이 상황에서 유기용제 사용 작업장의 안전수칙을 2가지 쓰시오.

➡해답 ① 유기용제 취급 작업 시에는 불침투성 보호의를 착용해야 하며 작업복, 장갑, 양말 등의 청결을 유지하고 유기가스용 방독 마스크 등 적절한 보호구를 착용한다.
② 유기용제 작업장 안에서는 흡연 등 일체의 화기사용을 금지한다.

03.

화면은 변압기를 유기화학물에 담가 절연처리와 건조작업을 하고 있음을 보여주고 있다. 이 작업 시 착용할 보호구를 다음에 제시한 대로 쓰시오.

[동영상 설명]
소형변압기(일명 Down TR, 크기는 가로 세로 15cm 정도로 작은 변압기임)의 양쪽에 나와 있는 선을 일반 작업복만 입은 작업자(안전모 등 개인보호구 미착용)가 양손으로 들고 유기화학물통에 넣었다 빼며 앞쪽 선반에 올리는 작업(유기화합물을 손으로 작업), 화면이 바뀌며 선반 위 소형 변압기를 건조시키기 위해 업소용 냉장고처럼 생긴 곳에 넣고 문을 닫는 화면을 보여준다.

➡해답 ① 손 : 유기화합물용 안전장갑
② 눈 : 보안경
③ 몸 : 유기화합물용 보호복

O4.
리프트의 방호장치를 4가지 쓰시오.

➡해답 ① 과부하방지장치
② 권과방지장치
③ 비상정지장치
④ 제동장치

O5.
작업자가 회전물을 샌드페이퍼로 청소하다가 회전물에 손이 말려들어가는 영상이다. 위험점과 정의를
쓰시오.

➡해답 ① 위험점 : 회전말림점(Trapping Point)
② 정의 : 회전하는 물체의 길이, 굵기, 속도 등이 불규칙한 부위와 돌기 회전부위에 장갑 및 작업복 등이
말려드는 위험점 형성

O6.
화면에서와 같은 작업 시 작업을 중지해야 하는 경우 3가지를 적으시오.

[동영상 설명]
작업자가 교각 위에서 철근작업을 하고 있다. 갑자기 불어오는 강한 바람에 발이 미끄러지며 아래
로 추락하려 한다.

➡해답 ① 풍속이 초속 10m 이상
② 강우량이 시간당 1mm 이상
③ 강설량이 시간당 1cm 이상

07.

화면은 둥근톱을 이용하여 나무판자를 자르는 작업 중 장갑을 착용한 작업자의 손가락이 절단되는 재해 사례를 보여주고 있다. 둥근톱 작업 시 필요한 안전 및 보조장치를 3가지 쓰시오.

➡해답 ① 톱날접촉예방장치　② 분할날
③ 반발방지기구　④ 평행조정기
⑤ 밀대　⑥ 직각정규

08.

증기가 흐르는 고소 배관 점검을 위해 이동식 사다리에 올라가 작업 중 사다리의 흔들림에 의해 떨어져 바닥에 부딪히는 상황(보안경 미착용에 양손 모두 맨손으로 작업 중)이다. 위험요인 3가지를 쓰시오.

➡해답 ① 방열복 및 방열장갑 등 보호구를 착용하지 않았다.
② 이동식 사다리가 고정되어 있지 않다.
③ 보안경 미착용으로 고압증기에 의한 눈 손상의 위험이 있다.
④ 양손을 동시에 사용하고 있어 작업자세가 불안전하다.

09.

인화성 물질 저장창고에서 한 작업자가 인화성 물질이 든 운반용 용기를 몇 개 이동시키고 나서 잠시 쉬려고 인화성 물질이 든 드럼통 옆에서 윗옷을 벗는 순간 "펑"하고 폭발사고가 발생하는 장면이다. 인화성 물질 저장 시 관리대책 3가지를 쓰시오.

➡해답 ① 통풍 및 환기가 잘 되는 장소에 인화성 물질을 보관한다.
② 안전장비를 착용한다.
③ 정리정돈을 잘한다.

산업안전산업기사(2회 C형)

01.

동영상은 밀폐된 공간에서 외부에는 배기장치가 보이고 외부의 근로자가 지나가다 발로 쳐서 전원공급이 중단된 후 그라인더 작업자가 의식을 잃고 쓰러지는 장면을 보여주고 있다. 산소결핍장소의 안전수칙을 쓰시오.

⟹**해답** ① 작업 전 산소 및 유해가스 농도 측정 후 작업
② 산소농도가 18% 미만일 때는 환기를 시키고, 작업 중에도 계속 환기
③ 가능한 급배기를 동시에 실시하고, 환기를 실시할 수 없거나 산소결핍장소에서 작업할 때에는 공기공급식 호흡용 보호구를 착용한다.

02.

작업자가 보안경을 쓰지 않고, 맨손으로 연삭작업을 하고 있다. 이때 작업에 필요한 보호구 2가지를 쓰시오.

⟹**해답** ① 차광 및 비산물 위험방지용 보안경
② 안전장갑

03.

단무지 공장에서 무릎 정도 물이 차 있는 상태에서 수중펌프 작동과 동시에 작업자가 접속부위에 감전된다. 습윤한 장소에서 사용되는 이동전선에 대한 사용 전 점검사항 2가지를 쓰시오.

⟹**해답** ① 접속부위의 절연상태 점검
② 전선 피복의 손상 유무 점검
③ 전선의 절연저항 측정
④ 감전방지용 누전차단기 설치 유무 확인

04.

터널 굴착을 위한 막장면 발파를 준비하고 있다. 발파를 위한 폭약을 장전할 때 장전구의 사용기준을 쓰시오.

⟹**해답** 장전구는 마찰·충격·정전기 등에 의한 폭발이 발생할 위험이 없는 안전한 것을 사용하여야 한다.

05.

도금작업장에 국소배기장치가 설치된 모습을 보여주고 있다. 국소배기장치 후드의 설치기준을 설명하시오.

➡️**해답** ① 유해물질이 발생하는 곳마다 설치할 것
② 유해인자 발생형태, 비중, 작업방법 등을 고려하여 해당 분진 등의 발산원을 제어할 수 있는 구조일 것
③ 후드 형식은 가능한 포위식 또는 부스식 후드를 설치할 것
④ 외부식 또는 리시버식 후드를 설치할 때에는 유기용제 증기 또는 해당 분진 등의 발산원에 가장 가까운 위치에 설치할 것
⑤ 후드의 개구면적을 크게 하지 않을 것

06.

배전반 작업 시 위험요인 2가지만 적으시오. (배전반의 차단 스위치는 ON 상태이며 작업자는 맨손으로 작업을 하였고 오른손이 배전반 도어 틈에 들어가는 상황에서 다른 작업자가 그 도어를 닫는 바람에 손가락이 끼는 동영상임)

➡️**해답** ① 감전위험
   ㉠ 정전작업 미실시에 의한 감전위험
   ㉡ 개인 보호구(감전방지용 보호구) 미착용에 의한 감전위험
② 기타 재해위험 : 신호전달체계 미확립에 의한 협착 재해

07.

다음 화면을 보고 동종 재해방지대책을 3가지 쓰시오.

[동영상 설명]
작업자가 MCC 패널의 문을 열고 스피커를 통해 나오는 지시사항을 정확히 듣지 못한 상태에서 차단기 2개를 쳐다보며 어느 것을 투입할까 생각하다가 그중 하나를 투입했는데 잘못 투입하여 위험 상황이 발생하였다. 작업자는 당황한 표정을 짓고 있다.

➡️**해답** ① 전로의 개로개폐기에 시건장치 및 통전금지 표지판 부착
② 작업 전 신호체계 확립 및 작업지휘자에 의한 작업 지휘
③ 차단기에 회로구분 표찰 부착에 의한 오조작 방지

08.

경사진 박공지붕 설치 작업 중 건물의 하부에서 휴식을 취하던 작업자에게 박공지붕이 떨어져 재해가 발생하였다. 이때 재해 발생원인을 3가지 쓰시오.

➡해답 ① 경사지붕 하부에 낙하물방지망 미설치
② 박공지붕 적치상태 불량 및 체결상태 불량
③ 박공지붕의 과적치
④ 근로자가 낙하(비래)위험 장소에서 휴식
⑤ 낙하(비래)위험구간 출입통제 미실시

09.

작업자가 안전대를 부착하지 않고 전주에 올라가서 볼트를 딛고 변압기 볼트를 조이는 중 추락한다. 재해형태를 쓰고, 위험요인을 2가지 쓰시오.

➡해답 ① 재해형태 : 추락
② 위험요인
㉠ 안전대 부착설비 미설치 및 안전대 미착용
㉡ 추락방호망 미설치

산업안전산업기사(3회 A형)

01.

전기작업 중 활선인지 확인할 수 있는 방법을 3가지 쓰시오.

➡해답 ① 검전기(활선 접근 경보기)로 확인
② 테스터기 활용(지시치 확인)
③ 해당 전로의 전원투입 개폐기 투입상태 확인

02.

작업자가 맨손에 방진마스크, 보안경을 착용하지 않고 대리석을 연삭 작업 중이다. 양손을 이용하여 작업 중이며 연삭기의 덮개가 보이지 않는다. 가루가 날리고 있고 불꽃 스파크도 튀고 있다. 연삭 작업 중 핵심 위험요인을 3가지 쓰시오.

➡해답 ① 작업자가 보호구(방진마스크, 보안경)를 착용하지 않고 있다.
② 연삭기의 덮개가 설치되어 있지 않다.
③ 작업장에 이동전선 및 충전부가 물에 닿아 있어 감전위험이 있다.

03.

화면은 변압기를 유기화합물에 담가 절연처리와 건조작업을 하고 있음을 보여주고 있다. 이 작업 시 착용해야 할 보호구를 다음에 제시한 대로 쓰시오.

① 손	② 눈

➡해답 ① 화학물질용 안전장갑
② 보안경

04.

건물해체공사 장면을 보여주고 있다. 건물해체공사 시 작업계획서 포함내용을 3가지 쓰시오.

➡해답 ① 해체의 방법 및 해체순서 도면
② 가설설비, 방호설비, 환기설비 및 살수·방화설비 등의 방법
③ 사업장 내 연락 방법
④ 해체물의 처분계획
⑤ 해체작업용 기계·기구 등의 작업계획서
⑥ 해체작업용 화약류 등의 사용계획서

05.

작업자가 감전된 원인을 2가지 쓰시오.

[동영상 설명]
작업자가 장갑을 끼지 않은 채 맨손으로 퓨즈를 교체하다가 감전된다.

➡해답 ① 정전작업 미실시로 인한 감전 위험
② 개인 보호구(절연장갑 등) 미착용에 의한 감전 위험

06.

화면에서 건설현장에 사용되고 있는 건설용 리프트를 보여주고 있다. 이러한 리프트를 사용하여 작업을 할 때 작업시작 전 점검사항 2가지를 쓰시오.

➡해답 ① 방호장치, 브레이크 및 클러치의 기능
② 와이어로프가 통하고 있는 곳의 상태

07.

동영상은 LPG가스 용기가 보관되어 있는 장소를 보여주고 있다. 가스용기 저장소로 부적합한 곳을 쓰시오.

➡해답 ① 통기 및 환풍이 잘 되지 않는 장소
② 위험물, 화약류 및 가연성물질을 저장하는 장소 또는 그 부근
③ 화기류를 사용하는 장소나 그 부근

08.

영상에서 배관 용접 작업 중 감전되기 쉬운 장비의 위치를 4가지 쓰시오.

[동영상 설명]
작업자가 용접용 보안면을 착용한 상태로 배관에 용접 작업을 하고 있으며 배관은 작업자의 가슴부분에 위치해 있고 용접장치 조작 스위치는 복부 정도에 위치해 있다.

➡해답 ① 용접기 케이스　　② 용접봉 홀더
③ 용접케이블　　　④ 용접기의 리드단자

09.

화면에서와 같은 작업 시 작업을 중지해야 하는 경우 3가지를 적으시오.

[동영상 설명]
작업자가 교각 위에서 철근작업을 하고 있다. 갑자기 불어오는 강한 바람에 발이 미끄러지며 아래로 추락하려 한다.

➡해답 ① 풍속이 초속 10m 이상
② 강우량이 시간당 1mm 이상
③ 강설량이 시간당 1cm 이상

산업안전산업기사(3회 B형)

O1.

밀폐공간에서 위급한 근로자를 구출하는 작업을 하는 경우 사업주가 그 구출작업에 종사하는 근로자에게 지급하여 착용하도록 하여야 하는 보호구를 1가지 쓰시오.

➡해답 공기호흡기 또는 송기마스크

O2.

교류아크용접 작업 중 재해가 발생한 사례이다. 기인물은 무엇이며, 이 작업 시 눈과 감전재해 위험으로부터 작업자를 보호하기 위해 착용해야 할 보호구의 명칭을 2가지 쓰시오.

[동영상 설명]
일반 캡 모자와 목장갑을 착용한 작업자가 교류아크용접을 한다. 용접을 한 번 한 후에 슬러지를 털어낸 뒤 육안으로 확인 후 다시 한번 용접을 위해 아크불꽃을 내는 순간 감전되어 쓰러진다.

➡해답 ① 기인물 : 교류아크용접기
② 보호구 : 용접용 보안면, 용접용 장갑

O3.

화면은 크레인으로 자재를 인양하는 도중에 발생한 재해 사례이다. 작업을 지휘하는 자의 직무사항 3가지를 쓰시오.

[동영상 설명]
크고 두꺼운 배관을 와이어로프가 아닌 끈으로 한 번만 빙 둘러서 인양하는 장면이다. 이어서 끈을 한 번 보여주는데 끈의 일부분이 손상되어 옆 부분이 조금 찢겨 있다. 그리고 위로 끌어올리다가 무슨 이유 때문인지 배관이 다시 작업자들 머리 부근까지 내려온다. 밑에는 2명의 작업자가 배관을 손으로 지지하는데 배관이 순간 흔들리면서 날아와 작업자 1명을 쳐버렸다.

➡해답 ① 작업반경 내 근로자는 출입금지이다.
② 로프의 안전상태를 확인한다.
③ 무전기를 사용하거나 신호방법을 미리 정한다.
④ 훅 해지장치 및 안전상태를 점검한다.

04.
다음 영상에서 사고 예방대책 3가지를 쓰시오.

[동영상 설명]
도로에서 작업자가 가설전선을 한번 당기다가 감전된다.

➡해답 ① 개인보호구(절연장갑) 착용
② 정전작업 실시
③ 감전방지용 누전차단기 설치
④ 해당 전선의 절연성능 이상으로 전선 접속부 절연 조치

05.
화면은 폭발성 화학물질 취급 중 작업자의 부주의로 발생한 사고 사례이다. 동영상과 같이 폭발성물질 저장소에 들어가는 ① 작업자가 신발에 물을 묻히는 이유는 무엇인지 상세히 설명하고, ② 화재 시 적합한 소화방법은 무엇인지 쓰시오.

➡해답 ① 인체에 대전된 정전기는 점화원으로 작용할 수 있으므로, 대전된 정전기를 땅으로 흘려보내기 위해서 신발과 바닥면 사이의 저항을 최소화하기 위함
② 다량 주수에 의한 냉각 소화

06.
차량계 하역운반기계 등의 수리 또는 부속장치의 장착 및 해체작업을 하는 때, 작업 전 조치해야 할 사항 3가지를 쓰시오.

➡해답 ① 작업의 지휘자를 지정할 것
② 작업순서를 결정하고 작업을 지휘할 것
③ 안전지주 또는 안전블록 등의 사용 상황 등을 점검할 것

07.
공장 지붕 패널 설치 작업 중이며 작업자가 패널에서 미끄러질 위험이 있고 이동전선 등에 걸려 넘어 질 우려가 있다. 이와 같은 천장 패널 설치 작업 시 위험요인 및 안전대책을 2가지씩 쓰시오.

➡해답 ① 위험요인
㉠ 안전대 부착설비 미설치 및 안전대 미착용
㉡ 추락방지망 미설치
㉢ 작업발판 미설치

② 안전대책
ㄱ 안전대 부착설비에 안전대 걸고 작업
ㄴ 작업장 하부에 추락방지망 설치 철저
ㄷ 미끄럼 방지용 안전발판 설치

08.

화면은 섬유기계의 운전 중 발생한 재해 사례이다. 이 영상에서 사용한 기계작업 시 핵심 위험요인 2가지를 쓰시오.

[동영상 설명]
섬유공장에서 실을 감는 기계가 돌아가고 있고 작업자가 그 밑에서 일을 하고 있는데 갑자기 실이 끊어지며 기계가 멈춘다. 이때 작업자가 회전하는 대형 회전체의 문을 열고 허리까지 집어넣고 안을 들여다보며 점검할 때 갑자기 기계가 돌아가며 작업자의 몸이 회전체에 끼이는 상황이다.

해답 ① 기계의 전원을 차단하지 않고(기계를 정지시키지 않고) 점검을 하여 말려 들어갈 수 있다.
② 회전기계의 문을 열면 기계의 작동을 멈추게 하는 연동장치가 설치되어 있지 않다.

09.

화면은 조립식 비계발판을 설치하던 중 발생한 재해 사례이다. 동영상에서와 같이 높이가 2m 이상인 작업장소에 적합한 작업발판의 설치기준을 3가지만 쓰시오. (단, 작업발판의 폭과 틈의 기준은 제외)

해답 ① 발판재료는 작업 시 하중을 견딜 수 있도록 견고한 것으로 해야 한다.
② 작업발판의 지지물은 하중에 의하여 파괴될 우려가 없는 것을 사용해야 한다.
③ 작업발판의 재료는 뒤집히거나 떨어지지 아니하도록 둘 이상의 지지물에 연결하거나 고정시켜야 한다.

산업안전산업기사(3회 C형)

O1.
변압기를 만지다가 감전되었을 때 이러한 재해를 방지하기 위해서 착용해야 할 보호구를 2가지 쓰시오.

[동영상 설명]
작업자가 변압기를 만지다가 감전된다.

➡해답 절연장갑, 절연화

O2.
유리병을 H_2SO_4(황산)에 세척 시 발생하는 재해형태와 정의를 각각 쓰시오.

➡해답 ① 재해형태 : 유해·위험물질 노출·접촉
② 정의 : 유해·위험물질에 노출·접촉 또는 흡입하였거나 독성 동물에 쏘이거나 물린 경우

O3.
강재파이프에 래커 스프레이로 페인트작업을 할 때 방독마스크의 흡수제의 종류를 3가지만 쓰시오.

➡해답 활성탄, 소다라임, 호프카라이트

O4.
화면은 노란색 아세틸렌 가스통 보관소의 모습이다. 작은 창문만 하나가 있으며 환풍기는 보이지 않는다. 앞쪽 공간에 회색가스 용기가 하나 있다. 아세틸렌 보관소 문 밖에서 약 3m 정도 떨어진 곳에서 작업자가 연삭기 숫돌로 작업을 하고 있는데 불꽃이 튀고 있다. 다른 작업자가 아세틸렌 가스통을 점검하는데 손으로 밸브를 돌려보고 나오고 있다. 아세틸렌 보관장소의 위험요인을 2가지 쓰시오.

➡해답 ① 아세틸렌 용기 저장실은 통풍이 잘 되도록 해야 하는데, 저장실의 환기가 충분하지 않다.
② 용기 근처에 화염이나 스파크를 접근시켜서는 안 되는데 용기 저장실 근처에서 스파크가 발생할 수 있는 연삭기를 사용하고 있다.

05.

산소결핍장소란 산소 몇 % 미만인가를 쓰고, 밀폐공간에서 질식된 작업자를 구조할 때 구조자가 착용해야 될 보호구를 쓰시오.

→해답 ① 산소결핍장소 : 산소 18% 미만
② 구조자가 착용해야 할 보호구 : 송기마스크, 공기마스크

06.

나무발판에 올라서서 작업 중 발판이 뒤집어지며 작업자가 추락한다. 다음 영상을 보고 사고유형과 기인물을 쓰시오.

→해답 ① 사고유형 : 추락
② 기인물 : 나무발판

07.

흙막이 지보공 설치 후 정기 점검사항을 3가지 쓰시오.

→해답 ① 부재의 손상·변형·부식·변위 및 탈락의 유무와 상태
② 버팀대의 긴압의 정도
③ 부재의 접속부·부착부 및 교차부의 상태
④ 침하의 정도
⑤ 흙막이 공사의 계측관리

08.

드릴작업 중에 드릴 부분에 손이 닿으면서 손가락에 피가 나는 모습이다. 이때 위험점과 그 정의를 쓰시오.

→해답 ① 위험점 : 회전말림점
② 정의 : 회전하는 물체의 길이, 굵기, 속도 등이 불규칙한 부위와 돌기 회전부위에 장갑 및 작업복 등이 말려드는 위험점

09.

가설통로의 구비조건을 3가지 쓰시오.

→해답 ① 견고한 구조로 할 것
② 경사는 30° 이하로 할 것(계단을 설치하거나 높이 2m 미만의 가설통로로서 튼튼한 손잡이를 설치한 경우에는 그러하지 아니하다)
③ 경사가 15°를 초과하는 경우에는 미끄러지지 아니하는 구조로 할 것
④ 추락의 위험이 있는 장소에는 안전난간을 설치할 것(작업상 부득이한 경우에는 필요한 부분만 임시로 해체할 수 있다)
⑤ 수직갱에 가설된 통로의 길이가 15m 이상인 경우에는 10m 이내마다 계단참을 설치할 것
⑥ 건설공사에 사용하는 높이 8m 이상인 비계다리에는 7m 이내마다 계단참을 설치할 것

산업안전산업기사(4회 A형)

01.

분진, 미스트 또는 흄이 호흡기를 통하여 체내에 유입되는 것을 방지하기 위하여 사용되는 보호구인 방진마스크를 보여주고 있다. 방진마스크의 일반적인 구조조건 3가지를 쓰시오.

→해답 ① 착용 시 이상한 압박감이나 고통을 주지 않을 것
② 전면형은 호흡 시에 투시부가 흐려지지 않을 것
③ 분리식 마스크에 있어서는 여과재, 흡기밸브, 배기밸브 및 머리끈을 쉽게 교환할 수 있고 착용자 자신이 안면과 분리식 마스크의 안면부와의 밀착성 여부를 수시로 확인할 수 있어야 할 것
④ 안면부여과식 마스크는 여과재로 된 안면부가 사용기간 중 심하게 변형되지 않을 것
⑤ 안면부여과식 마스크는 여과재를 안면에 밀착시킬 수 있어야 할 것

02.

전기드릴을 이용하여 금속제의 구멍을 넓히는 작업이 진행 중이며 작업자는 안전모, 보안경, 안전장갑 등을 착용하지 않은 상태이다. 이때 작업자가 착용하여야 할 보호구의 종류를 3가지 쓰시오.

→해답 ① 보안경
② 안전모
③ 안전장갑

03.
영상은 전기형강작업을 보여주고 있다. 관련된 핵심 위험요인 3가지를 쓰시오.

[동영상 설명]
작업자 2명이 전주 위에서 작업을 하고 있다. 작업자 1명은 변압기 위에 올라가서 볼트를 풀면서 흡연을 하며 작업을 하고 있고, 발판용 볼트에 C.O.S(cut out switch)가 임시로 걸쳐있다. 그리고 다른 작업자 근처에서 이동식 크레인에 작업대를 매달고 또 다른 작업을 하는 화면을 보여준다.

➡해답 ① 안전수칙 미준수(작업자세 및 상태불량 등) : 작업자 흡연 등
② 감전 위험
③ 추락 위험 : 작업발판 불안
④ 낙하・비래 위험 : COS 고정상태 불량

04.
인쇄기를 청소하다가 손이 말려 들어가는 상황이다. 다음 물음에 답하시오.

① 위험점을 쓰시오.
② 위험점의 정의를 쓰시오.

➡해답 ① 위험점 : 물림점
② 위험점의 정의 : 두 개의 회전체 사이에 신체가 물리는 위험점

05.
등기구를 교체하는 작업 중 감전사고가 발생했다. 이때 불안전한 요소를 2가지 쓰시오.

[동영상 설명]
작업자가 전원을 차단하지 않고 맨손으로 등기구를 교체하던 중 감전되어 쓰러진다.

➡해답 ① 정전작업 미실시에 의한 감전위험
② 개인 보호구(절연장갑 등) 미착용에 의한 감전위험

06.

증기 스팀배관의 보수를 위해 플라이어로 누출부위를 점검하던 중 배관을 감싸고 있는 스펀지(단열재)를 툭툭 건드린다. 이때 스팀이 빠져나오면서 물이 떨어지고 작업자가 얼굴을 찡그린다. 작업자는 안전모만 착용하고 있고 맨손이며 보안경을 착용하지 않았다. 영상에서 발생한 재해를 산업재해 기록, 분류에 관한 기준에 따라 분류할 때 해당되는 재해발생형태를 쓰시오.

➡해답 이상온도 노출 · 접촉

07.

파지압축장에서 작업자 두 명이 작업을 하고 있다. 핵심 위험요인 3가지를 쓰시오.

[동영상 내용]
파지압축장에서 작업자 두 명은 컨베이어 위에서 작업을 하고 있고, 집게암으로 파지를 들어서 작업자가 머리 위를 통과한 후 흔들어서 파지를 떨어뜨리고 있다.

➡해답 ① 보호구(안전모)를 착용하지 않고 작업을 함
② 작업자의 머리 위로 화물이 이동함
③ 컨베이어 위에서 작업을 함

08.

자동차 정비 중 차 밑에 깔리는 재해가 발생했을 때 가해물과 사고원인을 쓰시오.

➡해답 ① 가해물 : 자동차
② 원인 : 자동차 정비 시 안전블록을 설치하지 않고 작업을 하였다.

09.

근로자가 화학물질을 취급하고 있고, 작업장 바닥에 화학물질이 흘러 고여있는 장면을 보여주고 있다. 작업장에서 유해물질을 취급할 경우 작업장 바닥에 해야 할 조치를 쓰시오.

➡해답 ① 작업장 바닥을 불침투성 재료로 마감한다.
② 점화원이 될 수 있는 정전기를 방지할 수 있도록 한다.
③ 유해물질이 바닥이나 피트 등에 확산되지 않도록 경사를 주거나, 높이 15cm 이상의 턱을 설치한다.

산업안전산업기사(4회 B형)

O1.
나무발판에 올라서서 작업 중 발판이 뒤집어지며 작업자가 추락한다. 다음 영상을 보고 사고유형과 기인물을 쓰시오.

➡해답 ① 사고유형 : 추락
② 기인물 : 나무발판

O2.
작업자가 목장갑을 착용하고 주변이 정리되지 않은 작업장에서 용접 작업을 하고 있다. 가스용접 작업 시 산소가스통이 뉘어져 있는 상황이고 보호구(보안경, 안전모, 안전화)는 착용하지 않았다. 작업자가 호스를 잡아 당기자 호스가 빠지면서 폭발이 일어났다. 위험요인과 안전대책을 1가지씩 쓰시오.

➡해답 ① 위험요인
㉠ 용기를 눕혀서 작업하고 있다.
㉡ 보호구(보안경, 안전모, 안전화)를 착용하지 않았다.
② 안전대책
㉠ 용기를 세워 놓고 작업하여야 한다.
㉡ 보호구를 착용하여야 한다.

O3.
영상에 나오는 사고 사례의 안전수칙 3가지를 쓰시오.

[동영상 설명]
면장갑을 낀 채로 교류아크용접기의 전원부를 만지다가 감전되어 작업자가 쓰러진다. 절연장갑 등을 착용한 동료가 누전차단기를 먼저 가동하고, 쓰러진 작업자의 의식이 없고 호흡이 멈춤을 확인한 뒤 인공호흡을 실시한다.

➡해답 ① 작업 전 정전작업 실시
② 개인 보호구 착용
③ 유자격자 이외는 전기기계 및 기구에 전기적인 접촉 금지
④ 관리감독자는 작업에 대한 안전교육 시행
⑤ 사고발생 시의 처리순서를 미리 작성하여 둘 것

04.

작동되는 양수기를 수리하는 모습으로, 잡담을 하며 수공구를 던져주고 하다가 손이 벨트에 물린다. 위험요인 3가지를 쓰시오.

해답 ① 작업에 집중하지 않고 있어, 실수로 작업복이 기계에 말려들어 간다.
② 기계에 손을 올려놓고 오른쪽 작업자가 작업하고 있어, 손이나 작업복이 말려들어 갈 우려가 있다.
③ 회전하는 벨트에 왼쪽 작업자의 팔꿈치 쪽이 걸려, 접선물림점에 작업복이 말려들어 갈 수 있다.
④ 운전 중 점검작업을 하고 있어 위험하다.
⑤ 회전기계에서 장갑을 착용하고 있어 접선물림점에 손이 다칠 수 있다.
⑥ 회전체 부분에 방호장치가 없어서 작업자가 다친다.

05.

작업자가 DMF(화학물질)를 취급하는 장면을 보여주고 있는 동영상이다. 물질안전보건자료를 취급근로자가 쉽게 볼 수 있는 장소에 게시하거나 갖춰 두어야 하는 사항 3가지를 쓰시오.

해답 MSDS 작성 내용
① 제품명
② 물질안전보건자료대상물질을 구성하는 화학물질 중 제104조에 따른 분류기준에 해당하는 화학물질의 명칭 및 함유량
③ 안전 및 보건상의 취급 주의사항
④ 건강 및 환경에 대한 유해성, 물리적 위험성
⑤ 물리·화학적 특성 등 고용노동부령으로 정하는 사항(시행규칙 제156조의2)

06.

크레인으로 손상된 로프를 사용하여 엘보우를 인양하는 데 인양물이 불안정하게 회전하며 내리다가 작업자를 친다. 사고를 막기 위해 관리감독자가 해야 할 직무사항을 3가지 쓰시오.

해답 ① 작업방법과 근로자 배치를 결정하고 그 작업을 지휘하는 일
② 재료의 결함 유무 또는 기구 및 공구의 기능을 점검하고 불량품을 제거하는 일
③ 작업 중 안전대 또는 안전모의 착용 상황을 감시하는 일

07.

맨손으로 작업을 하던 작업자가 동료의 부탁으로 차단기를 내리다가 감전되어 쓰러진다. 다음 영상에서 발생한 재해의 종류와 작업자의 부주의한 행동을 1가지 쓰시오.

➡해답 ① 재해의 종류 : 감전
② 부주의한 행동 : 절연장갑 미착용

08.

김치제조 공장에서 무채를 썰어내는 기계(슬라이스 기계)작업 중 기계가 갑자기 멈추고 작업자가 이를 점검하던 중 재해가 발생한다. 핵심위험요인을 2가지 쓰시오.

➡해답 ① 전원을 차단하지 않은 채 점검을 하던 중 슬라이스가 작동되어 손을 다칠 위험이 있다.
② 인터록 및 연동장치가 설치되지 않아 손을 다칠 위험이 있다.

09.

작업자가 페달로 작동시키는 프레스 작업 중 방호장치를 젖히고 2회 더 작업하고 있다. 그 후 손을 넣어 프레스를 청소하다가 페달을 밟아 프레스가 가동되어 사고가 발생한다. 작업자의 부주의한 행동 2가지와 필요한 방호장치를 1개 쓰시오.

➡해답 ① 부주의한 행동
㉠ 전원을 차단하지 않고 청소작업을 하였다.
㉡ 전용수공구를 사용하지 않고 손으로 이물질을 제거하였다.
② 방호장치 : U자형 덮개

산업안전산업기사(4회 C형)

O1.
용광로에서 작업 중인 작업자의 모습이 보인다. 영상에서 볼 수 있는 작업을 할 때 작업자를 보호할 수 있는 신체부위별 보호복을 3가지 쓰시오.

➡해답 ① 손 : 안전장갑
② 몸 : 방열복
③ 발 : 안전화

O2.
항타기, 항발기의 조립작업 시 점검해야 할 사항 3가지를 쓰시오.

➡해답 ① 본체 연결부의 풀림 또는 손상의 유무
② 권상용 와이어로프·드럼 및 도르래의 부착상태의 이상 유무
③ 권상장치의 브레이크 및 쐐기장치 기능의 이상 유무
④ 권상기의 설치상태의 이상 유무
⑤ 리더(leader)의 버팀 방법 및 고정상태의 이상 유무
⑥ 본체·부속장치 및 부속품의 강도가 적합한지 여부
⑦ 본체·부속장치 및 부속품에 심한 손상·마모·변형 또는 부식이 있는지 여부

O3.
화면은 대기 중에 LPG가 누출하여 사고가 발생한 사례를 나타내고 있다. 사고의 형태와 기인물을 쓰시오.

➡해답 ① 형태 : 폭발
② 기인물 : LPG

04.

화면에서 고온의 증기가 흐르는 고소배관의 플랜지를 점검하던 중 작업자에게 발생한 재해 사례를 보여주고 있다. 위험요인을 3가지만 쓰시오.

[동영상 설명]
고소배관 플랜지 점검 중 이동사다리를 딛고 올라서서 배관플랜지 볼트를 조이다가 추락하였다.

➡해답 ① 방열복 및 방열장갑 등 보호구를 착용하지 않았다.
② 이동식 사다리가 고정되어 있지 않다.
③ 보안경 미착용으로 고압증기에 의한 눈 손상의 위험이 있다.
④ 양손을 동시에 사용하고 있어 작업자세가 불안전하다.

05.

작업자 2명이 형강에 깔린 와이어로프를 빼내는 작업을 하고 있다. 그러나 1명이 형강을 들어 올리는 순간 줄걸이 와이어 로프가 한 작업자의 얼굴을 치고, 작업자가 쓰러진다. 가해물과 안전작업방법을 쓰시오.

➡해답 ① 가해물 : 와이어로프
② 안전작업방법
  ㉠ 지렛대를 와이어로프가 물려있는 형강 사이에 넣어 형강이 무너져 내리지 않을 정도로 들어 올린 상태에서 와이어로프를 빼낸다.
  ㉡ 와이어로프 빼기 작업은 1인으로 부적합하므로 2인 이상이 지렛대를 동시에 넣어 형강을 들어 올린 상태에서 와이어로프를 빼낸다.

06.

인쇄기를 청소하다가 손이 말려들어가는 상황에 대하여 위험점과 그 위험점의 정의를 쓰시오.

① 위험점
② 위험점의 정의

➡해답 ① 위험점 : 물림점
② 정의 : 두 개의 회전체 사이에 신체가 물리는 위험점

07.

다음 영상에서 알 수 있는 재해발생 형태 및 위험요인을 쓰시오.

[동영상 설명]
여성 작업자가 잡담을 하면서 작은 부품을 겹쳐서 쌓은 후 기계를 이용하여 납땜을 하고 있다. 버튼을 눌러 납땜을 하는 중에 연기가 발생하고, 국소배기장치로 연기가 빨려 들어간다. 바로 옆에 남성 작업자는 납땜이 완료된 자재를 국소배기장치 안쪽에 던져서 쌓아둔다. 그 후 남성작업자가 맨손으로 기계를 만지는 순간 의자에서 뒤로 넘어지면서 쓰러진다.

➡해답 ① 재해발생 형태 : 감전
② 위험요인 : 절연장갑 미착용으로 인한 감전 위험

08.

컨베이어 재해방지를 위한 안전장치 2가지를 쓰시오.

➡해답 ① 덮개 또는 울   ② 비상정지장치

09.

화면에 작업자가 DMF를 옮기고 있다. DMF 사용 작업장 물질안전보건자료 비치 · 게시하고 정기 · 수시로 관리해야 하는 장소 3가지를 쓰시오.

➡해답 ① 물질안전보건자료 대상물질을 취급하는 작업공정이 있는 장소
② 작업장 내 근로자가 가장 보기 쉬운 장소
③ 근로자가 작업 중 쉽게 접근할 수 있는 장소에 설치된 전산 장비

산업안전산업기사(1회 A형)

01.
화면은 봉강 연마작업 중 발생한 사고사례를 보여주고 있다. 영상을 참고하여 관련 ① 기인물과 ② 위험요인 2가지를 쓰시오.

[동영상 설명]
작업자가 탁상용 연삭기 전원을 켜고, 주변 정리정돈이 엉망이다. 맨손에 보안경, 방진 마스크, 귀마개를 미착용한 작업자는 쇠파이프(봉강, 환봉) 작업을 한다. 연삭기에는 덮개는 설치되어 있는데, 칩비산방지투명판이 없다. 작업자가 두 손으로 연삭 가공을 하는데, 칩이 눈에 튀어서, 한 손으로는 비산물이 눈앞으로 튀는 것을 막으며 작업한다. 결국, 쇠파이프가 흔들거리다가 결국엔 튕겨 나가 작업자 가슴으로 날아간다.

➡️해답 ① 기인물 : 탁상용 연삭기
　　　② 위험요인
　　　　　－칩비산방지투명판 미설치
　　　　　－쇠파이프(봉강, 환봉) 고정 지지 부실
　　　　　－보호구(보안경) 미착용

02.
화면을 참고하여 ① 재해발생형태와 ② 불안전한 행동 1가지만 쓰시오.

[동영상 설명]
도자기 공방에서, 남·여 작업자 2명이 손에 물을 묻히면서 전동물레 위에서 도자기를 빚고 있다. 그러다 전동물레 기계가 멈춘다. 남자 작업자가 손에 물이 묻은 상태로 전원 스위치 껐다 켰다 하다가 쓰러진다.

➡️해답 ① 재해발생형태 : 감전(=전류 접촉)
　　　② 불안전한 행동 : 물이 묻은 손이므로, 인체 피부저항이 감소된 상태에서 전원 스위치를 조작

03.

화면을 참고하여 동종 줄걸이 인양 작업 중 준수해야 하는 사항 3가지를 쓰시오.

[동영상 설명]
작업자가 형강을 1줄걸이로 결속하여 유도로프를 사용해 크레인으로 들어 올린다. 철골에 있는 작업자 2명한테 형강을 가져다주고, 이동식 크레인을 보여준다.

➡해답 ① 인양할 하물(荷物)을 바닥에서 끌어당기거나 밀어내는 작업을 하지 아니할 것
② 유류드럼이나 가스통 등 운반 도중에 떨어져 폭발하거나 누출될 가능성이 있는 위험물 용기는 보관함 (또는 보관고)에 담아 안전하게 매달아 운반할 것
③ 고정된 물체를 직접 분리·제거하는 작업을 하지 아니할 것
④ 미리 근로자의 출입을 통제하여 인양 중인 하물이 작업자의 머리 위로 통과하지 않도록 할 것
⑤ 인양할 하물이 보이지 아니하는 경우 어떠한 동작도 하지 아니할 것(신호하는 사람에 의하여 작업하는 경우는 제외한다)

04.

화면은 연마작업하는 작업자를 보여주고 있다. 영상 내 작업 모습에서 문제점 3가지를 쓰시오.

[동영상 설명]
작업자가 면장갑을 착용하고 마스크, 보안경은 미착용 상태로 휴대용 그라인더로 연마작업 중이다. 휴대용연삭기에는 덮개가 없으며, 연삭기 측면으로도 작업한다. 가공물을 작업대 위에서 그라인딩 하는데 고정되어 있지 않아서 쓰러지고, 그걸 다시 일으켜 세워서 계속 연마한다. 막판엔 작업자가 휴대용연삭기를 뒤집어놓고 면장갑을 벗으며 눈을 비빈다.

➡해답 ① 휴대용연삭기에 덮개 없음
② 보안경 미착용
③ 방진 마스크 미착용
④ (바이스 등으로) 재료를 미고정
⑤ 연삭기 측면 사용

05.

화면에는 전주 밑에 cut out 스위치, 이동식 사다리가 있다. 작업자가 이동식 사다리를 전주에 걸쳐 올라가던 중 떨어지는 것을 보여주고 있다. 영상과 같이 이동식 사다리의 최대 설치 사용 길이는 얼마인지 쓰시오.

➡해답 6m

06.

화면은 천정크레인을 통해 철판을 이동하고 있다. 영상을 참고하여 산업안전보건기준에 관한 규칙에 따라서, 필요한 천정크레인의 방호장치를 1가지 쓰시오.

[동영상 설명]
천정크레인은 철판을 트럭 위로 이동시키고, 이때 고리가 아닌 철판집게로 철판을 'ㄷ'자로 물고 있는 방식이다. 트럭 위에서 작업자가 이동해 온 철판을 내리려는 찰나에, ㄷ자 모양 부분에 틈에 철판을 끼워놓다가 빠지면서, 철판이 낙하하여 트럭 위의 작업자가 깔린다. 옆에는 스위치를 조작하는 작업자가 한 명 더 있고 유도로프는 없다. 호이스트에 훅의 해지장치가 없다.

➡해답 ① 과부하방지장치
② 권과방지장치(捲過防止裝置)
③ 비상정지장치
④ 제동장치

07.

화면을 참고하여 영상 내 ① 재해발생종류와 ② 작업자가 착용해야 할 보호구를 2가지 쓰시오.

[동영상 설명]
작업자가 용광로 쇳물 탕도 내에 고무래로 출렁이는 쇳물 표면을 휘젓고 또 당기면서 일부 굳은 찌꺼기를 긁어내어 작업자 바로 앞에 고무래로 충격을 주며 털어낸다. 작업자는 안전모, 면장갑, 일반작업복을 착용하고 있다.

➡해답 ① 재해발생종류 : 이상온도 노출·접촉
② 보호구 : 보안면, 방열(일체)복, 방열두건, 방열장갑, 방독마스크, 방열장화

08.

화면은 슬라이스 기계 작업 중 일어난 사고를 보여주고 있다. 영상을 참고하여 관련 재해예방대책 3가지를 쓰시오.

[동영상 설명]
김치 제조공장에서 무채를 썰어내는 기계(슬라이스 기계) 작업 중 기계가 갑자기 멈추자, 고무장갑을 착용한 작업자가 이를 점검하던 중 슬라이스 기계의 원판이 회전을 시작하면서 재해가 발생한다.

➡해답 ① 기계 전원을 차단 후 점검
② 덮개 등 연동 방호장치(인터록, interlock) 설치
③ 전용 공구를 사용
④ 슬라이스 부분에 덮개 설치

09.

화면은 크롬도금작업을 보여주고 있다. 크롬 또는 크롬화합물의 흄, 분진, 미스트를 장기간 흡입하여 발생하는 ① 직업병 ② 증상은 무엇인지 쓰시오.

➡해답 ① 직업병 : 비중격 천공증
② 증상 : 코에 구멍이 뚫림

산업안전산업기사(1회 B형)

01.

화면은 사출성형기가 개방된 상태에서 금형에 잔류물을 제거하다가 손이 눌린 사고를 보여주고 있다. 이 영상을 참고하여 관련된 ① 재해발생형태와 산업안전보건기준에 관한 규칙에 따른, ② 사출성형기의 방호장치를 1가지 쓰시오.

➡해답 ① 재해발생형태 : 끼임(＝협착)
② 방호장치 : 게이트가드식(gate guard), 양수조작식

02.

화면은 가스 용접/절단 작업을 보여주고 있다. 영상 내 ① 문제점과 ② 해결방안을 1가지씩 서술하시오.

[동영상 설명]
가스 용접/절단 작업 중, 야외 용접 현장 주변이 매우 산만하고, 맨얼굴로 목장갑을 끼고 토치 작업을 한다. 눕혀 있는 산소통 줄을 당겨서 호스가 뽑혀 산소가 새어 나오고 불꽃 튀고 있다. 용접 용기가 용접/절단 작업장 가까이에 눕혀 있다.

➡해답 ① 문제점 : 용기를 눕혀서 보관하고 있다. 보호구(보안경, 안전모, 안전화)를 착용하지 않았다.
② 해결방안 : 용기를 세워놓고 작업하여야 한다. 보호구를 착용하여야 한다.

03.

화면 속 영상은 등 전구 작업 중 일어난 사고이다. 영상 내 ① 재해발생형태와 ② 위험요인 2가지를 작성하시오.

[동영상 설명]
면장갑을 착용한 작업자가 단로기에서 차단기 출력측 배선 새로 연결한 후 개폐기를 닫고 (잠그진 않음), 철제 등 기구의 위치를 바꾸려고 접촉하는 순간 사고가 발생한다.

➡해답 ① 재해발생형태 : 감전(＝전류 접촉)
　　　② 위험요인
　　　　　－전원 차단하지 않음(＝잔류전하를 완전히 제거하지 않음)
　　　　　－절연용 보호구(내전압용 절연장갑 등) 미착용

04.

화면 속 영상을 참고하여 정전 작업 시의 안전조치사항 3가지를 쓰시오.

[동영상 설명]
작업자 2명이 전주 위에서 작업하고 있다. 작업자 1명은 변압기 볼트 발판 위에 올라가서 스패너로 볼트를 치면서 풀면서 흡연을 하며 작업을 하다가 추락한다. 작업자는 면장갑을 끼고 있으며, 안전대를 허리에 착용하고는 있으나, 추락 시에 도움이 되지는 못한다. 발판용 볼트에 C.O.S(cut out switch)가 임시로 걸쳐 있다. 다른 작업자 근처에선 또 다른 작업이 차량 탑재형 고소작업대에서 진행 중이다.

➡해답 ① 작업지휘자에 의한 지휘
　　　② 개로 보증(개폐기의 관리)
　　　③ 단락접지의 상태관리
　　　④ 근접활선에 대한 방호상태 관리

05.

화면은 작업자가 엘리베이터 피트 내부의 나무로 엉성하게 만든 작업발판 위에서 폼타이 핀을 망치로 제거하는 작업 중 피트 내부로 떨어지는 장면을 보여주고 있다. 이러한 재해발생위험요인 3가지를 쓰시오.

➡해답 ① 피트 내부에 추락방지망 미설치
　　　② 작업발판 미고정
　　　③ 안전대 부착설비 미설치 및 안전대 미착용
　　　④ 개구부(피트) 단부에 안전난간 미설치

06.

화면은 연마작업 중인 작업자를 보여주고 있다. 영상을 참고하여 작업 중인 작업자의 모습 중 문제점 3가지를 쓰시오.

[동영상 설명]
작업자가 면장갑을 착용하고 마스크, 보안경은 미착용 상태로 휴대용 그라인더로 연마작업 중이다. 휴대용연삭기에는 덮개가 없으며, 연삭기 측면으로도 작업한다. 가공물을 작업대 위에서 그라인딩 하는데 고정되어 있지 않아서 쓰러지고, 그걸 다시 일으켜 세워서 계속 연마한다. 막판엔 작업자가 휴대용연삭기를 뒤집어놓고 면장갑을 벗으며 눈을 비빈다.

➡해답 ① 휴대용연삭기에 덮개 없음
② 보안경 미착용
③ 방진 마스크 미착용
④ (바이스 등으로) 재료를 미고정
⑤ 연삭기 측면 사용

07.

화면 속 영상에서는 위험물 실험실에서 위험물(황산)을 비커에 따르고, 황산 갈색 병을 바닥에 내려놓는다. 그 후 지나가다가 황산 갈색 병을 발로 차서 깨뜨리는 장면이 나온다. 영상과 같이 위험물을 다루는 작업장 바닥이 갖추어야 할 조건 2가지를 쓰시오.

➡해답 ① 작업장 바닥을 불침투성 재료로 마감한다.
② 점화원이 될 수 있는 정전기를 방지할 수 있도록 한다.
③ 유해물질이 바닥이나 피트 등에 퍼지지 않도록 경사를 주거나, 높이 15cm 이상의 턱을 설치한다.

08.

화면은 롤러를 정비하는 작업자를 보여주고 있다. 이 영상을 참고하여 관련 위험요인 2가지만 쓰시오.

[동영상 설명]
캡모자에 장발 작업자가 인쇄용 윤전기 롤러 시동을 켜고, 빙글빙글 서로 맞물려서 돌아가는 롤러를 걸레로 닦고 있다. 닦을 때 체중을 실어서 힘 있게 닦고, 위험하게 맞물리는 지점까지 걸레를 집어넣고 닦는다. 그 순간 작업자의 손이 롤러기 사이에 끼어서 사고를 당하고 사고 발생 후 전원을 차단하고 손을 빼낸다.

➡해답 ① 전원을 차단하지 않았다.
② 회전 중 롤러의 죄어 들어가는 쪽에서 직접 손으로 눌러 닦고 있다.
③ 안전장치가 없다.
④ 전용 청소도구를 사용하지 않았다.

09.

화면 속 영상을 보고 관련 재해요인 2가지를 쓰시오.

[동영상 설명]

작업자 2명 중 1명이 선박 밸러스트 탱크 내부 밀폐공간에 들어가 작업 도중에 기절한다. 작업자는 호흡용 방호구를 미착용했으며, 산소 측정하는 장면은 나오지 않는다.

➡해답 ① 산소결핍이 우려되는데, 산소의 농도를 측정하는 사람을 지명하여, 작업시작 전 밀폐공간에 공기 상태를 측정하지 않았다.

② 산소결핍이 인정될 경우, 송기를 위한 설비를 설치하여 필요한 양의 공기를 공급해야 하는데, 하지 않았다.

③ 공기호흡기, 송기마스크를 착용하지 않았다.

산업안전산업기사(2회 A형)

01.

화면 속 영상을 참고하여 관련 위험요인 3가지를 쓰시오.

[동영상 설명]

시내버스를 정비하기 위하여 차량용 리프트로 차량을 들어 올린 상태에서 한 작업자가 버스 밑에 들어가 샤프트 계통을 점검한다. 그런데 다른 한 사람이 주변 상황을 전혀 살피지 않고 버스에 올라 엔진을 시동을 건다. 그 순간 밑에 있던 작업자의 팔이 버스의 회전하는 샤프트에 말려들어 사고를 일으킨다. 이때 작업장 주변에는 아무런 작업감시자가 없다.

➡해답 ① 정비작업 중임을 나타내는 표지판을 설치하지 않았다.

② 작업과정을 지휘할 작업자를 배치하지 않았다.

③ 기동장치에 잠금장치를 설치하지 않았다. (= 차 시동키를 꽂아둠)

④ 관계 근로자가 아닌 사람의 출입을 금지하지 않았다.

⑤ 안전지지대 또는 안전블록을 설치하지 않았다.

O2.
화면 속 영상을 참고하여, ① 가해물과 ② 재해 원인을 1가지씩 쓰시오.

[동영상 설명]
풀리에 롤러 체인이 감겨돌아가고 있고 장갑을 착용한 손이 낀다.

➡해답 ① 가해물 : 롤러 체인
② 재해 원인
－ 전원을 차단하지 않았다.
－ 안전장치 없이 작업하였다.
－ 전용 청소도구를 사용하지 않았다.

O3.
화면 속 영상을 참고하여 관련 재해요인 2가지를 쓰시오.

[동영상 설명]
작동 중인 양수기(동력부와 V벨트)를 면장갑을 착용하고 점검을 하면서 잡담을 하고, 수공구를 던져준다. 다른 한 작업자는 면장갑을 착용하지 않고 맨손으로 작업하다 손이 벨트에 물린다. 양수기에는 보호 덮개가 없다.

➡해답 ① 전원 차단 미실시
② 운전 중 점검(＝작동 중지 미실시)
③ 울타리 등 방호장치 미설치
④ 장갑을 착용(접선물림점 위험)
⑤ 적합한 공구를 사용하지 않고 손으로 작업

O4.
화면 속 영상을 참고하여 전원이 차단되었음에도 감전된 재해요인 1가지를 쓰시오.

[동영상 설명]
전원을 차단한 후 맨손으로 드라이버를 사용하여 판넬 내부 점검 중 쓰러진다.

➡해답 ① 맨손으로 작업
② 절연용 보호구(내전압용 절연장갑 등)를 착용하지 않음
③ 잔류전하를 확인하지 않음

05.
화면 속 영상을 참고하여 ① 재해발생형태와 ② 산언안전보건법 위반 사항을 각 1가지씩 적으시오.

[동영상 설명]
크레인으로 인양 중 화물에 작업자 올라가고 곧 추락하게 된다.

➡해답 ① 재해발생형태 : 떨어짐(=추락)
② 산업안전보건법 위반 사항 : 크레인을 사용하여 근로자를 운반

06.
화면 속 영상을 참고하여 크레인 유해위험을 방지하기 위한 관리감독자의 직무 3가지를 쓰시오.

[동영상 설명]
크레인 슬링와이어 로프 손상되어 있다. 인양물이 흔들거려 작업자가 손으로 잡는다.

➡해답 ① 작업방법과 근로자 배치를 결정하고 그 작업을 지휘하는 일
② 재료의 결함 유무 또는 기구 및 공구의 기능을 점검하고 불량품을 제거하는 일
③ 작업 중 안전대 또는 안전모의 착용 상황을 감시하는 일

07.
화면 속 영상을 참고하여 위험원인 3가지를 쓰시오.

[동영상 설명]
유도자(신호수)가 지게차가 화물을 들도록 유도한 뒤, 지게차가 그 앞에 멈추자 유도자가 지게차 문에 매달린다. 화물(상자 3개)로 인해 시야 확보가 되지 않는다. 유도자가 매달린 채 후진하라고 유도하다가 뒷바퀴가 바닥에 있는 나무조각에 걸려 덜컹거리는 순간 유도자가 지게차에서 바닥으로 떨어진다. 안전모를 쓰고 있지 않아, 머리 부분을 움켜잡고 고통스러워한다.

➡해답 ① 신호수가 지게차에 매달려 탑승
② 지게차에 탑승한 채 유도(하차해서 유도해야 함)
③ 화물로 인해 시야 확보 안 됨
④ 이동경로에 장애물 미제거

08.

화면 속 영상의 ① 재해원인과 ② 개선되어야 할 방호장치를 각 1가지씩 쓰시오.

[동영상 설명]
수광부 발광부 2개가 프레스 입구를 통해서 보인다. 작업자가 (광전자식) 방호장치를 젖히고 2회 더 프레스 작업한다. 프레스 안에 금형재료 위를 손으로 청소하다가 페달을 밟아 프레스가 가동되어 손이 끼임.

➡해답 ① 재해원인
　　　 − (광전자식) 방호장치 해제
　　　 − 전원 미차단
　　　 − 손으로 청소
　　　 − 금형 조정 중 방호장치 (안전블록) 미설치
　　 ② 개선되어야 할 방호장치 : 광전자식 방호장치

09.

산업안전보건기준에 관한 규칙에 따라서, 내부의 이상 상태를 조기에 파악하기 위하여 특수화학 설비에 설치해야 하는 장치 3가지를 쓰시오.

➡해답 ① 온도계　　　　　② 유량계　　　　　③ 압력계

산업안전산업기사(2회 B형)

01.

화면은 둥근톱을 활용하여 작업하다 일어난 사고를 보여주고 있다. 영상을 참고하여 둥근톱 작업 안전 작업방법 2가지를 적으시오.

[동영상 설명]
둥근톱을 이용하여 나무판자를 일자로 밀며 자르는 작업 중, 옆눈질하는 등 부주의로, 2번째 밀 때 작업자의 손가락이 반 정도 절단(빨간 코팅 목장갑 착용, 톱에 덮개 없음, 보안경 및 방진 마스크 미착용)

➡해답 ① 방호장치(톱날접촉예방장치 등) 설치
　　 ② 보호구(보안경, 방진 마스크 등) 착용

02.

화면 속 영상을 참고하여 산업안전보건법령상의 컨베이어 방호장치 3가지를 쓰시오.

[동영상 설명]

30도 정도 경사진 컨베이어 벨트가 작동하고, 작업자는 작동 중인 컨베이어 위에 1명과 아래쪽 작업장 바닥에 1명이 있으며, 기계 오른쪽에 있는 포대를 컨베이어 벨트 위로 올리는 작업을 하고 있다. 화면 오른쪽에 포대가 많이 쌓여 있고, 작업자 한 명은 경사진 컨베이어 위에 회전하는 벨트 양끝 부분 철로 된 모서리에 양발을 벌리고 서 있으며, 밑에 작업자가 포대를 일정한 방향이 아닌 삐뚤게 포대를 컨베이어에 올리는 중 컨베이어 위에 양발을 벌리고 있는 작업자 발에 포대 끝부분이 부딪쳐 무게 중심을 잃고 기계 오른쪽으로 쓰러진 후 팔이 풀려 하단으로 들어가는 재해가 발생한다. 작업자 둘 다 캡모자를 쓰고 있다.

➡해답 ① 비상정지장치
② 덮개 또는 울
③ 건널다리
④ 화물 또는 운반구의 이탈 및 역주행을 방지하는 장치(이탈방지장치 및 역전방지장치)

03.

화면은 배전반 차단기 교체작업 중인 작업자를 보여주고 있다. 영상을 참고하여 작업 중 불안전한 행동 2가지를 쓰시오.

[동영상 설명]

가정용 배전반 전기 점검 중에 작업발판으로 의자에 불안해서 올라가서 흔들리더니, 감전되어 추락한다. 차단기를 직접 손으로 만지다가 감전된다. 차단기 일부는 on 일부는 off 되어 있다.

➡해답 ① 절연용 보호구를 착용하지 않아 감전에 위험이 있다.
② 작업자가 딛고 있는 의자(발판)가 불안정하여 추락위험이 있다.

04.

화면은 사출성형기 V형 금형 작업 중 일어난 재해 사례이다. 영상을 참고하여 ① 재해발생형태와 산업안전보건기준에 관한 규칙에 따른 사출성형기의 ② 방호장치를 2가지만 쓰시오.

[동영상 설명]

사출성형기 개방된 상태에서 금형에 잔류물을 제거하다가 손이 눌린다.

➡해답 ① 재해발생형태 : 끼임(＝협착)
② 방호장치 : 게이트가드식(gate guard), 양수조작식

05.

화면에는 작업자와 DMF(디메틸포름아미드)라고 크게 쓰인 통이 나오고 있다. 산업안전보건기준에 관한 규칙에 따라, 영상에서 나오는 유해물질을 취급하는 근로자가 쉽게 볼 수 있는 장소에 게시하여야 하는 사항 3가지 쓰시오.

➡해답 ① 명칭
② 인체에 미치는 영향
③ 취급상의 주의사항

06.

화면에서는 지게차 앞에 서서 점검하고 있는 작업자가 나오고 있다. 산업안전보건법령상, 지게차의 작업 시작 전 점검 사항 3가지를 쓰시오.

➡해답 ① 제동장치 및 조종장치 기능의 이상 유무
② 하역장치 및 유압장치 기능의 이상 유무
③ 바퀴의 이상 유무
④ 전조등·후미등·방향지시기 및 경보장치 기능의 이상 유무

07.

화면 속 영상을 참고하여 작업자의 휴대용연삭기 작업 중 문제점 3가지를 쓰시오.

[동영상 설명]
작업자가 면장갑을 착용하고 마스크, 보안경은 미착용 상태로 휴대용 그라인더로 연마작업 중이다. 휴대용연삭기에는 덮개가 없으며, 연삭기 측면으로도 작업한다. 가공물을 작업대 위에서 그라인딩 작업을 하는데 고정되어 있지 않아서 쓰러지고, 그걸 다시 일으켜 세워서 계속 연마한다. 마지막에는 작업자가 휴대용연삭기를 뒤집어놓고 면장갑을 벗으며 눈을 비빈다.

➡해답 ① 휴대용연삭기에 덮개 없음
② 보안경 미착용
③ 방진 마스크 미착용
④ (바이스 등으로) 재료를 미고정
⑤ 연삭기 측면 사용

08.

화면은 인쇄윤전기 작업을 보여주고 있다. 영상을 참고하여 해당 작업의 ① 위험점과 ② 재해원인을 쓰시오.

[동영상 설명]
롤러기 기계 정지 후 정비 끝내고 다시 가동한 후 두 개의 회전체 사이에 목장갑 낀 손을 넣고 털다가 손이 물리는 재해가 발생한다.

➡해답 ① 위험점 : 물림점
      ② 재해원인
         - 장갑을 착용하고 있다.
         - 전원을 차단하지 않았다.
         - 안전장치 없이 작업하였다.
         - 전용 청소도구를 사용하지 않았다.

09.

화면 속 영상을 참고하여 건설현장에서의 위험요인 2가지를 쓰시오.

[동영상 설명]
시멘트 발라서 벽돌을 쌓는 미장 작업하는 작업자가 안전모 착용했으나, 안전화·안전대 미착용, 사람 키 높이의 작업발판은 부실(오른쪽에 나무 파렛트로 세워서 고정)하고 작업발판에 안전난간은 없다. 작업 발판 위에 벽돌, 시멘트 포대, 고무대야 등이 과적재 되어있다. 작업자가 작업 발판 위에서 바닥으로 뛰어내린다.

➡해답 ① 작업발판 부실 / 작업발판 고정 불량
      ② 안전화 미착용
      ③ 안전난간 없음

산업안전산업기사(3회 A형)

O1.
화면 속 영상을 확인하여 이와 관련된 불안전한 행동 3가지를 쓰시오.

[동영상 설명]
파지 압축장에서 작업자 두 명은 컨베이어 위에서 작업하고 있는데, 집게암으로 파지를 들어서 작업자 머리 위를 통과한 후 흔들어서 파지를 떨어뜨리고 있다. 작업자가 안전모를 쓰고 있지 않다.

➡해답 ① 컨베이어 위에서 작업
② 화물을 작업자 머리 위로 통과
③ 화물을 내려놓기 위해서 화물을 흔듦.
④ 안전모 미착용

O2.
화면 속 영상을 확인하여 이와 관련된 위험요인 2가지를 쓰시오.

[동영상 설명]
작업자가 야외 분전반(내부에 콘센트와 ELB가 있음)에 콘센트에 플러그를 꽂고 전원을 연결하여 휴대용연삭기로 연마(그라이딩) 작업을 하고 있다. 작업자는 목장갑 착용, 보안경 미착용, 덮개가 없는 그라인더의 측면으로 철 구조물 연마작업을 하고 있다. 다른 작업자가 다가와서 맨손으로 콘센트에 플러그를 꽂고 주변을 만지는 도중 감전된다. 그라인더 작업자가 놀라서 감전당한 작업자에게 다가간다. 절연장갑을 착용한 작업자는 없다.

➡해답 ① 감전 관련
－절연용 보호구(내전압용 절연장갑 등) 미착용
② 휴대용연삭기 관련
－휴대용연삭기에 덮개 없음
－휴대용연삭기의 측면으로 작업
－방진 마스크 미착용
－보안경 미착용

03.

화면에는 항타기·항발기 작업 중인 작업자를 보여주고 있다. 항타기·항발기 조립작업 시 점검하여야 할 사항 4가지를 쓰시오.

→해답 ① 본체 연결부의 풀림 또는 손상 여부
② 권상용 와이어로프·드럼 및 도르래의 부착상태의 이상 유무
③ 권상장치의 브레이크 및 쐐기장치 기능의 이상 유무
④ 권상기의 설치상태의 이상 유무
⑤ 리더(leader)의 버팀 방법 및 고정상태의 이상 유무
⑥ 본체·부속장치 및 부속품의 강도가 적합한지 여부
⑦ 본체·부속장치 및 부속품에 심한 손상·마모·변형 또는 부식이 있는지 여부

04.

화면은 밀폐된 공간에서 연마작업을 하고 있는 작업자를 보여주고 있다. 산업안전보건법령상 아래 빈칸을 채우시오.

적정공기란 산소농도의 범위가 (①)% 이상 (②)% 미만, 탄산가스의 농도가 (③)% 미만, 황화수소의 농도가 (④) ppm 미만인 수준의 공기를 말한다.

→해답 ① 18 ② 23.5 ③ 1.5 ④ 10

05.

화면은 드럼통을 운반하다 생긴 재해를 보여주고 있다. 영상을 참고하여 드럼통 운반 시 위험요인 2가지를 쓰시오.

[동영상 설명]
작업자 2명이 각자 드럼통 하나씩 옮기고 있다. 맨손 작업자 A는 완전히 눕힌 채 굴리고 있다. 장갑을 착용한 작업자 B는 옆으로 살짝 기울여 돌리고 있다. 작업자 A가 드럼통을 세우기 위해 들다가 허리를 삐끗하며 넘어지고 발목을 잡고 아파한다. 굴리고 있던 드럼통은 작업자 A의 손에서 벗어나 처음 있던 곳으로 다시 굴러간다.

→해답 ① 1인당 무게는 25kg 정도가 적절하며, 무리한 운반을 삼가야 한다.
② 2인 이상이 1조가 되어 운반하는 등 안전을 도모하여야 한다.
③ 내려놓을 때는 천천히 내려놓고 던지지 않아야 한다.
④ 공동 작업을 할 때는 신호에 따라 작업하여야 한다.

06.

화면은 작업자가 바닥에 넘어져 머리를 다치는 상황을 보여주고 있다. 영상을 참고하여 ① 재해발생형태와 ② 가해물을 쓰시오.

[동영상 설명]
작업발판 위에서 한쪽 다리는 발판에, 다른 한쪽 다리를 가공대에 걸치고, 목재토막을 가공대 위에 올려놓고 한 발로 목재를 고정하고 톱질을 하다 작업발판이 흔들려 작업자가 균형을 잃고 뒤로 넘어진다.

해답 ① 재해발생형태 : 넘어짐(= 전도)
② 가해물 : 바닥

07.

화면은 작업자가 거푸집 작업을 하던 중 작업발판이 탈락하면서 추락하는 재해를 보여주고 있다. 이 사고의 재해발생위험요인 3가지를 쓰시오.

해답 ① 작업발판이 고정되지 않아 발판 탈락 및 추락위험
② 안전대 부착설비 미설치 및 작업자 안전대 미착용으로 인한 추락위험
③ 엘리베이터 피트 내부에 추락방지망을 설치하지 않아 추락위험

08.

화면 속 영상을 참고하여 관련 ① 위험점과 ② 위험점의 정의 ③ 재해발생형태를 쓰시오.

[동영상 설명]
모터 벨트를 걸레로 청소 중 모터 상부 고정 외부 덮개에 손이 끼인다.

해답 ① 위험점 : 끼임점
② 위험점의 정의 : 회전부과 고정부 사이
③ 재해발생형태 : 끼임(= 협착)

09.

화면은 프레스기를 점검하고 있는 작업자를 보여주고 있다. 프레스 작업 시작 전 점검사항을 3가지 쓰시오.

→해답 ① 클러치 및 브레이크의 기능
② 크랭크축·플라이휠·슬라이드·연결봉 및 연결 나사의 풀림 여부
③ 1행정 1정지기구·급정지장치 및 비상정지장치의 기능
④ 슬라이드 또는 칼날에 의한 위험방지 기구의 기능
⑤ 프레스의 금형 및 고정볼트 상태
⑥ 방호장치의 기능
⑦ 전단기(剪斷機)의 칼날 및 테이블의 상태

산업안전산업기사(3회 B형)

01.

화면 속 영상을 참고하여 관련 위험 원인 3가지를 쓰시오.

[동영상 설명]
유도자(신호수)가 지게차가 화물을 들도록 유도한 뒤, 지게차가 그 앞에 멈추자 유도자가 지게차 문에 매달린다. 화물(상자 3개)로 인해 시야 확보가 되지 않는다. 유도자가 매달린 채 후진하라고 유도하다가 뒷바퀴가 바닥에 있는 나무조각에 걸려 덜컹거리는 순간 유도자가 지게차에서 바닥으로 떨어진다. 안전모를 쓰고 있지 않아, 머리 부분을 움켜잡고 고통스러워한다.

→해답 ① 신호수가 지게차에 매달려 탑승
② 지게차에 탑승한 채 유도 (하차해서 유도해야 함)
③ 화물로 인해 시야 확보가 아니 됨
④ 이동경로에 장애물 미제거

02.

화면에는 지게차를 점검하고 있는 작업자를 보여주고 있다. 산업안전보건법령상, 지게차의 작업 시작 전 점검 사항 3가지를 쓰시오.

→해답 ① 제동장치 및 조종장치 기능의 이상 유무
② 하역장치 및 유압장치 기능의 이상 유무
③ 바퀴의 이상 유무
④ 전조등·후미등·방향지시기 및 경보장치 기능의 이상 유무

03.

화면 속 영상을 참고하여 산업안전보건법령상, 컨베이어 방호장치를 2가지 쓰시오.

[동영상 설명]

30도 정도 경사진 컨베이어 벨트가 작동하고, 작업자는 작동 중인 컨베이어 위에 1명과 아래쪽 작업장 바닥에 1명이 있으며, 기계 오른쪽에 있는 포대를 컨베이어 벨트 위로 올리는 작업을 하고 있다. 화면 오른쪽에 포대가 많이 쌓여 있고, 작업자 한 명은 경사진 컨베이어 위에 회전하는 벨트 양끝부분 철로 된 모서리에 양발을 벌리고 서 있으며, 밑에 작업자가 포대를 일정한 방향이 아닌 삐뚤게 포대를 컨베이어에 올리는 중 컨베이어 위에 양발을 벌리고 있는 작업자 발에 포대 끝부분이 부딪쳐 무게 중심을 잃고 기계 오른쪽으로 쓰러진 후 팔이 풀리 하단으로 들어가는 재해가 발생한다. 작업자 둘 다 캡모자를 쓰고 있다.

➡해답 ① 비상정지장치
② 덮개 또는 울
③ 건널다리
④ 화물 또는 운반구의 이탈 및 역주행을 방지하는 장치(이탈방지장치 및 역전방지장치)

04.

화면 속 영상을 참고하여 관련 위험요인 3가지를 쓰시오.

[동영상 설명]

2명의 작업자가 방진 마스크, 보안경을 착용하지 않고 휴대용연삭기(핸드 그라인더)로 기다란 대리석 돌판 연마작업 중이다. 연삭기의 덮개는 낡아 보인다. 작업자는 팔을 조금 들며 연삭기 측면 사용하다 대리석 가공물이 떨어진다. 작업장에는 이동전선 및 충전부가 어지럽게 널려 물에 닿은 채 있다. 작업자 2명이 기다란 대리석 돌판을 들고 간다.

➡해답 ① 보안경 미착용
② 방진 마스크 미착용
③ 연삭기 측면을 사용

05.

화면은 사출성형기 노즐 이물질 제거 작업 중 발생한 감전사고를 보여주고 있다. 영상을 참고하여 동종 재해방지대책 3가지를 적으시오.

[동영상 설명]
작업자가 사출성형기 노즐 부분에 끼인 잔류물을 맨손으로 제거하다 노즐 충전부에서 감전되어 뒤로 넘어진다.

➡해답 ① 작업 시작 전 전원을 차단
② 전원 잠금장치 설치
③ 보수작업 중임을 알리는 안내표지판을 설치하고 감시인을 배치
④ 작업 시 절연용 보호구(내전압용 절연장갑 등)를 착용
⑤ 이물질 제거 작업 시 전용 공구를 사용

06.

화면은 아파트 창틀에서 작업 하던 중 발생한 추락사고를 보여주고 있다. 이때 작업자의 추락사고 원인을 2가지 쓰시오.

➡해답 ① 안전대 부착설비 미설치
② 안전대 미착용
③ 추락방지용 안전방망 미설치

07.

화면 속 영상을 참고하여 작업자의 불안전한 행동 2가지를 적으시오.

[동영상 설명]
작업자가 컨베이어가 작동하는 상태에서 컨베이어 벨트 끝부분에 발을 짚고 올라서서 불안정한 자세로 형광등을 교체하다, 움직이는 컨베이어에 걸려 넘어지며 바닥으로 떨어진다.

➡해답 ① 작업 발판 미사용(＝작업하는 자세가 불안정＝컨베이어에 올라가 작업)
② 컨베이어 전원 미차단

08.
화면 속 영상을 참고하여 둥근톱 작업 시 안전작업방법 2가지를 적으시오.

[동영상 설명]
둥근톱을 이용하여 나무판자를 일자로 밀며 자르는 작업 중, 옆눈질하는 등 부주의로, 2번째 밀 때
작업자의 손가락이 반 정도 절단(빨간 코팅 목장갑 착용, 톱에 덮개 없음, 보안경 및 방진 마스크
미착용)

➡해답 ① 방호장치(톱날접촉예방장치 등) 설치
② 보호구(보안경, 방진 마스크 등) 착용
③ 장갑 미착용

09.
화면 속 영상은 인쇄윤전기를 청소하다 손이 말려 들어가는 상황을 보여주고 있다. 이때 ① 위험점과
② 정의를 쓰시오.

[동영상 설명]
롤러기 기계 정지 후 정비 끝내고 다시 가동하고, 두 개의 회전체 사이에 목장갑 낀 손을 넣고 털다
가 손이 물리는 재해가 발생한다.

➡해답 ① 위험점 : 물림점
② 정의 : 회전하는 두 개의 회전체에 물려 들어가는 위험점

O1.

동영상의 내용을 참고하여 (가)와 (나)에 대한 내용을 서술하시오.

[동영상 설명]

천장크레인이 철판을 트럭 위로 이동시키는 장면이다. 이때 천장크레인은 고리가 아닌 철판집게
(하카)가 철판을 'ㄷ'자로 물고 있는 방식이다. 트럭 위의 한 작업자가 이동해 온 철판을 내리려는
찰나에 철판이 낙하하여 작업자가 깔리는 장면이다.

1) 동영상에서 양중기에 필요한 방호장치를 1가지 쓰시오.
2) 산업안전보건법령상, 빈칸에 적절한 수치를 적어 넣으시오.
안전검사주기에서 사업장에 설치가 끝난 날부터 (①)년 이내에 최초 안전검사를 실시하되, 그
이후부터 매(②)년[건설현장에서 사용하는 것은 최초로 설치한 날로부터 6개월]마다 안전검사
를 실시한다.

➡해답 1) 방호장치 : 훅 해지장치
2) ① 3, ② 2

O2.

동영상의 내용을 참고하여 작업자의 부주의한 행동 2가지와 필요한 방호장치를 1개 쓰시오.

[동영상 설명]

작업자가 페달로 작동시키는 프레스 작업 중 방호장치를 젖히고 2회 더 작업하고 있다. 그 후 손을
넣어 프레스를 청소하다가 페달을 밟아 프레스가 가동되어 사고가 발생한다.

➡해답 (1) 부주의한 행동
① 전원을 차단하지 않고 청소작업을 하였다.
② 전용수공구를 사용하지 않고 손으로 이물질을 제거하였다.
(2) 방호장치 : U자형 덮개

03.
화면상의 밀폐공간에서 착용해야 하는 호흡용 보호구 2가지를 쓰시오.

→해답 ① 공기호흡기 ② 송기마스크

04.
화면 속 영상을 보고, 위험요인 2가지를 쓰시오.

[동영상 설명]
안전대를 미착용한 작업자들이 교량 하부를 점검하고 있다. 제대로 된 안전난간이 없고 로프로만 두 줄 설치되어 있으며, 추락방호망도 없다. 작업발판 역시 부실하다. 작업자가 로프로 된 안전난 간 쪽으로 기대다가 로프가 느슨해지면서 떨어진다.

→해답 ① 안전대 부착 설비 및 안전대 착용을 하지 않음
② 안전난간 설치 불량
③ 추락방호망의 미설치
④ 작업자 주변 정리정돈 상태가 불량
⑤ 작업 전 작업발판 등 부속설비 점검 미비 상태

05.
화면은 둥근톱을 활용하여 작업하다 일어난 사고를 보여주고 있다. 동영상을 참고하여 둥근톱 작업의 안전작업방법 3가지를 적으시오.

[동영상 설명]
둥근톱을 이용하여 나무판자를 일자로 밀며 자르는 작업을 하고 있다. 작업 중 옆눈질하는 등 부주의로, 2번째 밀 때 작업자의 손가락이 반 정도 절단된다(빨간 코팅 목장갑 착용, 톱에 덮개 없음, 보안경 및 방진마스크 미착용).

→해답 ① 방호장치(톱날접촉예방장치 등) 설치
② 보안경 착용
③ 방진마스크 착용

06.

동영상을 참고하여 각 물음에 답하시오.

[동영상 설명]

시내버스를 정비하기 위하여 차량용 리프트로 차량을 들어올린 상태에서 한 작업자가 버스 밑에 들어가 샤프트 계통을 점검하고 있다. 다른 한 사람이 주변 상황을 전혀 살피지 않고 버스에 올라 엔진을 시동하였다. 그 순간 밑에 있던 작업자의 팔이 버스의 회전하는 샤프트에 말려들어 협착사고를 일으킨다(이때 주변에는 작업감시자가 없는 상황).

1) 버스정비작업 중 안전을 위해 취해야 할 사전안전조치 사항 3가지를 쓰시오.
2) 샤프트에 작업자가 재해를 입은 사고이다. 기계설비의 위험점 중 어느 것에 해당하는가?

➡해답 1) 안전조치 3가지
　　① 정비작업 중임을 나타내는 표지판을 설치할 것
　　② 작업과정을 지휘할 작업자를 배치할 것
　　③ 기동(시동)장치에 잠금장치를 할 것
　　④ 작업시 운전금지를 위하여 열쇠를 별도 관리할 것
　2) 위험점 : 회전말림점

07.

화면 속 영상은 아파트 창틀에서 작업 중 발생한 재해사례를 나타내고 있다. 이를 참고하여 관련 기인물과 가해물을 쓰시오.

작업자 A, B가 작업을 하고 있으며 작업자 A는 아파트 창틀에서, 작업자 B는 옆 처마 위에서 작업하고 있다. 창틀에서 작업 중인 작업자 A가 작업발판을 처마 위의 작업자 B에게 건네준다. 작업자 B가 옆 처마 위로 이동하다 콘크리트 조각을 밟고 미끄러져 바닥으로 추락한다(주변에 정리정돈이 되어 있지 않고, 작업자 A가 밟고 있던 콘크리트 부스러기가 추락할 때 같이 떨어진다).

➡해답 ① 기인물 : 콘크리트 조각
　　② 가해물 : 바닥

08.

작업발판 위에서의 작업 위험요인 2가지를 쓰시오.

[동영상 설명]

안전대를 미착용한 작업자 2명이 이동식 사다리 2개 사이에 걸친 나무 작업발판에서 작업 중 사다리도 흔들리고, 작업발판이 흔들려 작업자 1명이 뒤로 떨어진다.

➡해답 ① 이동식 사다리에 작업발판을 걸쳐서 사용
② 작업발판 미고정
③ 안전대 미착용 및 체결하지 않음

09.

산업안전보건법령상 해당 동영상의 지게차 운전자가 운전위치를 이탈하는 경우, 사업주가 해당 운전자에게 준수하도록 해야 할 사항 2가지를 쓰시오.

➡해답 ① 포크 등의 장치를 가장 낮은 위치 또는 지면에 내려 둘 것
② 원동기를 정지시키고 브레이크를 확실히 거는 등 갑작스러운 주행이나 이탈을 방지하기 위한 조치를 할 것
③ 운전석을 이탈하는 경우에는 시동키를 운전대에서 분리시킬 것. 다만, 운전석에 잠금장치를 하는 등 운전자가 아닌 사람이 운전하지 못하도록 조치한 경우에는 그러하지 아니하다.

산업안전산업기사(1회 B형)

01.

산업안전보건법령상 천장크레인에 필요한 방호장치를 2가지만 쓰시오.

➡해답 ① 과부하방지장치　② 권과방지장치
③ 비상정지장치　④ 제동장치

02.

화면 속 동영상에서 보이는 재해의 위험점과 그 정의를 쓰시오.

[동영상 설명]
작업자가 철판 절단 중인 프레스의 작동상태를 지켜보다가 옆쪽의 열쇠를 돌린다. 프레스 안에 손을 넣고, 프레스가 가동되어 손이 끼인다.

➡해답 ① 위험점 : 끼임점(협착점)
② 끼임점(협착점) 정의 : 왕복운동을 하는 동작 부분과 움직임이 없는 고정 부분 사이에 발생하는 위험점

03.
화면상의 작업에서 위험요인 2가지를 쓰시오.

[동영상 설명]
건설현장 발판이 미설치된 높은 곳에서 안전모는 착용했지만, 안전대는 미착용한 작업자가 강관 비계에 발을 올리고 플라이어로 케이블 타이를 강관 비계에 묶다가 추락한다.

➡해답 ① 작업발판을 설치하지 않음
② 추락방호망을 설치하지 않음
③ 안전대를 착용하지 않음

04.
동영상과 같은 금형 기계 작업을 할 경우, 주된 위험요인 2가지를 쓰시오.

[동영상 설명]
START 버튼을 누르고 금형으로 작업을 시작한 후 기계에서 연기가 피어오른다. 맨손에 헝겊을 감아 물이 흐르고 있는 기계(전원이 켜진 상태)를 닦는다. 헝겊을 치우고, 맨손 오른쪽 검지로 금형을 살짝 건드리는 순간 뒤로 넘어진다.

➡해답 ① 작업자가 전원을 차단하지 않고 청소
② 작업자가 절연용 보호구(내전압용 절연장갑 등)를 착용하지 않고 맨손으로 점검
③ 작업자가 공구를 사용하지 않고 손으로 점검

05.
산업안전보건법령상 동영상(컨베이어)의 기계 작업 시작 전 관리감독자가 점검할 사항 3가지를 쓰시오.

[동영상 설명]
큰 공장 안에 대형 컨베이어가 가동 중이며, 컨베이어 위에 상자가 줄지어 이동한다. 컨베이어 벨트를 청소하는 작업자가 정지 중이던 벨트와 풀리 사이를 청소하려고 손을 집어넣는다. 이때 다른 작업자가 기계를 작동하면서 청소 작업자의 손이 물려 들어간다.

➡해답 ① 원동기 및 풀리 기능의 이상 유무
② 이탈 등의 방지장치 기능의 이상 유무
③ 비상정지장치 기능의 이상 유무
④ 원동기·회전축·기어 및 풀리 등의 덮개 또는 울 등의 이상 유무

06.

해당 동영상을 보고 위험요인 3가지를 쓰시오.

> [동영상 설명]
> 밑이 보이지 않는 낭떠러지(승강기 설치되기 전의) 승강기 피트 안, 나무판자로 엉성하게 이어 붙인 작업발판 위에서 작업자가 피트 내 벽면에 돌출되어 있는 콘크리트타이핀(거푸집용 콘크리트판넬 지지 철물)을 망치, 장도리로 때려 빼고 있다. 작업자는 보안경을 착용하고 있지 않은데, 콘크리트타이핀 철물이 작업자 얼굴로 튕겨오고 있다. 작업자는 안전모는 착용했고, 허리에 벨트형 공구 주머니를 차고 있다. 승강기 피트 입구에는 안전난간이 있지만 작업반경 주위에는 없다. 작업자가 발을 이리저리 헛디디다가 피트 바닥으로 카메라가 전환되며 추락방호망은 미설치 상태이다.

➡해답 ① 안전난간 미설치
② 울타리 미설치
③ 수직형 추락방망 미설치
④ 추락방호망 미설치
⑤ 적절한 안전대를 착용하지 않음

07.

산업안전보건법령상 철골작업을 중지하여야 하는 기상상태를 3가지 쓰시오.

➡해답 ① 풍속이 초당 10m 이상
② 강우량이 시간당 1mm 이상
③ 강설량이 시간당 1cm 이상

08.

동영상은 환기팬 수리작업 도중에 작업자가 감전되면서 넘어져 냉동고에 부딪치는 화면이다. 동영상을 참고하여 기인물과 재해형태를 쓰시오.

➡해답 1. 기인물 : 환기팬
2. 재해형태 : 감전

09.

산업안전보건법령상 동영상(고소작업대)의 설비 이동 시 사업주의 준수사항 3가지만 쓰시오.

➡해답 ① 작업대를 가장 낮게 내릴 것

② 작업대를 올린 상태에서 작업자를 태우고 이동하지 말 것
③ 이동통로의 요철상태 또는 장애물의 유무 등을 확인할 것

산업안전산업기사(1회 C형)

01.
산업안전보건법령상 다음의 초정밀작업에서 근로자를 상시 취업시키는 장소의 조도기준을 쓰시오.
(단, 갱도 등의 작업장은 제외)

➡해답 초정밀작업 : 750Lux 이상

02.
화면상의 동영상과 관련된 재해 발생형태와 산업안전보건법상 위반사항을 쓰시오.

[동영상 설명]
타워크레인으로 인양 작업 중에 인양물에 훅을 걸고 크레인 운전자에게 올리라고 유도한다. 작업
자가 인양물에 올라탄 후 올라가다 떨어진다.

➡해답 (1) 재해 발생형태 : 떨어짐
(2) 위반사항 : 크레인을 사용하여 근로자를 달아 올린 상태에서 작업에 종사시킴

03.
화면상의 절단 작업 중에 발행한 재해와 관련하여 위험점과 위험점 정의를 쓰시오.

[동영상 설명]
작업자가 고무장갑을 끼고 위에서 칼날이 왕복운동하는, 페달로 작동하는 프레스식 전단기로 철판
을 자르다가 손가락이 잘린다.

➡해답 (1) 위험점 : 끼임점(협착점)
(2) 위험점 정의 : 왕복운동을 하는 동작 부분과 움직임이 없는 고정 부분 사이에 발생하는 위험점

O4.
산업안전보건법령상 항타기·항발기 조립 시 사용 전 점검사항 3가지를 쓰시오.

➡해답 ① 본체 연결부의 풀림 또는 손상의 유무
② 권상용 와이어로프·드럼 및 도르래의 부착상태 이상 유무
③ 권상장치의 브레이크 및 쐐기장치 기능의 이상 유무
④ 권상기의 설치상태 이상 유무
⑤ 버팀의 방법 및 고정상태의 이상 유무

O5.
화면상의 동영상을 참고하여 작업에서의 안전상의 문제점과 대책을 각각 1가지씩 쓰시오. (단, 보호구 미착용에 대한 것은 제외하시오)

[동영상 설명]
안전모 및 보호구를 미착용한 작업자가 고정식 드릴을 작동시키면서 합판 위에 경첩을 박으려 하나 경첩이 고정되지 않고 이탈한다.

➡해답 (1) 문제점 : 재료를 미고정하고 작업
(2) 대책 : (바이스나 클램프 등으로) 재료를 고정하고 작업

O6.
동영상을 참고하여 관련 위험요인을 2가지만 쓰시오.

[동영상 설명]
야구모자에 장발 작업자가 인쇄용 윤전기의 롤러 시동을 켜고 빙글빙글 서로 맞물려서 돌아가는 롤러를 걸레로 닦고 있다. 닦을 때 체중을 실어서 힘 있게 닦고, 위험하게 맞물리는 지점까지 걸레를 집어넣고 닦는다. 그 순간 작업자의 손이 롤러기 사이에 끼어서 사고를 당하고 사고 발생 후 전원을 차단하고 손을 빼낸다.

➡해답 ① 기계의 운전을 정지하지 않았다.
② 방호장치가 정상적인 기능을 발휘하지 않았다.
③ 기계에 작업자의 머리카락 또는 의복이 말려 들어갈 우려가 있는데, 알맞은 작업모를 착용하지 않았다.

07.

화면의 동영상과 같은 작업 시 지켜야 하는 안전작업수칙에 대하여 3가지를 쓰시오.

[동영상 설명]
작업자 2명이 공구없이 장갑을 낀 손으로 V벨트 교환 작업 중 다른 작업자가 표지판이 없는 벨트 전원부를 조작하여 벨트가 작동해 작업 중이던 작업자의 손이 말려 들어간다.

➡해답 ① 기계의 운전을 정지
② 기계의 기동장치에 잠금장치를 하고 그 열쇠를 별도 관리하거나 표지판을 설치하는 등 필요한 방호조치
③ 기계가 갑자기 가동될 우려가 있는 경우 작업지휘자를 배치

08.

화면의 동영상과 같은 작업에서 착용해야 하는 보호구를 2가지 쓰시오. (단, 안전모 및 화학물질용 안전장갑은 제외)

[동영상 설명]
작업자는 크롬 도금 작업 중 고무장갑을 착용했으나, 일반 작업복에 마스크를 미착용하고 있다. 작업을 진행하며 작업자가 코를 수차례 찡그린다.

➡해답 ① 불침투성 보호복
② 불침투성 보호장화
③ 보안경

09.

산업안전보건법령상 내부의 이상 상태를 조기에 파악하기 위하여 특수화학설비에 설치해야 하는 장치 3가지를 쓰시오.

[동영상 설명]
작업자는 스프링식 안전밸브 볼트 해체 작업을 진행하고 있다.

➡해답 ① 온도계　　② 유량계
③ 압력계　　④ 자동경보장치

산업안전산업기사(2회 A형)

01.

화면상의 "작업방법의 문제점"을 3가지 쓰시오.

[동영상 설명]
30° 정도 경사진 컨베이어 벨트가 작동하고, 작업자는 작동 중인 컨베이어 위에 1명과 아래쪽 작업장 바닥에 1명이 있으며, 기계 오른쪽에 있는 포대를 컨베이어 벨트 위로 올리는 작업을 하고 있다. 화면 오른쪽에 포대가 많이 쌓여 있고 작업자 한 명은 경사진 컨베이어 위의 회전하는 벨트양 끝부분의 철로 된 모서리에 양발을 벌리고 서 있으며, 밑에 작업자가 포대를 일정한 방향이 아닌 불규칙하게 포대를 컨베이어에 올린다. 이때 컨베이어 위에 양발을 벌리고 있는 작업자 발에 포대 끝부분이 부딪쳐 무게 중심을 잃고 기계 오른쪽으로 쓰러진 후 팔이 풀려 하단으로 들어간다. 작업자 둘 다 캡모자를 쓰고 있다.

➡해답 ① 작업발판 미사용
② 위험구역에서 작업
③ 비상정지상황 발생 시 작업자가 비상정지장치를 작동하지 않음

02.

화면상의 작업에서 재해 발생원인을 2가지만 쓰시오.

[동영상 설명]
김치 공장에서 무채를 썰어내는 기계(슬라이스 기계)에 무를 넣으며 써는 작업 중 기계가 갑자기 멈춘다. 고무장갑을 착용한 작업자가 앞에 기계 덮개를 열고 무채를 털어내는데, 무채 기계의 회전식 기계 칼날이 회전을 시작하면서 재해가 발생한다.

➡해답 ① 점검 전 기계 전원을 미차단
② 덮개에 연동 방호장치(인터록) 미설치

03.

화면 속 영상의 ① 재해원인과 ② 개선되어야 할 방호장치를 각 1가지씩 쓰시오.

[동영상 설명]
수광부, 발광부 2개가 프레스 입구를 통해서 보인다. 작업자가 (광전자식) 방호장치를 젖히고 2회 더 프레스 작업을 한다. 프레스 안의 금형재료 위를 손으로 청소하다가 페달을 밟아 프레스가 가동되어 손이 끼이게 된다.

➡해답 (1) 재해원인
① (광전자식) 방호장치 해제
② 전원 미차단
③ 손으로 청소
④ 금형 조정 중 방호장치(안전블록) 미설치
(2) 개선되어야 할 방호장치 : 광전자식 방호장치

04.

화면의 동영상을 참고하여 관련 위험점과 그 정의를 쓰시오.

[동영상 설명]
• 면장갑을 착용 및 보안경을 미착용한 작업자가 선반 작업을 하고 있다.
• 작업자가 회전축에 샌드페이퍼(사포)를 감아 손으로 지지하고 있다.
• 작업자가 나무를 깎는 작업에 집중하지 못하고 있는데, 작업복과 손이 감겨 들어간다.

➡해답 (1) 위험점 : 회전말림점(Trapping Point)
(2) 정의 : 회전하는 물체의 길이, 굵기, 속도 등이 불규칙한 부위와 돌기 회전부위에 장갑 및 작업복 등이 말려드는 위험점 형성(돌기회전부)

05.

화면상(교류아크용접기 접지 이후 용접)의 기계 · 기구 작업시작 전 점검사항을 2가지만 쓰시오.

➡해답 ① 작업 준비 및 작업 절차 수립 여부
② 화기작업에 따른 인근 가연성물질에 대한 방호조치 및 소화기구 비치 여부
③ 용접불티 비산방지덮개 또는 용접방화포 등 불꽃·불티 등의 비산을 방지하기 위한 조치 여부
④ 인화성 액체의 증기 또는 인화성 가스가 남아있지 않도록 하는 환기 조치 여부
⑤ 작업근로자에 대한 화재예방 및 피난교육 등 비상조치 여부

06.

산업안전보건법령상 화면상(건설용 리프트)의 기계에 필요한 방호장치 3가지를 쓰시오.

➡해답 ① 과부하방지장치   ② 권과방지장치
③ 비상정지장치   ④ 제동장치

O7.
화면은 굉장히 뜨거운 스팀 증기가 흐르고 있는 가운데 고소배관의 플랜지를 점검하던 중 작업자에게 발생한 재해다. 위험요인을 3가지 쓰시오.

[동영상 설명]
작업자 머리 높이 위에 부식된 배관 플랜지가 보인다. 턱끈을 헐렁하게 안전모만 착용한 작업자가 맨손에 수공구를 들고 이동식 사다리 위에 올라간다. 양손으로 배관 플랜지 볼트를 조이는 작업 중 떨어진다.

➡해답 ① 보안경을 미착용
② 방열장갑, 방열복을 미착용
③ 이동식 사다리 설치 불안전
④ 단독 작업(2인 1조로 작업하지 않음)

O8.
화면상의 작업 중 위험요인을 3가지만 쓰시오.

[동영상 설명]
(삼각형)박공지붕 위쪽과 바닥을 보여주면서 오른쪽에 안전난간, 추락방호망이 미설치된 화면과 지붕 위쪽 중간에서 커피를 마시면서 앉아 휴식을 취하는 작업자(안전모, 안전화 착용함)들을 보여준다. 작업자 왼쪽과 뒤편에 적재물이 적치되어 있고 휴식 중인 작업자를 향해 뒤에 있는 삼각형 적재물이 굴러와 작업자 등에 충돌하여 작업자가 앞으로 쓰러진다.

➡해답 ① 위험한 장소에서 휴식을 취함
② 추락방호망을 설치하지 않음
③ 안전대 부착설비를 설치하지 않았고, 안전대 착용하지 않음
④ 적재물 적치 불량

O9.
화면상의 작업 중 위험요소 2가지를 쓰시오.

[동영상 설명]
장갑을 미착용한 작업자가 배전반을 열고 드라이버로 점검을 한다. 문틈에 맨손을 끼워두고 있다. 메인차단기 전원이 ON 상태이다. 이때 지나가는 다른 작업자가 작업 중인 배전반 문을 닫고, 옆 배전반 문을 열면서 문틈에 작업자 손이 낀다.

➡해답 ① 점검 전 전원 차단 미실시
② 잠금장치 및 꼬리표를 부착하지 않음

산업안전산업기사(2회 B형)

01.

화면은 사출성형기 V형 금형 작업 중 재해가 발생한 사례이다. 동종 재해 예방의 대책을 2가지만 쓰시오.

[동영상 설명]
(3D 그래픽) 사출성형기가 개방된 상태에서 금형의 잔류물을 손으로 제거하다가 손이 눌린다. 작업자가 안전모와 장갑은 착용 중이다.

➡해답 ① 전원을 차단하고 점검
② 공구를 사용해서 점검(손으로 점검하지 않음)

02.

산업안전보건법령상 화면상(천장크레인)의 기계에 필요한 방호장치 3가지를 쓰시오.

➡해답 ① 과부하방지장치   ② 권과방지장치
③ 비상정지장치   ④ 제동장치

03.

동영상의 재해발생형태의 종류와 재해발생원인을 1가지 쓰시오.

[동영상 설명]
회전체에 코일(구리선)을 감는 전동권선기가 갑자기 멈추어 작업자가 기계의 전원을 수차례 on off 하더니 기계의 배전반을 열어서 맨손으로 점검하다 푸른색 번개가 친다.

➡해답 (1) 재해발생형태 : 감전(= 전류 접촉)
(2) 재해발생원인
① 전원을 차단하지 않고 점검
② 절연용 보호구(내전압용 절연장갑 등)를 미착용(= 맨손으로 작업)

04.
화면의 동영상과 같은 작업 중 안전대책을 2가지만 쓰시오.

[동영상 설명]
(삼각형) 박공지붕 위쪽과 바닥을 보여주면서 오른쪽에 안전난간, 추락방호망이 미설치된 화면과 지붕 위쪽 중간에서 커피를 마시면서 앉아 휴식을 취하는 작업자(안전모, 안전화 착용함)들을 보여준다. 작업자 왼쪽과 뒤편에 적재물이 적치되어 있고 휴식 중인 작업자를 향해 뒤에 있는 삼각형 적재물이 굴러와 작업자 등에 충돌하여 작업자가 앞으로 쓰러진다.

➡해답 ① 위험한 장소에서 휴식을 취하지 않는다.
② 추락방호망을 반드시 설치한다.
③ 안전대 부착설비를 설치하고 안전대를 착용한다.

05.
화면의 동영상을 참고하여 관련 재해방지 안전조치사항 3가지를 쓰시오.

[동영상 설명]
하역 운반 자동차(덤프트럭)에 앉아 있던 작업자가 차 운전석에서 내려온다. 덤프트럭 적재함을 올리고 하역용 실린더 유압장치 밸브를 점검하던 중, 유압장치가 서서히 내려와서 작업자가 적재함 사이에 낀다. 작업자는 안전모는 착용하고 있으며, 열쇠를 제거하는 등 다른 행동은 없다.

➡해답 ① 작업순서를 결정
② 작업지휘자가 작업을 지휘
③ 안전지지대 또는 안전블록 등을 사용

06.
화면의 동영상과 같은 작업 시 발생할 수 있는 재해원인을 2가지만 쓰시오.

[동영상 설명]
철제가 많이 쌓여 있는 작업장에서 작업자 2명이 안전모를 쓰고 양수기 V벨트 점검 중 작업자 B가 작업자 A에게 공구를 던져주며 이야기를 한다. 작업자 A도 작업 중에 기계를 보지 않고 작업자 B를 쳐다보며 이야기하다가 손이 끼어 피를 흘린다. 작업자 2명 다 안전모는 썼고 맨손이며, V벨트에는 덮개가 없다.

➡해답 ① 정비 등의 작업시 운전 정지하지 않음(=점검 중 전원 차단 미실시)
② V벨트에 방호장치(덮개) 없음

07.

산업안전보건법령상 인화성 물질을 수시로 취급하는 장소에서 재해 방지방법을 3가지만 쓰시오. (단, 점화원에 의한 대책은 정답에서 제외한다)

[동영상 설명]

화기주의, 인화성 물질이라고 쓰여있는 드럼통(200L)이 여러 개 보관된 창고 안에서 작업자가 인화성 물질이 든 운반용 캔(약 40L)을 몇 개 운반하다가 잠시 쉰다. 작업자가 작은 용기에 있는 걸 큰 용기에 담으려 하는지 드럼통 뚜껑을 열고 더위를 식히려 스웨터를 벗는 순간 폭발한다.

해답 ① 인화성 물질이 창고 내 머무르지 않도록 환기시설을 확충하여 가동한다.
② 가스감지경보기를 설치하여 창고 내 인화성 물질이 누출 시 경보를 울리도록 한다.
③ 드럼에서 인화성 물질이 새어 나오지 않도록 드럼 마개 등 개폐 상태 확인을 철저히 하여 관리한다.

08.

화면상의 동종 재해방지방법을 3가지만 쓰시오.

[동영상 설명]

터널 안 가설도로에서 작업자가 안내신호기 배선을 확인한다. 붉은색 등이 깜빡이고 있는데, 야구모자를 쓴 작업자가 콘센트의 플러그를 만져보고 검은색 절연 테이프로 부실하게 절연처리가 되어 있는 흰색 전선을 잡고 감전한다.

해답 ① 점검 전 전원을 차단   ② 손상되거나 노화된 절연피복 사용 금지
③ 절연용 보호구(내전압용 절연장갑) 착용   ④ 감전방지용 누전차단기 설치

09.

화면의 동영상과 같은 재해를 막기 위해 설치해야 하는 방호 구조물을 3가지만 쓰시오.

[동영상 설명]

30° 정도 경사진 컨베이어 벨트가 작동하고, 작업자는 작동 중인 컨베이어 위에 1명과 아래쪽 작업장 바닥에 1명이 있으며, 기계 오른쪽에 있는 갈색 종이 포대를 컨베이어 벨트 위로 올리는 작업을 하고 있다. 화면 오른쪽에 포대가 많이 쌓여 있고 작업자 한 명은 경사진 컨베이어 위의 회전하는 벨트 양 끝부분의 철로 된 모서리에 양발을 벌리고 서 있다. 밑에 작업자가 포대를 일정한 방향이 아닌 불규칙하게 포대를 컨베이어에 올리는 중 컨베이어 위에 양발을 벌리고 있는 작업자 발에 포대 끝부분이 부딪쳐 무게 중심을 잃고 한 바퀴 구르면서 기계 오른쪽에 포대가 쌓인 곳에 쓰러진 후 팔이 폴리 하단으로 들어간다. 아래쪽 작업자는 (누르라는 비상정지장치는 누르지 않고) 떨어지는 작업자를 안고 있다.

➡해답 ① 비상정지장치
② 덮개 또는 울
③ 건널다리
④ 화물 또는 운반구의 이탈 및 역주행을 방지하는 장치(이탈방지장치 및 역전방지장치)

산업안전산업기사(2회 C형)

O1.
화면의 동영상과 같은 작업에서 작업자가 착용해야 할 보호구를 2가지 쓰시오.

[동영상 설명]
작업자가 용광로 쇳물탕도 내에 고무래로 출렁이는 쇳물 표면을 저으면서 일부 굳은 찌꺼기를 긁어내어 작업자 바로 앞에 고무래로 충격을 주며 털어낸다. 작업자는 안전모, 면장갑, 일반작업복을 착용하고 있다.

➡해답 ① 보안면   ② 방열복   ③ 방열두건
④ 방열장갑   ⑤ 방독마스크   ⑥ 방열장화

O2.
화면의 동영상을 참고하여 관련 재해의 위험점과 재해원인, 재해방지방법을 각각 1가지씩 쓰시오.

[동영상 설명]
컨베이어 점검 중 다른 사람이 와서 기계를 가동시킨다. 벨트 움직이는 반대 방향으로 손이 끌려가 컨베이어 벨트 옆쪽의 고정부에 손이 낀다.

➡해답 ① 위험점 : 끼임점
② 재해원인 : 점검시 잠금장치 및 꼬리표를 부착하지 않음
③ 재해방지방법 : 잠금장치 및 꼬리표를 부착함

03.

화면의 동영상을 참고하여 관련 작업 시 위험요인 3가지를 쓰시오.

[동영상 설명]

전주를 타고 올라간 작업자는 U자 안전대를 착용 및 체결하고 전봇대에 박혀있는 발판용 볼트를 밟은 채 수공구 작업 중에 공구 간 부딪치면서 제거하는 작업을 하고 있다. C.O.S(Cut Out Switch)가 자꾸 발판에 닿아서 흔들거린다. 옆에 절연고소작업대를 타고 온 작업자는 모자를 쓰고 있고 목장갑을 끼고 있는데 흔들린다. 할아버지 1명이 전주 옆을 지나간다.

➡해답 ① 절연고소작업대에서 작업하지 않고, 전주에 직접 올라감
② 안전모 미착용
③ 안전대 미착용 및 미체결
④ 작업발판 부실
⑤ 절연용 방호구(내전압용 절연장갑) 미착용
⑥ 작업 반경 내 작업자 외 출입금지 미실시

04.

동영상은 인쇄윤전기를 청소하다가 손이 말려 들어가는 상황을 보여 주고 있다. 관련 위험점과 재해원인을 1가지만 쓰시오.

[동영상 설명]

롤러기 기계 정지 후 정비를 끝내고 다시 가동시킨 후 여러 개의 회전체 사이에 목장갑 낀 손을 넣고 털다가 손이 물린다. 손(장난감)이 롤러기에 물린 채 작업자가 소리를 지른다.

➡해답 (1) 위험점 : 물림점
(2) 재해원인
① 점검 전 전원을 차단하지 않음
② 방호장치(가드, 급정지장치 등)가 설치되지 않았고 정상적으로 작동되지 않음
③ 장갑이 말려 들어 갈 수 있음
④ 점검에 공구(=도구)를 사용하지 않음(=손으로 점검)

05.

화면상의 작업 시작 전 관리감독자의 점검사항을 2가지 쓰시오.

[동영상 설명]

작업자가 프레스기 외관을 점검하고 있다. 프레스의 이곳저곳을 보여준다. 페달도 밟아보고 전원을 올려 레버를 조작하고 금형의 상태도 확인한다.

➡해답 ① 클러치 및 브레이크의 기능
② 크랭크축·플라이휠·슬라이드·연결봉 및 연결 나사의 풀림 여부
③ 1행정 1정지기구·급정지장치 및 비상정지장치의 기능
④ 슬라이드 또는 칼날에 의한 위험방지 기구의 기능
⑤ 프레스의 금형 및 고정볼트 상태
⑥ 방호장치의 기능
⑦ 전단기(剪斷機)의 칼날 및 테이블의 상태

06.

산업용 로봇의 작동 범위 내에서 해당 로봇에 대하여 교시 등의 작업을 할 경우에는 해당 로봇의 예기치 못한 작동 또는 오조작에 의한 위험을 방지하기 위하여 관련 지침을 정하여 그 지침에 따라 작업을 하도록 하여야 하는데, 이에 관련 지침에 포함되어야 할 사항을 3가지 쓰시오. (단, 그 밖에 로봇의 예기치 못한 작동 또는 오동작에 의한 위험 방지를 위하여 필요한 조치 제외)

➡해답 ① 로봇의 조작방법 및 순서
② 작업 중 매니퓰레이터의 속도
③ 2명 이상의 근로자에게 작업을 시킬 경우의 신호방법
④ 이상을 발견한 경우의 조치
⑤ 이상을 발견하여 로봇의 운전을 정지시킨 후 이를 재가동시킬 경우의 조치

07.

해당 그림(건설용 리프트) 방호장치를 쓰시오.

➡해답 ① 과부하방지장치
② 완충스프링
③ 비상정지장치
④ 리미트스위치 또는 출입문 연동장치
⑤ 방호울 출입문 연동장치
⑥ 3상 전원차단장치

08.

화면의 동영상 재해에서 가해물과 재해원인을 1가지만 쓰시오.

[동영상 설명]
어두운 곳에서 풀리에 롤러 체인이 감겨 돌아가고 있고, 점검 중에 장갑을 착용한 손이 낀다.

➡해답 ① 가해물 : 롤러 체인

② 재해원인
- 점검 전에 운전 정지하지 않음
- (손에 밀착이 잘 되는 가죽 장갑이 아닌) 장갑 착용
- 점검에 공구를 사용하지 않음

09.
화면의 동영상과 같은 휴대용 연삭기 작업의 위험요인 2가지를 쓰시오.

[동영상 설명]
작업자가 면장갑을 착용하고 마스크, 보안경은 미착용 상태로 휴대용 그라인더로 연마 작업 중이다. 휴대용 연삭기에는 덮개가 없으며, 연삭기 측면으로도 작업한다. 가공물을 작업대 위에서 그라인딩 작업을 하는데 고정되어 있지 않아서 쓰러지고, 그걸 다시 일으켜 세워서 계속 연마한다. 막판엔 작업자가 휴대용 연삭기를 뒤집어 놓고 면장갑을 벗으며 눈을 비빈다.

➡해답 ① 휴대용 연삭기에 덮개 없음
② 보안경 미착용
③ 방진마스크 미착용
④ (바이스 등으로) 재료를 미고정
⑤ 연삭기 측면 사용

산업안전산업기사(3회 A형)

01.
화면의 동영상을 참고하여 관련 작업자의 불안전한 행동을 2가지만 쓰시오.

[동영상 설명]
안전모 및 안전대를 미착용한 작업자 혼자 책상 위에 의자를 올리고, 의자 위에 올라서서 맨손으로 형광등을 교체하다가 의자가 흔들거리며 떨어진다.

➡해답 ① 내전압용 절연장갑 미착용
② 불안전한 작업발판을 사용

02.
화면의 동영상과 연관된 재해발생형태와 작업자의 불안전한 행동을 1가지 쓰시오.

[동영상 설명]
절연장갑을 착용하지 않은 작업자 혼자 사출성형기를 둘러보다가 밑에 판을 열어서 드라이버로 수리하다가 쓰러진다.

➡해답 (1) 재해발생형태 : 감전(=전류 접촉)
　　　(2) 재해 발생원인
　　　　　① 전원을 차단하지 않고 점검
　　　　　② 절연용 보호구(내전압용 절연장갑 등)를 미착용

03.
아래의 정의에 맞는 고온 관련 온열질환의 이름을 [보기]에서 골라 쓰시오.

① 땀을 많이 흘린 후에 고온장소에서 격한 작업을 하다 발한과 땀이 많이 나는데, 염분과 수분을 부적절하게 보충하였을 때 심한 갈증, 현기증, 구토, 피로감 등이 발생한다.
② 고온장소에서 정적으로 있다가 발한이 심하여 피가 농축되어 심장에 무리가 발생한다.

[보기]
* 열탈진　　　　　　　* 열사병　　　　　　　* 열발진
* 열피로　　　　　　　* 열경련　　　　　　　* 열실신

➡해답 ① 열탈진　　　　　② 열피로

04.
산업안전보건법령상 화면의 동영상과 같은 작업을 시작하기 전에 확인해야 할 사항 3가지를 쓰시오.

[동영상 설명]
탱크 내부 밀폐공간에서 작업자가 혼자 그라인더로 연마작업을 하고 있다. 안전모는 쓰지 않았고, 그라인더에는 덮개가 없다. 다른 작업자가 외부에 설치된 국소배기장치(환풍기)를 발로 차서 전원 공급이 차단되어 환풍기가 꺼지고, 내부 그라인더 작업자는 고개를 갸웃거리다가 결국 의식을 잃고 쓰러진다.

➡해답 ① 작업 일시, 기간, 장소 및 내용 등 작업 정보
　　　② 관리감독자, 근로자, 감시인 등 작업자 정보
　　　③ 산소 및 유해가스 농도의 측정결과와 후속조치 사항

④ 작업 중 불활성가스 또는 유해가스의 누출·유입·발생 가능성 검토 및 후속조치 사항
⑤ 작업시 착용하여야 할 보호구의 종류
⑥ 비상연락체계

05.

정전 작업시 전로 차단 절차를 [보기]를 참고하여 순서대로 쓰시오.

[보기]

ㄱ. 전기기기 등에 공급되는 모든 전원을 관련 도면, 배선도 등으로 확인할 것
ㄴ. 검전기를 이용하여 작업 대상 기기가 충전되었는지를 확인할 것
ㄷ. 차단장치나 단로기 등에 잠금장치 및 꼬리표를 부착할 것
ㄹ. 개로된 전로에서 유도전압 또는 전기에너지가 축적되어 근로자에게 전기위험을 끼칠 수 있는 전기기기 등은 접촉하기 전에 잔류전하를 완전히 방전시킬 것
ㅁ. 전원을 차단한 후 각 단로기 등을 개방하고 확인할 것
ㅂ. 전기기기 등이 다른 노출 충전부와의 접촉, 유도 또는 예비동력원의 역송전 등으로 전압이 발생할 우려가 있는 경우에는 충분한 용량을 가진 단락 접지기구를 이용하여 접지할 것

➡해답 ㄱ → ㅁ → ㄷ → ㄹ → ㄴ → ㅂ

06.

산업안전보건법령상 동영상에서 나오는 유해물질을 취급하는 근로자가 쉽게 볼 수 있는 장소에 게시하여야 하는 사항 3가지를 쓰시오.

[동영상 설명]
작업자 1명이 DMF(디메틸포름아미드)라고 크게 쓰여진 드럼통에 든 유해물질을 바가지로 퍼서 장비에 담고 있다.

➡해답 ① 관리대상 유해물질의 명칭
② 인체에 미치는 영향
③ 취급상 주의사항
④ 착용하여야 할 보호구
⑤ 응급조치와 긴급 방재 요령

07.

산업안전보건법령상 건설용 리프트를 이용하는 작업을 하는 근로자에게 하여야 하는 특별안전보건교육 내용을 3가지만 쓰시오. (단, 채용시 및 작업내용 변경시 교육사항, 그 밖에 안전 · 보건관리에 필요한 사항은 제외)

해답 ① 방호장치의 기능 및 사용에 관한 사항
② 기계, 기구, 달기체인 및 와이어 등의 점검에 관한 사항
③ 화물의 권상 · 권하 작업방법 및 안전작업 지도에 관한 사항
④ 기계 · 기구의 특성 및 동작원리에 관한 사항
⑤ 신호방법 및 공동작업에 관한 사항

08.

위험물을 저장하는 탱크에서 위험물이 누출될 경우, 주변으로 확산을 방지하기 위한 방지벽 명칭을 쓰시오.

[동영상 설명]
위험물 탱크에서 액상 화학물질이 새고 있다.

해답 방류둑(=방유제)

09.

화면 중 재해의 재해원인, 위험점, 재해방지 방법을 각 1가지를 쓰시오.

[동영상 설명]
• 작업자가 컨베이어 점검 중 다른 작업자가 와서 기계를 가동시킨다.
• 벨트의 움직임과는 반대방향으로 목장갑을 낀 손이 딸려 들어가 컨베이어 벨트 옆쪽의 고정부에 손이 낀다.

해답 (1) 위험점 : 끼임점
(2) 재해원인 : 잠금장치 및 꼬리표 미부착
(3) 재해방지방법 : 잠금장치 및 꼬리표를 부착한다.

산업안전산업기사(3회 B형)

01.

산업안전보건법령상 화학설비와 그 부속설비의 개조·수리 및 청소 등을 위하여 해당 설비를 분해하거나 해당 설비의 내부에서 작업을 하는 경우의 준수 사항을 2가지만 쓰시오.

[동영상 설명]
배관 작업하는 작업자가 보호구를 미착용한 채로 작업을 하고 있다.

➡️해답 ① 작업책임자를 정하여 해당 작업을 지휘하도록 할 것
② 작업장소에 위험물 등이 누출되거나 고온의 수증기가 새어 나오지 않도록 할 것
③ 작업장 및 그 주변의 인화성 액체의 증기나 인화성 가스의 농도를 수시로 측정할 것

02.

산업안전보건법령상 근골격계 질환의 예방관리 프로그램 시행과 관련하여 빈칸 안에 적당한 숫자를 써 넣으시오.

[동영상 설명]
작업자는 김치 공장에서 배추를 씻는다.

1. 사업주는 다음 각 호의 어느 하나에 해당하는 경우에 근골격계 질환 예방관리 프로그램을 수립하여 시행하여야 한다.
   1) 근골격계 질환으로 「산업재해보상보험법 시행령」 별표 3 제2호 가목·마목 및 제12호 라목에 따라 업무상 질병으로 인정받은 근로자가 연간 (①)명 이상 발생한 사업장 또는 (②)명 이상 발생한 사업장으로서 발생 비율이 그 사업장 근로자 수의 (③)% 이상인 경우

➡️해답 ① : 10　　　　② : 5　　　　③ : 10

03.

산업안전보건법령상 화면에서 보여주는 이동식 크레인을 사용하여 작업할 때 작업 시작 전 관리감독자의 점검사항 3가지를 쓰시오.

➡️해답 ① 권과방지장치나 그 밖의 경보장치의 기능
② 브레이크·클러치 및 조정장치의 기능
③ 와이어로프가 통하고 있는 곳 및 작업장소의 지반상태

04.

동영상을 보고 유해요인 2가지를 쓰시오.

[동영상 설명]
작업자 2명 중 1명이 선박 밸러스트 탱크 내부 밀폐공간에 들어가 작업 도중에 기절한다. 작업자는 호흡용 방호구를 미착용하였으며, 산소를 측정하는 장면은 나오지 않는다.

해답 ① 산소 결핍이 우려되는데, 산소의 농도를 측정하는 사람을 지명하여 작업 시작 전 밀폐공간의 공기 상태를 측정하지 않았다.
② 산소 결핍이 인정될 경우, 송기를 위한 설비를 설치하여 필요한 양의 공기를 공급해야 하는데 하지 않았다.
③ 공기호흡기, 송기마스크를 착용하지 않았다.

05.

화면상의 감전 재해를 방지하기 위한 안전대책을 3가지 쓰시오.

[동영상 설명]
울타리에 "고압전기" 표지판이 붙어 있는 옥상 변전실 근처에서 작업자 몇 명이 공놀이하다가 공이 변전실에 들어간다. 작업자 1인이 단독으로 공을 꺼내오려 하다가 변전실 안에서 재해가 발생한다. 재해자 발밑에는 물이 고여 있다. 출입구에는 흰 종이만 붙어 있고, 별도의 "출입금지" 등 표지판은 보이지 않는다.

해답 ① 변전실 관계자 외 출입금지를 위해 잠금장치 등 접근방지 조치를 한다.
② 변전실 입구에 고압전류 주의, 출입금지 등 안내표지판을 부착한다.
③ 경사구조, 배수설비 설치 등 변전실 근처에 물이 고이지 않도록 시설을 개선한다.

06.

산업안전보건법령상 관리대상 유해물질을 취급하는 작업장의 보기 쉬운 장소에 게시해야 하는 사항을 3가지만 쓰시오. (단, 그 밖에 근로자의 건강장해 예방에 관한 사항은 제외)

[동영상 설명]
작업자는 변압기를 유기화합물에 담가서 절연처리와 건조작업을 하고 있다. 소형변압기(TR)의 양쪽에 나와 있는 선을 일반 작업복만 입은 작업자(안전모 미착용, 보안경 미착용, 맨손, 신발 안 보임)가 양손으로 들고 유기화합물통(도금욕조 : 스테인리스로 사각형)에 넣었다 빼서 앞쪽 선반에 올리는 작업을 하고 있다(유기화합물을 손으로 작업). 화면이 바뀌면서 선반 위 소형변압기를 건조시키기 위해 건조기(문 4개짜리 냉장고처럼 생긴 곳)에 넣고 문을 닫는 화면을 보여준다. 작업자는 냄새 때문인지 얼굴을 찡그리고 계속해서 작업을 하고 있다.

➡해답 ① 관리대상 유해물질의 명칭
② 인체에 미치는 영향
③ 취급상 주의사항
④ 착용하여야 할 보호구
⑤ 응급조치와 긴급 방재 요령

O7.
화면상의 재해발생형태와 불안전한 행동을 1가지만 쓰시오.

[동영상 설명]
작업자가 목장갑을 끼고 교류아크용접기 케이블의 리드 단자 쪽을 만지다 감전 발생 후, 구조자가
절연장갑 착용 후 전원을 차단한다.

➡해답 (1) 재해발생형태 : 감전(=전류 접촉)
(2) 불안전한 행동
① 전원 차단 미실시
② 절연장갑(내전압용 절연장갑, 용접용 가죽) 미착용(=목장갑만 착용)

O8.
동영상을 참고하여 관련 기계·기구의 작업 시작 전 점검사항을 2가지 쓰시오.

[동영상 설명]
작업자가 교류아크용접기를 접지한 후 용접 작업을 진행한다.

➡해답 ① 작업 준비 및 작업 절차 수립 여부
② 화기작업에 따른 인근 가연성 물질에 대한 방호조치 및 소화기구 비치 여부
③ 용접불티 비산방지덮개 또는 용접방화포 등 불꽃·불티 등의 비산을 방지하기 위한 조치 여부
④ 인화성 액체의 증기 또는 인화성 가스가 남아 있지 않도록 하는 환기 조치 여부
⑤ 작업근로자에 대한 화재예방 및 피난교육 등 비상조치 여부

09.

타워크레인 작업 종료 후 안전조치와 관련하여 맞는 설명은 O, 틀린 설명은 × 표시를 하시오.

① 운전자는 매단 화물을 지상에 내리고 훅(hook)을 가능한 한 높이 올린다.
② 바람이 심하게 불면 지브가 흔들려 훅 등이 건물 또는 족장 등에 부딪칠 우려가 있으므로 지브의 최소작업반경이 유지되도록 트롤리를 가능한 한 운전석 최대한 먼 위치로 이동시킨다.
③ 타워크레인의 운전정지 시에는 선회장치(slewing gear)의 회전을 자유롭게 한다. 따라서 운전자가 운전석을 떠날 때는 항상 선회기어 브레이크를 잠가 놓아 자유롭게 선회될 수 없도록 한다.
④ 선회기어 브레이크는 단지 컨트롤 레버가 "0"점의 위치에 있을 때만 작동되므로 운전을 마칠 때는 모든 제어장치를 "0"점 또는 중립에 위치시키며 모든 동력스위치를 끄고 키를 잠근 후 운전석을 떠나도록 한다.

➡해답 ① ○   ② ×
       ③ ×   ④ ○

참고문헌

Industrial Engineer Industrial Safety

1. 김동원 「기계공작법」 (청문각, 1998)
2. 서남섭 「표준 공작기계」 (동명사, 1993)
3. 강성두 「산업기계설비기술사」 (예문사, 2008)
4. 강성두 「기계제작기술사」 (예문사, 2008)
5. 박은수 「비파괴검사개론」 (골드, 2005)
6. 원상백 「소성가공학」 (형설출판사, 1996)
7. 김두현 외 「최신전기안전공학」 (신광문화사, 2008)
8. 김두현 외 「정전기안전」 (동화기술, 2001)
9. 송길영 「최신송배전공학」 (동일출판사, 2007)
10. 한경보 「최신 건설안전기술사」 (예문사, 2007)
11. 이호행 「건설안전공학 특론」 (서초수도건축토목학원, 2005)
12. 한국산업안전보건공단 「거푸집동바리 안전작업 매뉴얼」 (대한인쇄사, 2009)
13. 한국산업안전보건공단 「만화로 보는 산업안전·보건기준에 관한 규칙」 (안전신문사, 2005)
14. 유철진 「화공안전공학」 (경록, 1999)
15. DANIEL A. CROWL 외 「화공안전공학」 (대영사, 1997)
16. 조성철 「소방기계시설론」 (신광문화사, 2008)
17. 현성호 외 「위험물질론」 (동화기술, 2008)
18. Charles H. Corwin 「기초일반화학」 (탐구당, 2000)
19. 김병석 「산업안전관리」 (형설출판사, 2005)
20. 이진식 「산업안전관리공학론」 (형설출판사, 1996)
21. 김병석·성호경·남재수 「산업안전보건 현장실무」 (형설출판사, 2000)
22. 정국삼 「산업안전공학개론」 (동화기술, 1985)
23. 김병석 「산업안전교육론」 (형설출판사, 1999)
24. 기도형 「(산업안전보건관리자를 위한)인간공학」 (한경사, 2006)
25. 박경수 「인간공학, 작업경제학」 (영지문화사, 2006)
26. 양성환 「인간공학」 (형설출판사, 2006)
27. 정병용·이동경 「(현대)인간공학」 (민영사, 2005)
28. 김병석·나승훈 「시스템안전공학」 (형설출판사, 2006)
29. 갈원모 외 「시스템안전공학」 (태성, 2000)

저자 소개

Industrial Engineer Industrial Safety

신우균(申宇均)

e-mail : wooguni0905@naver.com

| 약력 |
- 공학박사(안전공학)
- 산업안전지도사, 산업보건지도사
- 산업위생관리기술사
- 대기환경기사, 토목기사, 폐기물처리기사, 산업위생관리기사, 수질환경기사

| 저서 |
- 산업안전지도사(예문에듀), 산업보건지도사(예문에듀)
- 화공안전기술사(예문에듀), 산업위생관리기술사(예문에듀)
- 산업안전기사(예문에듀), 산업안전산업기사(예문에듀), 건설안전기사(예문에듀),
  건설안전산업기사(예문에듀)
- 산업안전개론(예문에듀), 산업안전보건법령(예문에듀)

임경범(林暻範)

| 약력 |
- 공학박사
- 산업안전기사, 산업안전산업기사
- 대전과학기술대학교 교수(현)

| 저서 |
- 전기용어사전(일진사)
- 전기전자통신개론(태영문화사)
- 산업안전기사(예문에듀)
- 산업안전산업기사(예문에듀)

박남규(徐基洙)

| 약력 |
- 기계안전기술사, 산업안전지도사, 산업위생관리기사, 산업안전기사
- ISO45001인증심사원, ISO22301 인증심사원, KOSHA18001심사원, 석면해체작업 감리원
- 한국산업안전보건공단 본부장(전)

| 저서 |
　산업안전기사(예문에듀), 산업안전산업기사(예문에듀)

김동섭(金東燮)

| 약력 |
- 기계안전기술사, 산업안전지도사
- ISO45001, KOSHA-MS 심사원
- 경기도안전관리자문위원
- (주)디에스산업안전컨설팅 대표

| 저서 |
　산업안전기사(예문에듀), 산업안전산업기사(예문에듀)

메모 Memo
Industrial Engineer Industrial Safety

메모 Memo
Industrial Engineer Industrial Safety

메모 Memo
Industrial Engineer Industrial Safety

메모 Memo
Industrial Engineer Industrial Safety

산업안전산업기사 실기 필답형 작업형

발행일 | 2012. 2. 20   초판 발행
2013. 1. 5   개정 1판1쇄
2014. 2. 20   개정 2판1쇄
2015. 3. 10   개정 3판1쇄
2016. 3. 10   개정 4판1쇄
2017. 4. 10   개정 5판1쇄
2018. 3. 5   개정 6판1쇄
2019. 3. 5   개정 7판1쇄
2019. 4. 10   개정 7판2쇄
2020. 3. 10   개정 8판1쇄
2021. 4. 15   개정 9판1쇄
2022. 2. 25   개정 10판1쇄
2023. 4. 20   개정 11판1쇄

저　자 | 신우균 · 임경범 · 박남규 · 김동섭 지음
발행인 | 정용수
발행처 | (주)예문아카이브

주　소 | 서울시 마포구 동교로 18길 10 2층
T E L | 02) 2038－7597
F A X | 031) 955－0660
등록번호 | 제2016－000240호

정가 : 35,000원

ISBN 979－11－6386－166－9 13530

INDUSTRIAL ENGINEER
INDUSTRIAL SAFETY

산업안전 산업기사 실기

필답형+작업형

예문에듀 EDU

출제 예상 문제만 담은, 꼭 사야 할 수험서

발행일 2023년 04월 20일(11판1쇄)

발행인 정용수   Editor Logan   Designer Jessica

주소 경기도 파주시 직지길460(출판도시)

대표번호 031) 955-0550   등록번호 제2016-000240호

전 2권   값 35,000원

13530

9 791163 861669
ISBN 979-11-6386-166-9

산업안전
산업기사 실기

필답형+작업형

신우균 · 임경범 · 박남규 · 김동섭 지음

- 최신 산업안전보건법 및 안전보건규칙 반영!
- 반복적인 풀이를 통해 자연스러운 암기 유도!
- 안전분야 최고 전문가의 노하우가 담긴 모범답안 수록!
- 산업안전산업기사 2010~2022년 필답형 기출문제 수록!

예문에듀 도서구매 혜택

합격 솔루션!

01 빠르고 정확한 답변 제공

합격에 필요한 꼼꼼한 이론과 문제를 담은
최고의 수험서를 통해 최단 시간 취득을 약속합니다.

02 유튜브 무료 동영상 강의

합격을 위한 다양한 콘텐츠 및 무료 동영상 강의를 제공합니다.
유튜브에 '예문사 TV'를 검색하세요.

▶ 예문사 TV

※ 동영상 강의 제공 도서는 표지 등에 별도 표시

03 QR 코드로 확인하는 정오사항

도서의 정오사항은 발견되는 즉시 업데이트됩니다.
예문에듀 홈페이지 정오표 게시판을 확인하세요.
http://www.yeamoonedu.com

예문에듀
EDU